Reinhard Breuer

Das anthropische Prinzip

Reinhard Breuer

Das anthropische Prinzip

Der Mensch
im Fadenkreuz der
Naturgesetze

Mit einem Vorwort
von
Rudolf Kippenhahn

Meyster

Danksagung

Dieses Buch erhielt seine endgültige Form
aufgrund vieler kritischer Diskussionen
mit Dr. W. Ochs (Euskirchen), vor allem über Bedeutung
und Stellenwert des anthropischen Prinzips.
Ihm verdanke ich auch viele Anregungen zu Verbesserungen.
Für die Durchsicht einzelner Kapitel
danke ich Dr. H. v. Voithenberg (Bad Homburg)
und Dr. H. Schneider (Max-Planck-Institut für Physik, München).
Für die Niederschrift
nahmen mich wieder Frau Anneliese und Dr. Josef Zintel auf;
durch ihre Hilfe
konnte dieses Buch erst geschrieben werden.

1. Auflage 1981
M 106

Umschlag: Zembsch' Werkstatt, München, unter Verwendung
einer Illustration von Andreas Nottebohm
Graphik: Conrad Höllerer
Papier und Gesamtherstellung: Salzer - Ueberreuter, Wien
ISBN 3 7057 2016 3
Printed in Austria, 1981

Für Willi

Inhalt

»Wir sind hier in diesem ganz und gar fantastischen Universum
und haben kaum eine Ahnung davon, ob unser Dasein eine wirkliche
Bedeutung hat.«

Fred Hoyle

»Wenn wir ins Universum hinausblicken und erkennen,
wie viele Zufälle in Physik und Astronomie
zu unserem Wohle zusammengearbeitet haben,
dann scheint es fast,
als habe das Universum in gewissem Sinne gewußt,
daß wir kommen.«

Freeman J. Dyson

Vorwort

Unsere Sprache sperrt sich gegen die Mehrzahlform des Wortes »Weltall«. Auch »Kosmos« und »Universum« sind spröde gegenüber der Pluralbildung. Kommt es daher, daß es keinen Sinn gibt, neben unserem einzigen und einmaligen Weltall noch von anderen zu sprechen, von denen wir nichts wissen können, da ja alles, was wir beobachten, per definitionem Teil eben unseres Weltalls sein muß? Ich kann von anderen Planeten sprechen, denn ich kann sie von uns aus wahrnehmen, von anderen Sonnen und anderen Sternsystemen, von anderen Lebensformen als den uns bekannten. Nur beim Weltall haben wir Schwierigkeiten. Sie rühren wohl daher, daß wir mit dem Begriff Weltall zu sehr an unserer dreidimensional-räumlichen Vorstellung kleben.

Leibnitz hatte dieses Problem nicht. »Wir leben in der vollkommensten aller Welten«, sagte er und der Plural von Welt geht glatt über die Zunge. Denn hier wird unsere Welt mit anderen *denkbaren* Welten verglichen und nicht mit irgendwo realisierten. Seine Welten sind Denkmodelle, die wir uns *anstatt* (nicht außerhalb) unserer Welt vorstellen müssen. Sie enthalten Naturgesetze und Leben, das nach ihnen entstand; Gesetze, die nicht notwendigerweise die unseren sein müssen. Eine Welt wäre denkbar, in der es keine elektrischen Kräfte gibt oder keine Gravitation. Alle Denkmöglichkeiten erwägend, schien ihm unser realisiertes Weltall als das vollkommenste (obwohl man sich vorstellen könnte, daß ihm eine Welt ohne einen Isaac Newton, der ihn wegen des Streits um die Priorität der Erfindung der Differentialrechnung ständig angriff und angreifen ließ, noch ein bißchen vollkommener vorgekommen wäre). Der Astronom Johann Heinrich Lambert (1728–1777), Zeitgenosse Kants, machte das zu seinem astronomischen Glaubensbekenntnis. Seine vollkommenste Welt ist die, in der möglichst viele Menschen leben können, um die Schöpfung zu verherrlichen. Das Gravitationsgesetz muß so sein, daß Planeten nicht zusammenstoßen können, denn dann würden Bewunderer der Schöpfung vernichtet werden. In Lamberts Weltall hat Gott die Naturgesetze so eingerichtet, daß der Menschheit und allen mit Vernunft begabten Bewohnern anderer Planeten ein Maximum an Wohlergehen zukommt. Hier hat er bereits so etwas wie das starke anthropische Prinzip. Die Naturgesetze sind gezielt so gemacht, daß das Leben erhalten wird. Heute formuliert man es anders: Die Naturgesetze in unserer Welt müssen so sein, daß in ihr Leben entstehen und über Zeiten hinweg bestehen kann, sonst wären wir nicht da.

Darum ranken sich die Kapitel dieses Buches. Es scheint tatsächlich so, als ob die Naturgesetze so eingerichtet wären, daß Leben in der Vergangenheit unseres Weltalls entstehen mußte und sich Intelligenz entwickeln konnte. Eine Abänderung der Zahlwerte der Naturkonstanten würde ein anderes Weltall liefern, das kaum Leben enthalten würde. Es scheint, als ob eine große Anzahl von Zufällen zusammenkommen mußte, um die Bedingungen dafür zu schaffen, daß wir heute da sind. Breuer führt sie auf und wir sind beeindruckt, haben das Gefühl, daß soviel Zufälle nicht zufällig kommen; fast scheint es, als ob die Naturgesetze unsretwegen geschaffen worden sind.

Natürlich muß das jedem Kopernikaner wider den Strich gehen. Der Zweifel drängt mir einen Vergleich auf: Gestern traf ich einen Freund. Er trug eine rote Krawatte. Ich weiß, er hat 12 Schlipse. Die Wahrscheinlichkeit, daß er den roten trug, ist ein Zwölftel. Er hatte seine Schuhe aus durchbrochenem Leder an, macht bei seinen 8 Paar Schuhen die Wahrscheinlichkeit ein Achtel. Daß er diesen Schlips *und* diese Schuhe trug, gibt die Wahrscheinlichkeit $\frac{1}{12} \times \frac{1}{8}$, also 1 : 96. Er hatte ein bestimmtes seiner 24 Hemden an ... Als ich alles durchgerechnet hatte, stand fest, daß das gestrige Treffen so unwahrscheinlich war, daß ich zu zweifeln begann, ob ich ihm überhaupt begegnet bin. Geht es uns nicht genauso mit dem Leben im Weltall? Nachdem wir nun einmal da sind, lernen wir wie unwahrscheinlich es ist, daß wir jemals zustande gekommen sind. Aber wir sind nun einmal da.

Wenn es uns so scheint, als ob die Natur so eingerichtet ist, daß sie Leben favorisiert, dann muß man sich hüten, nicht der Logik des mittelalterlichen Mönches zu verfallen, der meint, man müsse Gott dafür danken, daß er es so eingerichtet hat, daß die Sonne am Tage scheint und nicht nachts, wenn wir schlafen und nichts von ihr haben. Hätte sich das Leben nicht vielleicht an jedes Weltall anpassen können, so wie der Mensch an Tag und Nacht und ist vielleicht gar kein Grund da, sich zu wundern, daß es uns gibt? Vielleicht hätten wir uns in jeder Welt durchgesetzt, selbst in einer mit den verrücktesten Naturkonstanten.

Breuer führt die für das Leben notwendigen Bedingungen auf und zeigt, daß in Welten mit veränderter Physik das Leben wenig Hoffnung hat. Aber Breuers »veränderte Welten« sind nur dadurch zustande gekommen, daß eine Handvoll Naturkonstanten andere Zahlwerte erhielt, während die physikalischen Gesetze ihre Struktur beibehielten. Es sind auch Welten denkbar, bei denen die Naturgesetze gar keine Ähnlichkeit mit den unseren haben, (auch nicht mit den Naturgesetzen, die übrig bleiben, wenn man von den vier Wechselwirkungen zwei oder drei wegläßt). Darauf, was in solch einer Welt gilt oder nicht, auf diesen uferlosen Ozean möglicher Gedanken haben wir bisher noch keine Zeit verschwendet.

So gibt uns das anthropische Prinzip die Anregung nachzudenken über uns, über die Naturgesetze, über das Weltall. Breuers Buch führt uns an den Anfang des Kosmos, als die Materie entstand, zu Galaxien und ihren Sternen, in denen die für das Leben notwendigen Atome zusammengekocht worden sind und zu den Planeten, auf denen sich daraus komplizierte biologische Moleküle bilden können. Überall scheint es, als habe die Natur seit eh und je auf uns gezielt, als habe sie auf unser Kommen hingearbeitet. Unterliegen wir einem Trugschluß oder sind wir einer noch nicht verstandenen neuen Wahrheit auf der Spur?

Die Variation eines Wortes aus Brechts *Galilei* kommt mir in den Sinn: Die Gedanken über das anthropische Prinzip hängen mir an wie die Krätze, seit ich zum ersten Mal darüber gelesen habe.

Rudolf Kippenhahn*

* Rudolf Kippenhahn ist Direktor des Instituts für Astrophysik am Max-Planck-Institut für Physik und Astrophysik und Honorarprofessor an der Ludwig-Maximilians-Universität, München.

I
Die Stellung des Menschen im Universum

Der Mensch im Fadenkreuz der Naturgesetze

Wie muß das Universum gebaut sein, damit es Leben hervorbringt? Können wir uns auch einen anderen Kosmos vorstellen, in dem intelligente Lebewesen entstehen? Welche Voraussetzungen waren entscheidend für die Lebensentstehung? Es ist das Besondere an unserem Universum, daß es intelligente Beobachter hervorgebracht hat. Umgekehrt kann aber nur eine intelligente Lebensform das Universum betrachten und die Ursachen seiner Herkunft ergründen.

Welche Bedingungen mußten Kosmos und Naturgesetze erfüllen, um eine Lebensform hervorzubringen, die diese Bedingungen erkennen kann? Auf der Erde ist es die Menschheit, durch die der Kosmos in den Zustand der »Selbsterkenntnis« versetzt wurde. Diese Selbsterkenntnis zeigt, daß Mikrokosmos und Makrokosmos durch eine Fülle »zufälliger« Querbeziehungen zusammenwirken mußten, um irdisches Leben zu ermöglichen. Gleiches gilt auch für alternative und künstliche Lebensformen. Die Naturgesetze, die Entstehung der Materie, kosmische Expansion und biologische Evolution wirkten offenbar mit so vielfältiger und subtiler Präzision zusammen, daß intelligentes Leben nur durch das Funktionieren der gesamten »Maschinerie der Natur« entstehen konnte.

Dieser enge Zusammenklang zwischen Naturgesetzen, Kosmos und menschlicher Existenz – als einzigem bekannten Fall einer kosmischen Intelligenz – ist als »anthropisches Prinzip« bezeichnet worden. Die Anwendung dieses Prinzips auf die Natur erlaubt uns, unter verschiedenen, hypothetisch denkbaren Universen genau dasjenige herauszusuchen, in dem Intelligenz möglich ist. Das Buch stellt die These auf: Leben war nur in diesem Universum möglich!

An folgendem Beispiel läßt sich diese These verdeutlichen: »Warum ist das Universum so alt, ausgerechnet zwanzig Milliarden Jahre?«

»Es ist so alt, weil wir vorher noch gar nicht da sein konnten.« Diese Frage und diese Antwort sind Beispiel und Teil der in der Physik neuartigen Befragung des Universums, in der grundsätzlich immer von der Tatsache ausgegangen wird, daß wir hier sind. Die Tatsache der menschlichen Existenz beschränkt Kosmos und Natur in ihrer Möglichkeit, »anders« zu sein, als wir sie tatsächlich erleben. Ist also der Mensch das Maß aller Dinge? Ist er der Maßstab, an dem wir alle Phänomene der Natur zu betrachten haben, sogar so Grundlegendes wie die Naturgesetze, denen die »Dinge« ihre Entstehung und ihre Form zu verdanken haben?

In diesem Buch soll die einmalige und vielfältige Beziehung des Menschen zu seiner Umwelt und zur Struktur des Kosmos herausgestellt werden. *Umwelt:* Das bedeutet Erde, Sonnensystem, Milchstraße, Kosmos, ihr Einfluß aufeinander und ihre Evolution. *Die Struktur des Kosmos:* Das sind die Naturgesetze und die Stärke der Naturkräfte. In diesem Zusammenhang wurde bisher gewöhnlich die Frage gestellt: Das Universum existiert mit seinen Gesetzen und in ihm die Materie; wie kann Leben in diesem Universum aussehen? Ich werde, einer Idee des Physikers Robert H. Dicke aus Princeton (USA) folgend, die Frage auf den Kopf stellen und eine vorläufige Antwort, gleichsam von hinten her, versuchen:

Auf der Erde gibt es eine Lebensform mit Bewußtsein, eine beobachtende Intelligenz. Wie muß das dazu gehörige Universum aussehen? Diese Frage kann nicht beantwortet werden ohne die folgenden logischen Schritte:

- Bewußtsein setzt voraus, daß es Leben gibt;
- Leben braucht als Grundlage seines Entstehens chemische Elemente, vor allem auch solche, die schwerer sind als Wasserstoff und Helium;
- Schwere Elemente entstehen aber nur durch thermonukleare Verbrennung der leichten Elemente, also durch Atomkernverschmelzung;
- Atomkernverschmelzungen laufen jedoch nur im Innern der Sterne ab und benötigen wenigstens einige Milliarden Jahre, um größere Mengen an schweren Elementen zu produzieren;
- Eine Zeitspanne von mehreren Milliarden Jahren steht aber nur in einem Universum zur Verfügung, das selbst wenigstens einige Milliarden Lichtjahre alt und damit einige Milliarden

Lichtjahre ausgedehnt ist. Falls das Universum einmal rekollabieren sollte, dann sollte die Welt mindestens im Moment seiner größten Ausdehnung diese Ausdehnung besitzen;
- In späteren kosmischen Epochen würden andererseits kaum mehr sonnenähnliche Sterne existieren, sondern hauptsächlich nur mehr energieschwache Weiße Zwerge, die eine planetare, langsam biologisch evolvierende Lebensform nicht mit ausreichender Energie versorgen könnten.

Daher kann die Antwort auf die Frage, warum das heute von uns beobachtete Universum so alt und so groß ist, nur lauten: Weil sonst die Menschheit gar nicht hier wäre.

Diese Gedankenkette ist nur ein Denkbeispiel für viele, um die es hier geht. Etwas überspitzt formuliert, kann man die Behauptung, daß menschliches Leben nur existiert, weil das Universum und die Natur ganz bestimmte Eigenschaften haben, sogar umdrehen, um zu folgender Aussage zu kommen: Das Universum und die Natur müssen insgesamt einen ganz bestimmten, eindeutigen Aufbau haben, damit sie mindestens eine intelligente Lebensform hervorbringen können.

Diese Art einer scheinbar paradoxen, jedenfalls ungewöhnlichen Argumentation hat in den siebziger Jahren unter dem Stichwort *anthropic principle* (»anthropisches Prinzip«) in die englischsprachige Wissenschaftswelt Eingang gefunden. In diesem Begriff ist das griechische Stammwort Anthropos = Mensch enthalten. Zum Prinzip erhoben, verfolgt dieser Dialog die Absicht, aus Tatsache und Eigenschaften der menschlichen Existenz wissenschaftlichen Nutzen zu ziehen.

Die darin enthaltene Umkehrung der üblichen Betrachtungsweise – was jedenfalls die Entstehung des Lebens angeht – entbehrt nicht einer gewissen Kühnheit; ja, ernst und beim Wort genommen, führt sie zu einer historischen Wende in der Bewertung der Rolle der Menschheit. Sie rückt die Beziehung von Beobachter und beobachteter Natur zurecht und begründet das Wesen der Einheit zwischen der Natur und den von ihr hervorgebrachten Beobachtern.

Das anthropische Prinzip macht explizit Gebrauch von Eigenschaften des irdischen Lebens und geht damit nur von einer uns besonders naheliegenden und besonders folgenreichen Beobachtung aus. Aber ist das, so möchte man an dieser Stelle fragen, nicht ein kulturgeschichtlicher Rückschritt der menschlichen Existenz? Sind wir nicht in den letzten drei Jahrhunderten, seit Nikolaus Kopernikus die Erde aus dem Zentrum der Schöpfung vertrieb, von anthropomorpher Anmaßung und Selbstverherrlichung zu kosmischer Bescheidenheit zurückgekehrt? Sind wir nicht zu Recht als »Krone der Schöpfung« aus dem Zentrum eines zuletzt nur noch klerikal gestützten Weltbildes auf Mittelmaß und Durchschnitt gestutzt worden, »normal« geworden als eine von vielen Zivilisationen, an einem Ort wie vielen anderen auch? Was ist denn so Besonderes am Leben auf der Erde, das eine, wenn auch nur teilweise, Rücknahme der Kopernikanischen Revolution rechtfertigen könnte? Gibt es im Universum nicht noch jede Menge anderer Lebensformen, anders in ihrer Chemie, aufbauend auf anderen chemischen Basiselementen als Kohlenstoff, Stickstoff und Sauerstoff, ausgestattet mit einem anderen genetischen Code?

Diese Einwände klingen gewichtig. Dabei ist leicht einzusehen, daß die Existenz zusätzlicher, völlig andersartiger, bewußter Lebensformen die Möglichkeit des Universums, anders zu sein als es ist, nicht weniger, sondern zusätzlich *noch stärker* einschränken würde, als es die Existenz der *Menschheit* bereits tut. Wenn Leben unter sehr unterschiedlichen Umständen in unserem Universum entstehen könnte, wenn außerdem die Evolution jeweils vielerlei Wege zur Intelligenz fände, und wenn schließlich Leben selbst noch unter gänzlich anderen Naturgesetzen möglich wäre – dann wäre der Mensch nicht allein das Maß aller Dinge. Dann gäbe es vermutlich zusätzliche »Zufälle« in der Natur, die für die anderen Lebensformen notwendigerweise erfüllt sein müßten – Bedingungen, die sich auch mit entsprechenden, für das irdische Leben notwendigen »Zufällen« überschneiden müßten. Das anthropische Prinzip – es wird später noch präzisiert – hätte dann also eine noch schärfere Aussagekraft.

Tatsache ist jedoch, daß wir zwar vielleicht keine zentrale, aber doch in mancher Hinsicht eine besondere Rolle einnehmen. Es lassen sich Gründe dafür finden, daß die Konstruktionsweise irdischen Lebens in der Palette möglicher Lebenstypen zumindest eine bedeutende Rolle spielt. Betrachten wir einmal die wichtigsten chemischen Elemente, auf denen sich irdisches Leben aufbaut. Leben auf der Erde läßt sich chemisch charakterisieren durch die Eigenschaften des Kohlenstoffatoms und durch das Wasser als chemisches Lösungsmittel. Verschiedene Gründe sprechen dafür, daß kaum ein anderes der rund 100 chemischen Elemente für den Aufbau einer so komplexen Biologie wie der irdischen geeignet ist. Das wendet sich gegen Spekulationen über Lebensformen auf der Grundlage von Silizium (Kristalle) und solche, die ihre Energie aus der Methanatmung gewinnen, die als Alternative zu unserer jetzigen konkreten Lebenschemie immerhin noch vor einigen

Milliarden Jahren auf der Erde verwirklicht war. Damals, als noch nicht Sauerstoff, sondern wahrscheinlich Kohlendioxid, Methan und Ammoniak in der Erdatmosphäre vorherrschten, waren vermutlich auch methanatmende Organismen verbreitet. Diese und ähnliche Zweige der Evolution, deren Endausläufer wir heute noch in einigen Ökonischen auf der Ebene von Bakterien konserviert vorfinden, gelangten jedoch niemals über das Stadium einzelliger Bakterien hinaus.

Solche und andere Überlegungen weisen in unserem Universum auf den Kohlenstoff als grundlegendem Element und das Wasser als grundlegendem Lösungsmittel für biologische Systeme hin. (Mehr zu diesem Thema findet sich in meinem Buch über das Problem des außerirdischen Lebens *Kontakt mit den Sternen*.) Weitere wesentliche Zutaten für die Entwicklung höherer Lebensformen sind Speicher biologischer Informationen. In der irdischen Biologie sind dies die Biomoleküle der DNS und RNS. Sie speichern die biologische Erbinformation in reproduktionsfähigen Makromolekülen, die die Form einer doppelten, ineinander geschachtelten Wendeltreppe haben, der berühmten Doppelhelix. Im Rahmen der gegebenen fundamentalen Kräfte der Natur, die die chemische Bindung und räumliche Anordnung dieser Kettenmoleküle steuern, ist gegenwärtig nur schwer ein alternatives und gleichermaßen leistungsfähiges Speicherprinzip vorstellbar (s. Kap. VIII).

Diese Meinung zu vertreten, kann natürlich lediglich an unserer Dummheit und Ignoranz liegen. Andersgeartete intelligente Lebensformen sind wohl immer postulierbar – sowohl unter den Gesetzen unseres Universums, als auch in einem hypothetischen anderen Universum, das von gänzlich anderen Naturgesetzen beherrscht wird. Die Möglichkeit für Alternativhypothesen muß man sich zwar prinzipiell immer offen halten; sie kann uns aber so lange nicht besonders interessieren, solange nicht Genaueres über alternative Lebensformationen ausgesagt wird. Eine andere Frage betrifft den genetischen Code, jene »Grammatik« der Reproduktion und chemischen Wechselwirkung der Makromoleküle, die die in der DNS gespeicherte Information erst in die Aktion des Vererbungsvorgangs umsetzt. Manfred Eigen vom Max-Planck-Institut für Biophysikalische Chemie in Göttingen geht davon aus, daß der genetische Code sich als Selbstorganisation vieler Moleküle auf der jungen Erde statistisch ausgebildet hat. Das soll heißen: Auf der Erde entstanden möglicherweise unabhängig voneinander mehrere Kooperativen mehrerer Molekülarten, breiteten sich aus, konkurrierten schließlich miteinander, bis sich eines davon durchsetzte und als einziger, als *der* genetische Code des irdischen Lebens schlechthin, übrigblieb. Überreste eines anderen Gencodes in einer bestimmten Bakterienart sind 1980 entdeckt worden.

Ein anderer genetischer Vererbungsmechanismus ist also durchaus denkbar. Könnte das Leben auf der Erde noch einmal entstehen, besäße es vielleicht einen anderen genetischen Code. Das änderte jedoch nur wenig am Prinzip der biochemischen Speicherungstechnik der Makromoleküle, denn auch dann hätten sich Großmoleküle mit einer zu DNS und RNS analogen Struktur aufbauen können. Vergleichbare und ebenso leistungsfähige Biospeicher hätten entstehen müssen, um Informationsmengen bis zu einigen Milliarden Bits (wie im menschlichen Erbmaterial) zu speichern und vererben. Je mehr sich so die Bandbreite möglicher Strukturen des Lebens einschränkt, sich chemisch und biochemisch auszeichnen läßt, desto mehr wird das irdische Leben allein zu dem Faktor, der das Universum in seinem möglichen Aufbau einschränkt. Dies gilt dann auch für jede andere alternative Biologie, die nicht allzu verschieden von ihrer irdischen Version ist. Leider wissen wir nur über die irdische Lebensform überhaupt etwas, und nur über relativ geringe Abweichungen davon können wir noch etwas halbwegs naturwissenschaftlich Vernünftiges aussagen. Darüber hinaus – bei einer hypothetisch total anderen intelligenten Lebensform – begänne das graue Halbdunkel unprüfbarer, unkritisierbarer und damit im Sinn von Naturwissenschaft »undenkbarer« Spekulation.

Kurz gefaßt wollen wir folgende Fragen in ihren verschiedensten Aspekten diskutieren:

- Wann lassen die Naturgesetze intelligentes Leben zu?
- Wann würden die Naturgesetze unter keinen Umständen die Evolution von Leben zulassen?
- Selbst wenn alle Naturgesetze für die Lebensentstehung bereits »optimal« wären: Unter welchem Umständen setzt dann auch tatsächlich die Evolution ein, die vom Molekül zur Intelligenz führt?

Dabei soll unter anderem betrachtet werden, wie himmlische und irdische Katastrophen den Evolutionsprozeß gefördert, ja oft ausgelöst haben könnten. Das betrifft die Entstehung der Elemente im Urknall, in Sternexplosionen, die Bildung der Galaxien, von Sternen und Planetensystemen; aber auch die Beziehung zwischen den vier fundamentalen Naturkräften, die Elementarteilchen und die biochemischen Grundlagen einer Lebensform auf Kohlenstoffbasis.

Die Schlußfolgerungen, zu denen wir gelangen, lauten: Wenn man fordert, daß die Natur intelligentes Leben hervorbringen soll, dann sind die Naturgesetze, der Aufbau des Universums, sowie die Struktur des menschlichen Lebens fast eindeutig bestimmt. Dieser Kosmos hat im wesentlichen die Eigenschaften, wie wir sie bisher in der Natur vorgefunden haben. Jedes anders veranlagte Universum würde unbelebt bleiben und könnte niemals den Zustand kosmischer »Selbsterkenntnis« erlangen. »Wenn wir ins Universum hinausblicken«, sagt Freeman Dyson, »und erkennen, wie viele Zufälle in Physik und Astronomie zu unserem Wohle zusammengewirkt haben, dann scheint es fast, als habe das Universum in gewissem Sinne gewußt, daß wir kommen.«

Das anthropische Prinzip – starke Version / schwache Version

Ist es Zufall, daß es in unserem Universum Leben gibt? Oder gibt es Gründe, die diese Tatsache weniger unwahrscheinlich werden lassen? Zweifellos sind wir hier und beobachten das Universum. In diesem Sinn kann man nach den Bedingungen fragen, die in unserem Universum erfüllt werden müssen, damit wir existieren und das Universum beobachten können.

Um diese Frage methodisch zu beantworten, ist es zweckmäßig, sie als Prinzip umzuformulieren, als eine Forderung – oder Arbeitshypothese –, die widerlegt werden kann. Zunächst können wir von folgendem Sachverhalt ausgehen: »Was wir beobachten, muß durch Bedingungen beschränkt sein, die für unsere Anwesenheit als Beobachter notwendig sind.« Ein Universum, das einer Intelligenz zur Existenz verhilft, die das Universum beobachtet, verdient eine besondere Bezeichnung: *Es ist ein sich erkennendes Universum.* Der genannte Sachverhalt klingt vielleicht – im Nachhinein – trivial. Auf andere Art betrachtet ist er aber geeignet, uns die Augen zu öffnen, so daß wir mit einer neuen Grundhaltung unsere Welt betrachten können. Unsere Existenz erscheint danach untrennbar verwoben mit unserer Umwelt, der Vielfalt des Lebens, der Form unseres Planeten, dem astronomischen Typ der Sonne, dem Kosmos und den physikalischen Urkräften.

Wie eng ist dieser Zusammenhang aber wirklich? Ist er so eng, so total, daß sich keine Eigenschaft der Welt und des Kosmos verändern ließe, ohne gleich die Entstehung der Menschheit zu vereiteln? Oder sind es nur einige wenige, vielleicht wesentliche Grundstrukturen, auf die es für die Existenz des Lebens und der Intelligenz ankommt? Je enger die Beziehung zwischen Menschheit und kosmischer Umwelt, desto zwingender müßten sich die Eigenschaften von Natur und Kosmos aus unserem Selbststudium folgern und vorhersagen lassen. Als »Prinzip« ausgedrückt, können wir zunächst fordern:

> *Schwaches anthropisches Prinzip*
> Weil es in diesem Universum Beobachter gibt, muß das Universum Eigenschaften besitzen, die die Existenz dieser Beobachter zulassen.

Aber auch eine stärkere Behauptung ist denkbar:

> *Starkes anthropisches Prinzip*
> Das Universum muß in seinen Gesetzen und in seinem speziellen Aufbau so beschaffen sein, daß es irgendwann unweigerlich einen Beobachter hervorbringt.

Die schwache Version des anthropischen Prinzips hat Robert H. Dicke (Princeton, US-Staat New Jersey) 1961 vorgeschlagen. Eine denkbare Verschärfung (wie im starken anthropischen Prinzip formuliert) untersuchte Dicke nicht; das Universum mußte nicht unbedingt einen Beobachter hervorbringen. Aber da es nun schon mal dazu gekommen ist, kann man aus der Tatsache auch eine Reihe von Rückschlüssen ziehen und die notwendigen Bedingungen unserer Existenz herausstellen.

Die letztere Hypothese geht auf den britischen Physiker Brandon Carter vom Observatorium in Meudon bei Paris zurück, der sie 1973 auf einer Astronomentagung in Krakau vorstellte. Beide Prinzipien lassen sich auf wenigstens drei Arten einsetzen, um die Wechselbeziehungen zwischen Beobachter und Universum zu untersuchen. Einmal, indem man die irdischen Umstände verändert, unter denen das Leben entstand und in dem neuen Szenario noch einmal den Prozeß der Evolution nachvollzieht. Zum zweiten, wenn man nicht nur die planetaren Verhältnisse, sondern auch das kosmische Umfeld hypothetisch abwandelt. Der fundamentalste Eingriff wäre dann drittens die Veränderung der Naturgesetze und der Urkräfte der Physik, die man gewissermaßen in ein anderes Universum implementiert und deren Entwicklung man dann verfolgt.

Worauf die Wissenschaftler dabei stoßen, ist, daß die wichtigsten Eigenschaften von Galaxien, Sternen und Planeten sowie unserer unmittelbaren Umwelt im wesentlichen durch die Urkräfte des Mikrokosmos – und durch die Wirkung der Gravitation – festgelegt sind. Viele, zunächst überraschende Beziehungen zwischen verschiedenen Bereichen sind zwar direkte Folgen einfacher physikalischer Überlegungen. Andere Aspekte unseres Universums jedoch, von denen einige unerläßlich für die Evolution jeder Form von Leben zu sein scheinen, hängen auf diffizile Art von bislang zufällig erscheinenden Beziehungen, sogenannten »Koinzidenzen«, zwischen den sogenannten physikalischen Konstanten ab (s. Kap. II).

Zu diesen Konstanten gehören die Lichtgeschwindigkeit und die Gravitationskonstante, die elektrische Elementarladung, aber auch die Masse der am häufigsten vorkommenden atomaren Partikel. Die überraschenden Querverbindungen zwischen scheinbar unzusammenhängenden Gebieten der Naturwissenschaften werden nun zum Teil verständlicher, ja, man hätte sie mit Hilfe des anthropischen Prinzips eigentlich alle schon »vorhersagen« können. Brandon Carter sagt dazu: »... diese Koinzidenzen [Zufälle] sollte man so betrachten, daß sie konventionelle Physik und Kosmologie [mit dem allgemein relativistischen Urknall] eher bestätigen, und die man [mit Hilfe von Koinzidenzen] schon vor ihrer Entdeckung hätte vorhersagen können.«

Die »Vorhersage« scheinbarer Koinzidenzen wird aber nur mit dem anthropischen Prinzip möglich. Verwendet man dieses Prinzip in einer wissenschaftlichen Betrachtung, dann sind drei Arten von theoretischen Vorhersagen denkbar:

- Vorhersagen ohne Verwendung des anthropischen Prinzips, also konventionelle Physik und Chemie;
- Vorhersagen unter Benutzung des schwachen anthropischen Prinzips und
- Vorhersagen mit Hilfe des starken anthropischen Prinzips.

Indem man sich alle drei Optionen offenhält, verfällt man auch nicht der Verführung, jetzt alles »Unerklärliche« und »Zufällige« über den Kamm des anthropischen Prinzips zu scheren, sondern zuerst nach Erklärungen auf der Grundlage gängiger physikalischer Theorien zu suchen. Die nachfolgende Diskussion wird gerade zeigen, wie viele erstaunliche Eigenschaften der Welt Ausdruck einfacher physikalischer Grundgesetze sind. Nicht alles, was wir über die Natur erfahren, ist gerade so, wie es ist, nur weil wir existieren und es heute beobachten. Vielmehr stehen wir mit dem anthropischen Prinzip eher erst am Anfang denn am Ende einer erweiterten Naturbetrachtung. Daher könnte es eintreten, daß einige Phänomene, die uns jetzt nur mit dem anthropischen Prinzip verständlich und notwendig erscheinen, eines Tages durchaus traditionell – als Konsequenz allein einer physikalischen Theorie – aufgeklärt werden.

Wie kommt es, daß Wissenschaftler versuchen, das Gebäude der traditionellen Physik durch ein neues Prinzip zu ergänzen, kaum daß es sich im Nebel des Unerforschten abzuzeichnen beginnt? Es zeigt sich eben, daß viele Eigenschaften der Natur erst dann verständlich werden, wenn von der Tatsache der Existenz intelligenter Primaten, speziell der Menschen, als biologisch-geologische Erfahrung Gebrauch gemacht wird. Das Gebäude der Einheit von Natur und Mensch auf seine inneren Verstrebungen und Verankerungen abzuklopfen, ist eines der spannendsten Abenteuer der modernen Wissenschaft. Das anthropische Prinzip erlaubt zum erstenmal, das naturwissenschaftliche Weltbild auf seine innere Konsistenz hin zu untersuchen und die engen Verflechtungen zwischen drei Bereichen aufzudecken – den fundamentalen Gesetzen der Natur; den besonderen Begebenheiten und der Evolution in diesem Kosmos, und der Existenz eines intelligenten Beobachters.

Die Stellung des Menschen im Universum

Der Menschheit wird durch das anthropische Prinzip im Rahmen der Physik und Kosmologie zwar keine (räumlich) zentrale, aber doch eine besondere Rolle eingeräumt, denn unsere Existenz ist, auf der Erde jedenfalls, zweifellos etwas Besonderes. Auf der Erde gibt es Zivilisationen erst seit einigen tausend Jahren - kosmisch gesehen ein kurzer Augenblick, verglichen etwa mit dem Alter der Erde von fünf Milliarden Jahren. Und die Stufe einer *technologischen* Zivilisation hat die Menschheit erst vor ungefähr einhundert Jahren erreicht. Auf dieser Stufe sind wir, jedenfalls in unserer engeren kosmischen Umgebung von einigen hundert oder tausend Lichtjahren, selten oder gar einmalig. Intelligente, aber nicht technologische Zivilisationen sind vielleicht häufiger; nur können wir sie nicht beobachten, da sie sich nicht bemerkbar machen können – weder durch Signale noch durch indirekt beobachtbare technologische Aktivitäten.

Wenn man jetzt in der Naturwissenschaft die Rolle der Menschheit in die Betrachtung physikalischer Grundelemente der Natur mit einbezieht, so kehrt man damit wenigstens teilweise zu einer historischen Position zurück, zum Weltbild des griechischen Naturphilosophen Ptolemäus. Er hatte, noch älteren Vorstellungen folgend, die Erde in das Zentrum der Welt gerückt, obwohl vor ihm schon Aristarch von Samos ein Weltbild mit der Sonne als Mittelpunkt diskutiert hatte. Mit Nikolaus Kopernikus, der die Idee von Aristarch wieder aufgriff, wurde die Erde, und mit ihr auch die Menschheit, aus dem Zentrum des kosmischen Geschehens entfernt – ein schwerer Schlag für das Selbstverständnis damaliger Zeitgenossen. Auf einmal sollte also die Sonne im Zentrum stehen, und alle Planeten, die Erde und die Gestirne sollten sich um die Sonne bewegen.

Manche neuzeitlichen Kosmologen wollten sogar noch über Kopernikus hinausgehen. Sie forderten, daß die Erde nicht nur räumlich, sondern auch zeitlich eine durchschnittliche Stellung im Kosmos einnehmen solle. Die jetzige kosmische Epoche solle nur unwesentlich anders als vergangene oder zukünftige Abschnitte in der Entwicklung des Universums sein. Diese Forderung würde eine Kosmologie unterstützen, in der es keinen Urknall, keine echte *Evolution* des Kosmos gäbe, sondern nur Ewigkeit und Unvergänglichkeit – ein Bild, das noch bis in die zwanziger Jahre akzeptiert war. Die Entdeckung der Fluchtbewegung der Galaxien durch den Engländer Hubble um 1928 und der kosmischen Reststrahlung durch Penzias und Wilson im Jahre 1965 (s. Kap. IV) entzog solchen weiteren »Demütigungsversuchen« etwas den Boden. Mit dem anthropischen Prinzip bahnt sich jetzt eine gewisse Revision dieses Standpunktes an. Es würdigt so weit als möglich endlich die Sonderrolle, die die Menschheit im kosmischen Rahmen einnimmt – durch den Zeitpunkt ihrer Existenz jetzt und heute; durch den Ort ihres Daseins in einer speziellen planetaren, solaren und galaktischen Umgebung und, darüberhinausgehend, durch die offenbar enge Verkettung mit dem Naturgeschehen, deren vielfältiges, raffiniertes Wechselspiel die Entstehung des Lebens erst ermöglichte – der Mensch im Fadenkreuz der Naturgesetze.

Das anthropische Prinzip – Optimismus gegen Pessimismus

Im Zusammenhang des anthropischen Prinzips kann man wenigstens zwei Standpunkte beziehen, einen optimistischen und einen pessimistischen. Nach optimistischer Auffassung ist das Leben ein so häufiges Phänomen mit einer so hohen Entstehungswahrscheinlichkeit und so großer Fähigkeit zur Anpassung, daß sich praktisch immer irgendeine Form des Lebens mit Intelligenz entwickelt. Darin ist implizit auch die

Meinung enthalten, daß wir eigentlich nicht fähig seien, uns andersartige Lebensformen vorzustellen – ob nun unter gleichen oder verschiedenen Bedingungen. Man sei deshalb in seiner Argumentation notwendigerweise »anthropomorph», also stets durch das einmalige, irdische Beispiel verblendet und in ihm befangen.

Dagegen wendet sich der pessimistische Standpunkt, wie ihn George R. F. Ellis von der Universität Kapstadt vertritt. »Die Existenz des Lebens im Allgemeinen«, so Ellis, »und des intelligenten Lebens im Besonderen, stellt eine unglaublich unwahrscheinliche Eventualität dar, sowohl in der *Möglichkeit* ihrer Existenz (das soll heißen, in der Verträglichkeit möglicher Strukturen intelligenten Lebens mit den lokalen Gesetzen der Physik), als auch in der Wahrscheinlichkeit ihrer Evolution.«

Damit ist auch gemeint, daß »es Grenzen in der Veränderung der Konstanten« gebe, so daß »kein Leben möglich sein wird, wenn diese Grenzen überschritten werden«. Und wenn man die Veränderungen nur innerhalb dieser Grenzen betrachte, dann würden auch die Typen möglichen Lebens – und damit auch die möglichen Wege der Evolution – sich schon von denen unterscheiden, die ohne jede solche Veränderung möglich sind. Optimismus – Pessimismus: Daß man in diesem Zusammenhang zwei so entgegengesetzte Meinungen vertreten kann, zeigt nur, wie wenig wir noch über alternative Lebensformen und Wege der Evolution wissen. Immerhin soll in den nachfolgenden Kapiteln gezeigt werden, daß bestimmte Abänderungen der Konstanten in den Naturgesetzen Bedingungen verletzen, die für das Leben – so wie wir es kennen – unerläßliche Voraussetzungen sind. Und es soll damit folgende Hypothese gestützt werden: Es ist unwahrscheinlich, daß irgendeine Form des Lebens entstehen kann, wenn die Fundamentalkonstanten wesentlich andere Werte haben als die, die wir in unserem Kosmos vorfinden.

Wie lassen sich Naturgesetze verändern?

Wie kann man andere Naturgesetze machen als die gültigen? Wie von der als richtig erkannten Architektur der Natur abweichen und noch etwas sinnvolles daraus ablesen? Der Gehalt der Physik drückt sich vor allem durch ihre (mathematischen) Gesetze und durch eine Reihe von Konstanten aus, die in den Gesetzen auftreten. Zu einer naturwissenschaftlichen Theorie gehören zusätzlich noch Regeln zur Interpretation der Begriffe, mathematischen Gleichungen und Vorhersagen. Ein wesentlicher Bestandteil des anthropischen Prinzips betrifft die Abhängigkeit eines Beobachters des Kosmos – konkret gesagt, der menschlichen Existenz – von der Struktur der Naturgesetze. Diese Beziehung läßt sich testen, indem man die Naturgesetze verändert und dann feststellt, ab wann die Abänderung die Existenz der Menschheit unmöglich macht. Um diesen Test vernünftig durchzuführen, muß man sich zuvor überlegen, welche Arten der Abwandlung von Naturgesetzen überhaupt vorstellbar sind, damit man über das jeweilige veränderte Szenario noch sinnvoll diskutieren kann; zunächst sind dabei der Phantasie Tür und Tor geöffnet!

Am einfachsten verfährt man zweifellos, wenn man nur die Zahlenwerte für die erwähnten Naturkonstanten verändert, ohne dabei die *Form* der Naturgesetze anzutasten. Damit beeinflußt man vor allem die Stärke der einzelnen Naturkräfte. Die Form der Naturkräfte könnte man natürlich ebenfalls abändern, nur würde es bei tieferen Eingriffen in ihre Struktur zunehmend schwieriger, die veränderten Welten durchzukalkulieren. Um wenigstens die wichtigsten Zusammenhänge zu erfassen, stellt man das einfachste denkbare, dafür aber durchführbare Programm auf. Es beläßt die Naturgesetze in ihrer Form, so wie wir sie heute für richtig erachten. Dafür ändert man aber die Fundamentalkonstanten ab, vorwiegend also die Stärke der vier Grundkräfte. Unter den so veränderten Bedingungen läßt sich dann verfolgen, welchen Einfluß diese auf den Prozeß der Entstehung von Leben und Intelligenz haben.

Wie kommen überhaupt die Fundamentalkonstanten in die Naturgesetze? Meist treten sie auf folgende Art in Erscheinung: In einer mathematischen Gleichung wird eine Formel gleich einer anderen gesetzt, verbunden aber durch einen »Proportionalitätsfaktor«. Einfachstes Beispiel: Der Weg, den das Licht zurücklegt, ist proportional der Zeit, die das Licht dafür braucht. Der Proportionalitätsfaktor dabei ist eine Konstante, nämlich die Lichtgeschwindigkeit:

$$(\text{Lichtweg}) = (\text{Lichtgeschwindigkeit}) \times (\text{Lichtzeit}).$$

Allgemeiner und weniger trivial treten Fundamentalkonstanten dann häufiger in folgender Form auf:

$$(\text{Mathematische Formel}) = (\text{Konstante}) \times (\text{Andere Formel}).$$

Beispiele dafür sind die Feldgleichungen der Theorien von Newton, Maxwell oder Einstein. Das Newtonsche Gesetz von der Schwerkraft beispielweise gibt an, mit welcher Kraft sich zwei Körper in einem bestimmten Abstand voneinander anziehen:

$$(\text{Gravitationskraft}) = (\text{Gravitationskonstante}) \times \\ \times (\text{Masse 1}) \times (\text{Masse 2})/(\text{Abstand})^2$$

Hier tritt die Gravitationskonstante als ein Faktor auf, der zwei Massen und ihren Abstand in die Stärke einer Anziehungskraft umrechnet. Von diesem Zahlenfaktor wird die Stärke der Schwerkraft also wesentlich bestimmt. Je größer die Zahl desto stärker, je kleiner die Zahl desto schwächer ziehen sich beide Körper an. Es gibt andere Fälle, in denen die Konstanten auch in komplizierterer Form auftreten.

In der einfachen gezeigten Art jedoch – und ihr genügen die meisten Grundgesetze der Physik – erlauben sie dem vom anthropischen Prinzip besessenen Physiker eine besonders simple Weise, in die Naturgesetze und damit in das Grundgefüge der Natur einzugreifen. Man kann ihren mathematischen Gehalt, also die Formel, unangetastet lassen und nur die Konstante verändern, an ihr »drehen« wie an einer Schraube. Die Konstanten sind Zahlen, wenn auch mit einer Dimension versehen, wie Länge (Zentimeter), Masse (Gramm) oder Zeit (Sekunden). Dieser Umstand könnte dazu verleiten, die Zahlenwerte der Konstanten allein dadurch zu variieren, daß man etwa die Lichtgeschwindigkeit nicht mehr in Zentimetern pro Sekunde ausdrückt, sondern plötzlich – etwa – in Ellen pro Woche!

An solche scheinbare Variation der Konstanten ist natürlich nicht gedacht. Das hätte mit Physik nichts zu tun und wäre nur ein Ausdruck einer veränderten Konvention. Dem entgeht man, indem man die Dimension beseitigt, die Konstanten in »reine«, das heißt dimensionslose Zahlen verwandelt. Das macht man am einfachsten, indem man nur die Verhältnisse gleichartiger Größen betrachtet: statt der Lichtgeschwindigkeit nur den Quotienten zweier Geschwindigkeiten, statt der Masse des Elektrons nur ihr Verhältnis in Bezug auf eine andere atomare Masse. Die so gewonnenen reinen Zahlen zu verändern, beeinflußt dann tatsächlich die Physik und bleibt nicht nur im Rahmen einer kulturellen Konvention. Die Veränderung greift in die Naturgesetze in einer ganz bestimmten, wenn auch relativ einfachen Weise ein. Das Gesetz bleibt in seiner Form erhalten, aber es wird der Einfluß der anderen Formel auf die erste mathematische Formel verändert. Je nach

Art der Veränderung wird ihre Stärke vergrößert oder verkleinert oder gar, wenn die Konstante den Wert Null annimmt, völlig ausgeschaltet.

Da alle »Räder der Natur« von vier verschiedenen Kräften bewegt werden, und diesen Kräften auch vier Wechselwirkungskonstanten entsprechen, hat man hier gewissermaßen vier Schrauben, mit denen man in das Wechselspiel der Naturkräfte eingreifen kann. Daß die vier Schrauben am Daumen der Natur, neben anderen Konstanten, unabhängig voneinander gedreht werden können, und sie nicht noch (in uns unbekannter Weise oder im Rahmen einer größeren, »vereinheitlichten« Theorie) miteinander verkoppelt sind, wird dabei einfachheitshalber angenommen. Die Prozedur mag simpel erscheinen, ist aber dennoch weitreichend und wirkungsvoll. Da jede Konstante die Stärke der zugehörigen Naturkraft verändert, beeinflußt man bei der beschriebenen Veränderung den Lauf der Gestirne, die Entstehung der chemischen Elemente, die Geschwindigkeit biologischer Reaktionen genauso wie die Evolutionsvorgänge, die Zellen und organische Systeme aufbauen. Diese Art von Eingriff in die Naturkräfte gestattet es also, sich jeweils gewissermaßen ein neues Universum zu erschaffen, dessen Entwicklung man dann vom Urknall (wenn es ihn in dem veränderten Universum gibt) bis zu seinem Ende theoretisch – im Prinzip jedenfalls – durchkalkulieren kann, am Schreibtisch mit Bleistift und Papier oder mit einem Computer, dem Lieblingsspielzeug der Astrophysiker.

Das ist keine unlösbare Aufgabe. Gerade weil die Abwandlung der Naturgesetze auf eine denkbar einfache Art vorgenommen wird, lassen sich diese alternativen Universen noch relativ gut überblicken und in ihren wichtigsten Eigenschaften erfassen, bis hin zur Möglichkeit der Entstehung einer intelligenten Lebensform.

Anthropisch oder anthropozentrisch (Kritik am anthropischen Prinzip)

Die Einsichten, die man sich von derartigen Überlegungen verspricht, betreffen vor allem die Rolle des Lebens in unserem Universum. Könnte Leben, intelligentes Leben zumal, in fast jedem beliebigen Kosmos entstehen? Oder verlangt es einen ganz besonderen, speziellen Kosmos? Ist es vielleicht so, daß die Menschheit existiert, weil das Universum zufällig genau so ist, wie es ist? (Was bedeutet hier das Attribut »zufällig«?) Ist das nicht zumindest an der Oberfläche ein trivial, ja anthropomorph klingendes Ergebnis? Anthropomorph - das bezeichnet jene Eigenschaft, nach der unsere Denkweise zu sehr dem irdischen Beispiel verhaftet und damit gezwungenermaßen zu kurzsichtig sei.

Vom Vorwurf des Anthropozentrismus ist das schwache anthropische Prinzip frei. Er kann höchstens dem starken anthropischen Prinzip nicht völlig erspart bleiben. Zweifellos ist es schwierig, die Grundlagen unserer eigenen Existenz zu erforschen. Noch komplizierter ist es, über den durch sie gesetzten Rahmen hinaus zu blicken, also über die Natur unserer Natur zu reflektieren. Inwieweit sind wir – als die Voraussetzungen unserer Existenz reflektierende Individuen – überhaupt in der Lage, ein Anderssein des ganzen Universums sinnvoll zu denken und zu bedenken, also andersartige, hypothetische Universen durchzuspielen? Dazu kommt noch ein weiterer Punkt. Inwieweit können wir den Verdacht loswerden, den die evolutionäre Erkenntnistheorie in uns gesät hat, daß wir selbst die existierende Welt nur so erkennen, wie sie uns erscheint, weil wir uns in jahrmillionenlanger Anpassung so weit auf sie hinentwickelt haben, daß wir ihre Strukturen bereits in uns tragen, nicht nur materiell sondern auch intellektuell? Es bleibt hier eine offene Frage, ob wir erkenntnistheoretisch überhaupt in der Lage wären, Eigenschaften eines Universums herauszufinden, das *wesentlich* von unserem abweicht, das aber trotzdem eine Lebensform von Beobachtern dieses Universums hervorbringen könnte.

Das bescheidenere Ziel ist es hier, die wesentlichen Eigenschaften einer intelligenten Lebensform, die sie zu Beobachtern dieses Universums gemacht haben, auf die Fundamente des Naturgeschehens zurückzuführen. Dazu soll, wenigstens rudimentär, geklärt werden, wie das Universum jedenfalls *nicht* hätte gebaut werden dürfen, um die Arena einer uns vergleichbaren Intelligenz zu sein.

So besteht keine Gefahr, das anthropische Prinzip überzubewerten. Es ist eine in die Methodik eines Prinzips gekleidete Hypothese, die den Menschen als Erkenntnismedium eines Universums an mehreren überraschenden Stellen in den Kreuzungspunkt, in das Fadenkreuz physikalischer Gesetze rückt. Es ist keine Aussage irgendeiner physikalischen Theorie, es handelt sich um Metaphysik, ist daher auch nicht mathematisch beweisbar – als Prinzip kann sie sich vorläufig nur bewähren oder nicht.

Daran ändert sich auch nichts, wenn heute der Spieß gerne umgedreht und gesagt wird, man hätte dieses und jenes auch vorhersagen können. Nachteil der Diskussion ist, daß wir nicht mehr über außerirdisches Leben wissen – dann könnten wir auch die irdische Lebensform besser verstehen. Nach dem Stand des Wissens funktioniert Leben nur auf der Basis von chemischen Elementen, die schwerer sind als Wasserstoff und Helium. Es setzt Galaxien, spezielle Typen von Sternen und Planeten voraus. Es ist denkbar, wenn auch nicht besonders wahrscheinlich, daß eine andere Form von Intelligenz ohne all diese Ingredienzien auskommt. In seiner Erklärung »zufälliger« Eigenschaften in der Natur hat das anthropische Prinzip eine geringere Präzision als andere physikalische Erklärungen: Es sagt nicht die exakten mathematischen Werte der Wechselwirkungskonstanten und der Massenverhältnisse voraus, sondern es legt im wesentlichen nur ihre Größenordnungen fest. »Mit mehr anthropischen Beobachtungen«, so notierten die britischen Physiker Bernhard Carr und Martin Rees, »kann man vielleicht Präziseres über die Naturkonstanten aussagen, aber die gegenwärtige Situation ist nicht zufriedenstellend.«

Einige Querverbindungen zwischen Konstanten und Massenverhältnissen bleiben auch unter Zuhilfenahme des anthropischen Prinzips unverständlich beziehungsweise zufällig. Eines Tages werden wir vielleicht für andere der zu betrachtenden, mit dem anthropischen Prinzip erklärbaren Koinzidenzen auch »gewöhnliche« physikalische Erklärungen entdecken. »Aber selbst wenn sich alle scheinbar anthropischen Koinzidenzen auf diese Weise erklären ließen«, bemerken Carr und Rees, »wäre es dennoch bemerkenswert, daß die Beziehungen, die die physikalische Theorie erzwingt, gleichzeitig diejenigen sind, die das Leben ermöglichen«. Vorläufig ist es offen, ob das anthropische Prinzip nur eine philosophische Kuriosität ist oder ob es eine tiefliegende Wahrheit über das Leben und Universum birgt, von der wir erst einen Zipfel des Schleiers gelüftet haben.

Wohin kann uns eine konsequente und erfolgreiche Anwendung des anthropischen Prinzips führen? Die Überlegungen um das anthropische Prinzip werden sich vielleicht einmal in ein noch größeres, übergeordnetes Programm einordnen. Nicht, wie im Sinne von Carl Friedrich v. Weizsäckers auf die mehr begrifflich-philosophische »Einheit der Natur« gerichtet, sondern wie von Dennis W. Sciama (Oxford) und Edward R. Harrison (Amherst) angeregt, auf die »Einheit des Universums» abzielend. Alle Teile des Universums stehen – mehr oder weniger direkt – in einer kausalen Beziehung zueinander und beeinflussen einander. Das berechtigt zu der Hoffnung, daß wir einmal das gesamte Universum schon dadurch begreifen könnten, in dem wir nur einen, unseren Teil des Universums genau untersuchen, wie es nun mal das Schicksal des an die Erde gebundenen irdischen Beobachters ist. Die Erde und die auf ihr lebenden Beobachter des Kosmos wären dann so eng im kosmischen Gesamtgefüge verankert, daß wir die Gesamtheit des Daseins schon durch Untersuchungen unseres kleinen Winkels im Weltall verstehen können. Diese Art von Erkenntnis wird uns – zumindest im Prinzip – gelingen, wenn, wie es George F. R. Ellis formulierte, »es letztlich nur eine selbstkonsistente Struktur eines Universums gibt, in der wir leben können«.

II
Dirac und der kosmische Zufall

Diracs kosmische Überraschung

Es muß Paul Dirac schon den Atem verschlagen haben, als er sich um das Jahr 1937 von der Beschäftigung mit dem Aufbau des Mikrokosmos dem Makrokosmos in Form des Universums zugewandt hatte. Obwohl damals Professor für Mathematik und Physik an der Universität Oxford und immerhin, zusammen mit dem Wiener Erwin Schrödinger, Nobelpreisträger für Physik von 1933, war er doch in der Kosmologie ein Außenseiter, ein *Newcomer*. Britische Zeitgenossen wie Eddington, Jeans, Hubble, Milne und andere hatten sich vor ihm bereits als die namhaften Experten auf diesem Gebiet durchgesetzt. Außenseitertum befähigt zwar nicht immer, aber manchmal doch zu einer fruchtbaren, ungewohnten Sehweise, zur neuen Idee.

Die Magie der Kosmologie lag schon immer auch in den großen Zahlen, zu denen die Beschreibung des Himmels herausforderte — ob man nun einfach die Sterne zählen oder wie Archimedes die Zahl der Sandkörner errechnen wollte, die in das Universum passen. Vielleicht war es überhaupt diese Faszination und spielerische Neugier, die Dirac veranlaßten, sich der Kosmologie zuzuwenden. Er jedenfalls stieß bald, ältere Zahlenspiele von Eddington aufgreifend, auf einen bemerkenswerten Fund. Er brachte mehrere Tatsachen zusammen.

Erste Tatsache: Will man das Alter des Universums angeben, so ist das irdische Jahr zwar ein bequemes, aber physikalisch kein besonders sinnvolles Maß für ein Zeitintervall von zwanzig Milliarden Jahren. Dagegen hat die Natur mit den Atomen, mit Elektron und Proton, eine präzise Uhr und einen Zeitmaßstab geschaffen, an dem sich das Universum sinnvoller, natürlicher messen läßt als mit jener Periode, in der die Erde einmal die Sonne umrundet. Nach der Atomzeit ist das Universum heute

10^{40} = 10 000 000 000 000 000 000 000 000 000 000 000 000 000 Zeiteinheiten alt.

Zweite Tatsache: Berechnet man den Kehrwert der Gravitations-(Feinstruktur-)Konstante, so erhält man ebenfalls 10^{40} (s. Tabelle auf S. 51). Nimmt man noch die Anzahl der Teilchen hinzu, die das sichtbare Universum enthält, so erhält man ebenfalls eine Zahl, die eng verwandt mit der vorigen Zahl ist, nämlich das Quadrat von 10^{40}, also $10^{80} = (10^{40})^2$. Dreimal ist jetzt also die Zahl 10^{40} aufgetaucht. Ist das alles nur ein Zufall, Produkt einer irrationalen Zahlenmagie? Diese großen Zahlen sind zwar gleich, entstammen aber grundverschiedenen Bereichen der Naturwissenschaft. Das Alter des Universums ist Thema der Kosmologie. Die Gravitationskonstante mißt die Stärke der Schwerkraft, und die Atomzeit fällt in den Bereich des Mikrokosmos. Mangels einer Erklärung für diese seltsame Beziehung titulierte man sie schlicht als die »kosmischen Zufälle«. Doch Dirac hielt sie nicht für Zufälle, denn in der Natur gibt es nach seiner Meinung keine Zufälle. Vielmehr ließen die »Zufälle« auf tiefere Zusammenhänge zwischen dem Allergrößten und dem Allerkleinsten schließen, die noch der Erklärung harrten. Deshalb versuchte Dirac, die kosmischen Zufälle in naturwissenschaftliche Notwendigkeiten umzuformulieren. Davon wird noch später die Rede sein.

Die Erklärung der Natur – der Streit um den Physikalismus

Dirac blieb nicht lange überrascht und – wie es großen Theoretikern geziemt – entwarf die Grundlage einer neuen Theorie. Was aber 1938 möglicherweise noch einfacher war, fällt heute immer schwerer, nämlich im Stile Einsteins eine neue Theorie aus dem Hut zu ziehen. Für viele Bereiche der Natur gibt es bereits einigermaßen gut funktionierende Theorien, für andere weiß man häufig noch keine Antwort oder tastet sich erst langsam voran, weil die Probleme zu groß sind. Aber Diracs »Entdeckung« der kosmischen Zufälle und ein Ansatz ihrer Deutung durch das anthropische Prinzip stellen uns heute vor eine Aufgabe. Die – wie zu zeigen ist – »anthropischen« Zusammenhänge zwingen uns zwar nicht, eine Theorie aufzustellen, weisen aber zweifellos auf Lücken im Gerüst der vorhandenen Theorien hin. Wir müssen uns daher fragen: Reicht der Vorrat an Naturgesetzen, um das Auftreten des *homo sapiens* als eine »Notwendigkeit der Natur« erscheinen zu lassen?

Wir stehen damit vor der Alternative, entweder Diracs »Entdekkung« als irrelevante Zahlenspielerei (»Numerologie«) zu übergehen. (Das entspräche der weitverbreiteten Haltung in der Physik, viele unabhängige Naturkonstanten und mehrere fundamentale, gleichberechtigte Wechselwirkungen zu akzeptieren, ohne ständig nach irgendwelchen verborgenen Beziehungen zwischen diesen zu suchen.) Oder wir müssen sie im Rahmen einer umfassenden, vollständigen Theorie der eventuell unbelebten Natur theoretisch erklären. Der Nachteil im ersten Fall: Wir würden jede Chance einer möglichen naturwissenschaftlichen Erklärung einfach verschenken. Die zweite Alternative bildet also die Grundlage unserer Betrachtung. Sie führt uns zwangsläufig zu zwei fundamentalen naturphilosophischen Fragen:

- Sind die Theorien über die Natur in irgendeinem Sinn vollständig oder ist überhaupt zu erwarten, daß sie es einmal werden?
- Gibt es vielleicht Bereiche der Natur, der Biologie, des Lebens, die sich prinzipiell *nicht* auf Gesetze der Physik zurückführen lassen?

Hinter beiden Fragen steckt eine historische Auseinandersetzung, der sogenannte Physikalismusstreit. Die These des Physikalismus ist, daß sich in der Tat alle Vorgänge und Eigenschaften auf Gesetze der Physik reduzieren lassen. Da es sich auch in der Biologie letztlich immer um Bewegungen von Materie und Strahlung handelt, ist diese Vorstellung recht plausibel und entspricht deshalb auch der Überzeugung der meisten Wissenschaftler. Der Streit hat sich in letzter Zeit am Thema der künstlichen Intelligenz und ihrem Vergleich mit dem menschlichen Gehirn neu entzündet. Ist das menschliche Gehirn in der Lage, sich selber vollständig zu verstehen? Verwandt mit dieser Frage ist das Problem, ob man einen Computer wird bauen können, der genauso »intelligent« sein wird wie der Mensch. Bei vielen der »intelligenten« Leistungen des Menschen dürfte dies positiv beantwortet werden. Die Geister scheiden sich an den für spezifisch menschlich gehaltenen Eigenschaften wie Kreativität und der Fähigkeit, Gefühle, Wünsche und Sehnsüchte zu haben. Inwieweit einmal auch ein Computer dem Menschen ähnlich wird, wissen wir nicht, wenn auch Zweifel angebracht sind. Ein Schachcomputer, gegen den kein Mensch mehr gewinnen kann, ist vermutlich immer noch nichts weiter als ein komplizierter, aber relativ stumpfsinniger Haufen Mikroelektronik.

Der andere Punkt betrifft die Vollständigkeit der Physik. Dazu erst

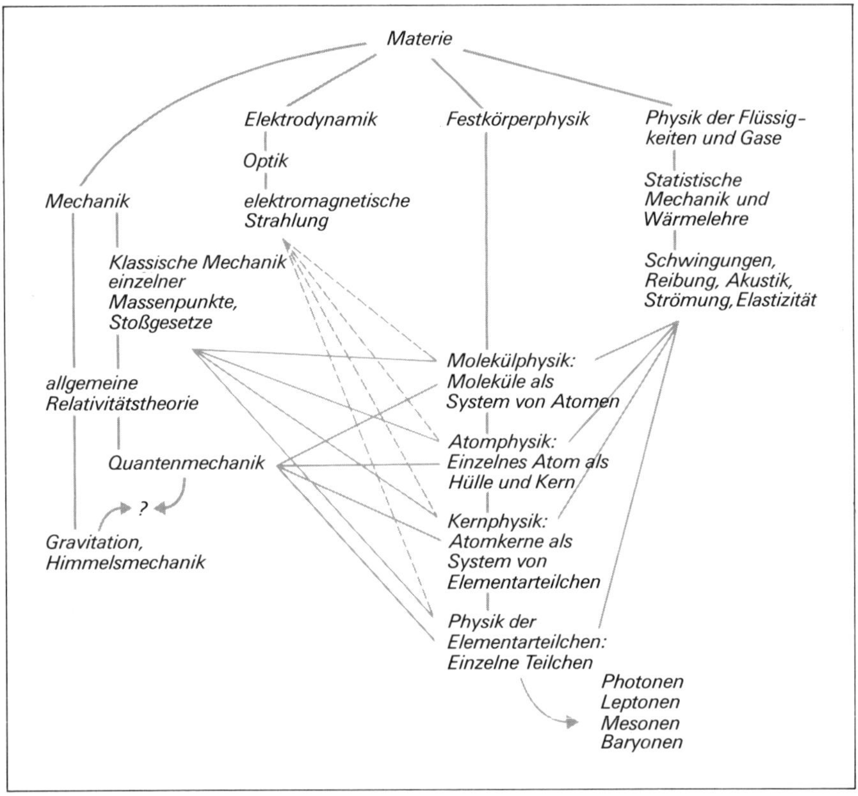

Vom Makro- zum Mikrokosmos beschreibt die Physik in ihren Einzeldisziplinen das Verhalten von Materie und Strahlung [frei nach E. Lüscher, H. Jodl (Hrsg.) Physik – einmal anders, dtv. 1280 (München, 1971), Bd. I, S. 73].

einmal Grundsätzliches. *Jede* Theorie innerhalb der Naturwissenschaft ist lediglich für einen begrenzten Ausschnitt der Wirklichkeit gültig. Die Grenzen einer Theorie sind aber nicht Bestandteil der Theorie, sind nicht in ihr selbst enthalten. In ihre Schranken wird sie erst durch eine neue, größere Theorie verwiesen, welche die ältere Theorie – als Spezialfall – enthält, oder an sie angrenzt. Entsprechend werden die mit einer Theorie verknüpften Begriffe durch analoge Schöpfungen in der neuen Theorie »überholt«. Das heißt nicht, daß die alten Begriffe dann keine Verwendung mehr hätten – im Gegenteil. Werner Heisenberg, der den Begriff der »abgeschlossenen Theorie« prägte, sagt: »Auch wenn die Grenzen der ›abgeschlossenen Theorie‹ überschritten sind, wenn also neue Erfahrungsgebiete mit neuen Begriffen geordnet worden sind, so bildet das Begriffssystem der geschlossenen Theorie doch einen unentbehrlichen Teil der Sprache, in der wir über die Natur reden. Die geschlossene Theorie gehört also zu den Voraussetzungen der weiteren Forschung; wir können das Ergebnis nur in den Begriffen früherer abgeschlossener Theorien ausdrücken.«

Kennzeichen einer geschlossenen Theorie sind nach Heisenberg ihre innere Widerspruchsfreiheit und die Tatsache, daß sie Erfahrungen so gut wie möglich darstellt. Ihren Wahrheitsgehalt faßt er in folgenden Thesen zusammen:

- »Die abgeschlossene Theorie gilt für alle Zeiten; wo immer Erfahrungen mit den Begriffen beschrieben werden können, und sei es in der fernsten Zukunft, immer werden die Gesetze sich als richtig erweisen.
- Die abgeschlossene Theorie enthält keine völlig sichere Aussage über die Welt der Erfahrungen. Denn wie weit man mit den Begriffen dieser Theorie die Erscheinungen begreifen kann, bleibt im strengen Sinn unsicher und einfach eine Frage des Erfolgs.
- Trotz dieser Unsicherheit bleibt die geschlossene Theorie ein Teil unserer naturwissenschaftlichen Sprache und bildet daher einen integrierenden Bestandteil unseres jeweiligen Verständnisses der Welt.«

Danach liegt die Vermutung nahe, daß es niemals eine endgültige, geschlossene Theorie geben wird. Wenn ihr Anwendungsbereich uns unbekannt bleibt, dann kann keine Theorie unbegrenzt gültig sein. Das könnte auch einer vereinheitlichten Theorie widerfahren, in der einmal alle vier fundamentalen Wechselwirkungen zusammengefaßt sein sollen. Einsteins Traum wird mit einer derartigen Theorie wohl einmal in Erfüllung gehen, aber es wird vielleicht keine vollständige, und es wird auch nicht die letzte aller Theorien sein. Wenn man zu immer exotischeren Bereichen der Wirklichkeit vorstößt, also zu noch größeren Energien, zu noch kleineren Abständen und noch kürzeren Zeitintervallen, dann könnte dies immer wieder eine neue Theorie erforderlich machen.

Ein weiteres Problem bilden die fundamentalen Konstanten, die in allen bisher bekannten Theorien auftreten. Ihr bloßes Auftreten in der Theorie kennzeichnet ein bestimmtes Maß an Unwissen über den von der Theorie erfaßten Wirklichkeitsbereich. Denn die Konstante gibt zwar zum Beispiel die Stärke einer Naturkraft an, verhüllt aber die

Gründe, warum sie so stark ist und wie sie durch das Zusammenwirken der Materie und Felder entsteht. Jede Konstante verbirgt also ein Stück unerklärter Natur, bleibt ein Stück »Phänomenologie«, ist eine Beschreibung von außen, ohne eine tiefergehende Erklärung. Je weniger Konstanten eine Theorie enthält, desto mehr kann man behaupten, die Natur zu verstehen. Die jetzt angestrebte vereinheitlichte Theorie (s. Kapitel III) wird die Zahl der Wechselwirkungskonstanten von vier auf vielleicht zwei oder nur eine herabdrücken. Ob auch diese letzte Konstante der einheitlichen Superkraft »erklärt« und damit einmal beseitigt werden kann, ist heute nicht absehbar.

Die Aufgabe der Naturwissenschaft stößt hier an die Grenzen der Philosophie und auch Religion. Sie kann sich nur das Ziel setzen, Abläufe und Strukturen aus allgemeinen, größeren Zusammenhängen herzuleiten. Die Natur als Ganzes zu erklären, kann sie nicht und ist auch dafür nicht zuständig. Sie wird daher zum Beispiel auch nicht erklären müssen – so die herrschende Ansicht –, warum die Naturgesetze gerade so sind, wie sie sind. Die konventionelle Naturwissenschaft bleibt also in ihrem bescheidenen Rahmen – und ist dort dafür um so erfolgreicher! Sie läßt sich pragmatischerweise nicht darauf ein, etwa die Wissenschaft zu erklären, die man gerade betreiben will. So wird eine Theorie, die phänomenologische Konstanten enthält, nicht – außer in einem ästhetischen Sinn – »schlechter« sein als eine andere ohne solche Konstanten, solange sie die Abläufe korrekt beschreibt, für die sie zuständig ist.

An dieser Stelle tritt das anthropische Prinzip auf den Plan. Mit seiner Hilfe lassen sich insbesondere zwei Gedankengänge verfolgen:

- Was an Ort und Zeit der menschlichen Existenz besonders ist, welche kosmischen Umstände und Entwicklungsverläufe deshalb vorgelegen haben mußten und
- welche Struktur die Natur erfüllen mußte, damit die Menschheit überhaupt entstehen konnte.

In diesem Sinn will das anthropische Prinzip »erklären«, warum die Naturgesetze so sind, wie sie sind, wenngleich die Art der »Erklärung« durch das anthropische Prinzip, nämlich als teleologische Erklärung, natürlich von ganz anderem Stellenwert ist als die kausal-ordnende Erklärung durch eine physikalische Theorie. Was wir mit dem anthropischen Prinzip können, ist, von einem außergewöhnlichen Phänomen der Menschheit auf bestimmte Ursachenketten zurückzuschließen. Dies geschieht natürlich im Rahmen einer bestehenden Theorie. Die physikalische »Erklärung« liefert in diesem Fall immer noch die Theorie selbst und nicht das anthropische Prinzip. Doch jedenfalls ist es eine Quintessenz der anthropischen Betrachtung – wenn plausibel wird, daß in einem Kosmos mit anderen Naturgesetzen eine intelligente Lebensform sich nicht entwickeln konnte.

Die Fundamentalkonstanten der Naturkräfte

Wissenschaftler, die sich mit dem grundlegenden Aufbau der Natur befassen, sagen uns, daß alle Vorgänge im Kosmos von vier fundamentalen Kräften – oder wie sie es nennen: Wechselwirkungen – gesteuert werden. Nur vier Kräfte? Das klingt sehr simpel, zu einfach eigentlich, wenn wir die enorme Vielfalt komplexer Gebilde und Strukturen betrachten, die wir in der Natur vorfinden: Sterne, Galaxien, Planeten, Chemie und die Welt der Biologie bis hin zum Menschen mit seinem Gehirn.

Der heutige »Glaube« an vier Fundamentalkräfte mag manchen fatal an das Weltbild der Vorsokratiker im klassischen Griechenland erinnern. Damals glaubte man die Welt aus vier »Elementen« aufgebaut: Feuer, Wasser, Erde und Luft. Zweieinhalb Jahrtausende später sind daraus über 100 »Elemente« geworden. Ist das Weltbild der Physik heute, auf andere Art, vielleicht immer noch so »naiv« wie vor über zweitausend Jahren? Wird man in hundert oder mehr Jahren nicht ebenfalls milde lächelnd auf die physikalischen Erkenntnisse des späten 20. Jahrhunderts zurückblicken, mit dem klügeren und unduldsamen Seufzer der Nachgeborenen: Naja, die wußten damals noch nicht, daß . . .?

Daß die Nachfahren weiter sehen können als ihre wissenschaftlichen Ahnherren, liegt daran, so das Bonmot, daß sie auf den Schultern von Giganten stehen – selbst wenn es Zwerge sind, die es sich da auf den Schultern der Vorfahren bequem machen. Wir würden sicher noch nicht behaupten, daß unser physikalisches Weltbild schon vollständig sei. Andererseits hat es doch schon viel von seiner Naivität verloren, die ihm etwa noch im mechanistischen Weltbild des 19. Jahrhunderts anhaftete. Es ist kaum zu erwarten, daß man in fünfzig Jahren anstelle von vier plötzlich von einigen Dutzend Arten von Wechselwirkungen reden wird. Von den vier Fundamentalkräften werden wir, zumindest für die Beschreibung der uns heute geläufigen Welt, so schnell nicht wesentlich abzuweichen brauchen. Vielleicht werden es fünf oder ein-

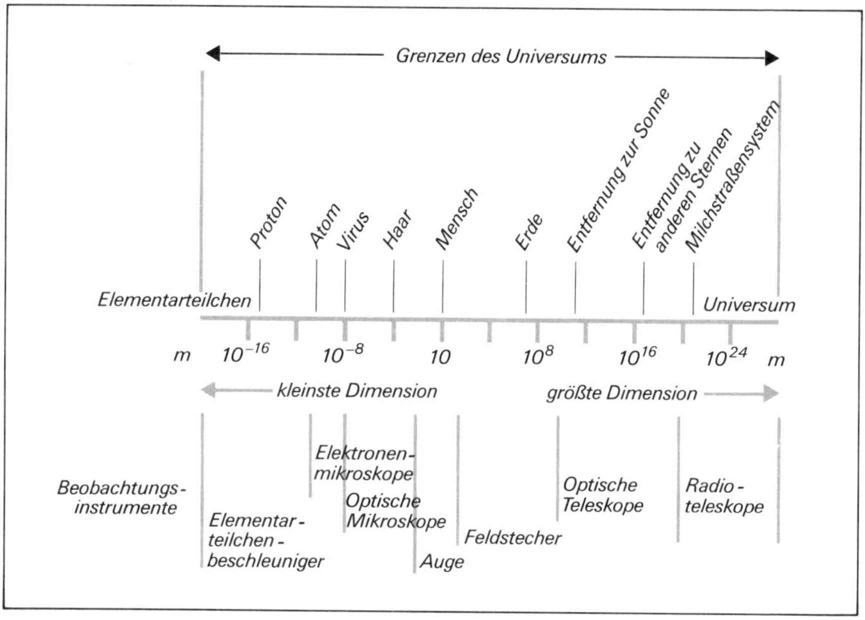

Von der kleinsten bis zu ihrer größten Dimension wird die Natur mit verschiedenen Instrumenten erfaßt. Alle Objekte werden von nur vier Kräften geformt. In der Mitte steht der Mensch.

mal eine einzige Einheitskraft. Aber noch ist es unwahrscheinlich, daß die Beschreibung der Natur mehr als vier (oder fünf) Wechselwirkungen benötigt (s. Kap. III). Für diese Behauptung spricht, daß man heute doch etwas besser als vor zehn Jahren versteht, wie die Natur mit so »einfachen« Zutaten – Materie und Strahlung, zusammengekoppelt von nur vier Arten von Wechselwirkungen – eine so komplizierte Welt entstehen lassen konnte. Ihre offensichtlichste, für diese Betrachung gleichzeitig wesentliche Eigenschaft ist die Tatsache, daß die Fundamentalkräfte verschieden stark sind. Die Wissenschaftler vermögen es, gerade aufgrund der unterschiedlichen Stärke der vier Kräfte, begreifbar zu machen, wie es zur Vielfalt der Natur kam. Das gilt auch für die Umkehrung. Wenn sich die Kräfte aneinander angleichen, so können sie demonstrieren, wie diese Vielfalt zusammenbricht und zur Einfalt verkommt (s. Kap. IX).

Ich will hier zeigen, wie wenig (oder wie viel) an diesen Kräften »gedreht« werden kann, ohne daß die Vielfalt, die unsere eigene Existenz mit einschließt, verloren geht. Genauer: Welch enger Spielraum durch den Maßstab der Existenz des Menschen eigentlich festgelegt wird.

Um welche Kräfte handelt es sich also? In der Reihenfolge zunehmender Stärke geordnet, handelt es sich um die Schwerkraft oder Gravitation – sie dominiert die Wechselwirkung zwischen großen, makroskopischen Körpern. Hinzu treten drei Kräfte, die das Geschehen im Mikrokosmos kontrollieren: die schwache Kernkraft, die elektromagnetische Kraft und die starke Kernkraft. Statt »Kraft« verwenden Physiker auch gerne die Bezeichnung »Wechselwirkung«. »Wechselwirkungen« nennen sie die Naturkräfte aus dem simplen Grund, weil jedem Einfluß eines Körpers auf einen zweiten auch umgekehrt, wechselseitig, ein Einfluß des zweiten Körpers auf den ersten entspricht. Isaac Newton hat dies, damals für die Gesetze der Mechanik, als das Prinzip von »Actio gleich Reactio« formuliert. Heute bezieht man sich dabei allgemeiner auf alle Wirkungen, die Körper und Felder aufeinander ausüben können.

Gravitation regelt die Einflüsse der Himmelskörper aufeinander, legt die Bewegung der Planeten, Sterne, Galaxien, des ganzen Kosmos fest. Die Wirkung, die elektrische Ladungen aufeinander ausüben, wird durch die elektromagnetische Kraft beschrieben; sie bestimmt unter anderem, wie die Atome und Moleküle miteinander reagieren. *Die starke Kernkraft* hält die Kernteilchen (Nukleonen), also Protonen und Neutronen, zusammen. Hier eine Anmerkung zur Namensgebung: Man hat alle Teilchen der Mikrowelt, die – etwa bei Zusammenstößen in Teilchenbeschleunigern – über die starke Kernkraft miteinander reagieren, unter dem Sammelbegriff *Hadronen* zusammengefaßt. Zu den Hadronen gehören die Teilchen des Atomkerns – »Baryonen« = die Schweren – und die sogenannten »Mesonen«. Hadronen, das sind Neutron, Proton einerseits, und Mesonen andererseits.

Wo es schwere Teilchen gibt, da sind auch die »leichten« Mitglieder der großen Teilchenfamilie nicht weit, die »Leptonen«. Elektronen, Neutrinos, das Müon und schwerere Leptonen gehören dazu. Ihre hervorstechendste Eigenschaft: Im Gegensatz zu den Hadronen reagieren sie nicht auf die starke Kernkraft. Zwischen ihnen herrscht vor allem eine andere Kraft, *die schwache Wechselwirkung* (oder schwache Kernkraft). Diese macht sich zum Beispiel bei der Radioaktivität bemerkbar, beim atomaren Betazerfall (Betateilchen sind Elektronen). Beim Betazerfall zerlegt sich etwa ein Neutron in einem Atomkern in drei Bestandteile, ein Proton, ein Elektron und ein (Anti-)Neutrino. Das Proton bleibt bei diesem Prozeß im Atomkern zurück – es wird dort von der starken Kernkraft der anderen Kernteilchen festgehalten. Der Atomkern enthält nun aber eine Protonladung mehr, wodurch ein neues chemisches Element erzeugt wurde; Elektron und Neutrino verlassen den Kern und werden als Leptonen von der starken Kernkraft nicht behelligt. Die Unterschiede zwischen allen Kräften, also die relative Stärke der vier Kräfte, lassen sich am einfachsten durch Zahlen, »physikalische Konstanten«, ausdrücken, die für die jeweilige Wechselwirkung typisch sind. Die schwache Kraft übertrifft die Schwerkraft um das 10^{28}fache (eine Eins mit 28 Nullen); die elektromagnetische Kraft ist selbst um den Faktor 10^9 stärker als die schwache Kraft, und die starke Wechselwirkung überwiegt die elektromagnetische Wechselwirkung wiederum um das Hundertfache. Fazit: Zwischen Gravitation und starker Kernkraft liegen knapp 40 Größenordnungen, ein relativer Faktor von 10^{40}!

Kraft	Stärke	Reichweite	Teilchen, auf die sie wirkt	Teilchen, die ausgetauscht werden	Art der Kraft zwischen gleichen Teilchen
stark	1	kurz	Quarks	Gluonen	abstoßend
elektromagnetisch	10^{-2}	lang	elektrisch geladene Teilchen	Photonen	abstoßend
schwach	10^{-5}	kurz	Elektronen, Neutrinos und Quarks	intermediäre Vektorbosonen	abstoßend
gravitativ	10^{-39}	lang	alle Teilchen	Gravitonen	anziehend

Die vier Grundkräfte der Natur und ihre wichtigsten Eigenschaften

Bei dieser extremen Staffelung der »Federstärken«, die die Uhren der Welt zum Ticken bringen, ist dann auch kein Mißverständnis möglich, welche der Kräfte gerade bei einem Vorgang hauptsächlich am Zuge ist. Zudem unterscheiden sie sich nicht nur in der Stärke, sondern genauso drastisch in ihrer Reichweite. Faustregel: je stärker, desto kürzer. Die Kernkräfte, also die starke Wechselwirkung, deren erste Erklärung auf Arbeiten des japanischen Physikers Hideki Yukawa vom Jahre 1935 zurückgeht, reichen gerade noch über die Ausdehnung eines Protons hinweg, also 10^{-13} Zentimeter weit.

Daß dies wirklich extrem kurz ist, kann man sich folgendermaßen veranschaulichen. Ein Proton hat selbst nur ein Hunderttausendstel der Ausdehnung eines Wasserstoffatoms, und 1 Zentimeter verhält sich zu 10^{13} Zentimetern wie die Strecke Erde–Sonne zu einem Zentimeter. Ganz anders verhalten sich Elektrizität und Schwerkraft. Beide reichen im Prinzip bis ins Unendliche. Doch die elektrische Kraft wird meist rasch, über kurze Entfernung, wieder abgeschirmt. Große Körper enthalten etwa ebenso viele positive wie negative Ladungen, und so schirmen sich Elektronen (mit negativer Ladung) und Protonen (mit positiver Ladung) bei größeren makroskopischen Körpern immer gegeneinander ab – große Körper sind also meist elektrisch neutral, weshalb die elektrische Kraft vornehmlich im Mikrokosmos wirkt. Dort, zwischen den Elementarteilchen, spielt wiederum die Schwerkraft keine Rolle – dafür ist sie viel zu schwach! Sie bleibt nur auf großen Entfernungen und beherrscht daher den Makrokosmos. Die Gravitationskraft wächst mit der Menge der Materie an, denn es gibt nur eine Art der »Gravitationsladung«, die Masse der Körper. Und nichts kann die Schwerkraft abschirmen! So kommt es, daß der Makrokosmos der Himmelskörper von der schwächsten aller Naturkräfte allein gesteuert wird.

Es wird die weitere Diskussion um das anthropische Prinzip und die Fundamentalkonstanten vereinfachen, wenn wir den verschiedenen Konstanten Namen geben, nämlich Alpha-Stark, Alpha-Elektrisch, Alpha-Weak (schwach) und Alpha-Gravitation, oder als symbolhafte Kürzel: Alpha-S, Alpha-E, Alpha-W und Alpha-G. Ihre genauen Zahlenwerte sind Alpha-S = 3,9; Alpha-E = 0,007; Alpha-W = 10^{-11}; Alpha-G = $0{,}5 \times 10^{-40}$.

In dieser Form, also als reine Zahlen, hat sich in der Wissenschaft die Bezeichnung »Feinstrukturkonstanten« für die Alphas eingebürgert; also ist Alpha-E die elektromagnetische Feinstrukturkonstante, Alpha-G die gravitative Feinstrukturkonstante usw.

In diesen Zahlen, an denen sich die weiter oben diskutierten Relationen der Konstanten untereinander leicht ablesen lassen, muß prinzipiell auch – jedenfalls zusammen mit den zugehörigen Naturgesetzen – das Geheimnis des Lebens mitenthalten sein. Diesen Weg zu verfolgen und den Zusammenhang aufzuspüren, ist die Aufgabe der nachfolgenden Kapitel.

Man mag sich zu Recht fragen, wie diese vier Zahlen zustandegekommen sind, warum sie diese und keine anderen Werte haben. Vom Himmel der reinen Erkenntnis sind sie wohl nicht heruntergefallen. Die dadurch angeregte Exkursion über »reine Zahlen in der Physik« ist sicherlich geeignet, einen Einblick in die Denkart der theoretischen Physiker zu geben. Auf den knappen Nenner gebracht: *Nur auf reine Zahlen kommt es an.* Zahlen wie die obigen sind genau gesprochen »dimensionslose Konstanten«, im Gegensatz zu anderen Größen mit einer Dimension, wie 1 Gramm oder 5 Zentimeter. Nur auf dimensionslose Konstanten kommt es an, so muß man fortfahren, wenn man sich mit der potentiellen physikalischen Veränderung von »Konstanten« befassen will. Wie Robert H. Dicke schon 1962 betonte, hat es wenig Sinn, von der Veränderung etwa der Masse des Elektrons, Dimension Gramm, allein zu sprechen. Sinnvoll ist nur das Verhältnis zweier Massen, zum Beispiel der Elektronenmasse im Verhältnis zur Protonenmasse oder der Elektronenmasse im Verhältnis zum Pariser Urkilogramm. Nur Verhältnisse, dimensionslose reine Zahlen, sind von der willkürlich vom Menschen festgelegten Einheit befreit. Da man frei ist, die Einheit des Urkilogramms in Paris von heute auf morgen zu ändern, könnte man auf diese Weise scheinbare Veränderungen natürlicher Konstanten hervorrufen, die natürlich mit der Physik der Objekte nichts zu tun haben und um die sich auch niemand scheren würde. Für das Verhältnis von Elektronenmasse zu Protonenmasse = 1/ 1837 aber kann das nicht passieren; diese Zahl ist unabhängig von der irdischen Konvention, wie groß nun 1 Gramm denn sein solle.

So ist weiter nicht verwunderlich, daß die vier Fundamentalkonstanten der Naturkräfte erst aus einigen anderen, dimensionsbehafteten Konstanten zusammengebaut, »dimensionslos« gemacht wurden: durch geeignetes Multiplizieren und Dividieren mit anderen fundamentalen und mehr geläufigen Größen der Physik. Da sind:

- die Lichtgeschwindigkeit;
- das »Wirkungsquantum« von Planck (eine Fundamentalgröße aus der Theorie der Quantenmechanik);
- die Masse des Protons;
- die Masse des Elektrons (zweitausendmal kleiner als die Protonmasse);
- die Ladung des Elektrons;
- die Gravitationskonstante (wie sie im Jahre 1666 von Isaac Newton in seinem Gesetz der Schwerkraft eingeführt wurde);
- die Konstante der schwachen Wechselwirkung;
- die Konstante der starken Wechselwirkung.

Die Stärke der vier Naturkräfte ist in den vier Größen enthalten, die erst noch in dimensionslose Konstanten umgewandelt werden müssen. Mit Hilfe der ersten fünf atomaren Konstanten ist dies leicht möglich (s. Tabelle Seite 44).

Die Fundamentalkonstanten der Materie und die Massen der elementaren Teilchen

Neben den Naturkräften sind es die materiellen Bestandteile des Weltalls, deren Rolle im Räderwerk der Natur und als Baustoff des Lebens wir begreifen müssen. Gerade das Spätstadium des Kosmos, in dem wir uns heute befinden, und insbesondere das Schicksal der Erde, auf der wir uns aufhalten, wird wesentlich bestimmt durch die Materie, das heißt vor allem durch ihre stabilen Bestandteile. Aus den Elementarteilchen, den kleinsten bekannten Bausteinchen der Materie, bauen sich Atomkerne sowie Atome auf, und aus ihnen bestehen natürlich auch wir, die Menschen.

Zu jedem Teilchen gibt es dann auch noch, gleichberechtigt, die zugehörigen Antiteilchen. Sie bilden die berüchtigte Antimaterie; berüchtigt, weil das Zusammentreffen eines Teilchens mit seinem Antiteilchen für beide tödlich verläuft. Sie vernichten sich gegenseitig und zerstrahlen dabei zu energiereicher elektromagnetischer Strahlung, den Gamma-Quanten. Dieser Unverträglichkeit ist es zu verdanken, daß stabile, ruhende Materie, aus der wir zusammengesetzt sind und mit der wir umgehen, keine Antimaterie enthält. (Umgekehrt enthält ein ruhendes Gebilde aus Antimaterie keine Materie.)

An dieser Unverträglichkeit liegt es auch, wenn sich der Zerstrahlungsprozeß nicht so einfach militärisch nutzen läßt. Antimaterie ist nur schwer herstellbar und in unserer Umgebung noch schwerer zu lagern. So bleibt der Einsatz von »Antimateriewerfern« auf Science-Fiction-Romane beschränkt. Bis 1932 glaubte man noch, daß die Materie aus nur zwei Elementarteilchen besteht – dem Elektron und dem Proton. Aber obwohl heute ein ganzer Teilchenzoo mit mehreren hundert »Insassen« die Physiker in Aufregung hält, bleibt hier nur ein ganz kleiner Ausschnitt von Bedeutung. Denn die allermeisten der seit 1932 entdeckten Elementarteilchen sind unstabil und lassen sich nur bei sehr großen Energien in kilometergroßen Beschleunigern erzeugen; entsprechend kurzlebig sind sie denn auch, mit Lebensdauern zwischen wenigen Minuten und 10^{-23} Sekunden.

Für die stabile Materie hat sich der Kreis der relevanten Bausteine seit 1932 nicht wesentlich vergrößert. Für sie kommen nur folgende Elementarteilchen in Betracht: das Lichtteilchen (Photon), das Neutrino – jenes Lepton also, das im Betazerfall auftritt –, dazu die alten Bekannten Elektron, Proton und Neutron. Für die irdische Materie spielt die ganze zugehörige Antimaterie kaum eine Rolle. Denn die Bedingungen im Urknall haben dazu geführt, daß der uns bekannte Teil des Universums offensichtlich fast nur aus Materie besteht, ohne wesentliche Zusätze an Antimaterie. Eine triviale Ausnahme ist das Photon. Es ist das einzige Elementarteilchen, das gleichzeitig sein eigenes Antiteilchen ist. Oder anders gesagt: Als masseloses Teilchen und Träger der elektromagnetischen Kraft mit langer Reichweite hat es kein Antiteilchen. Das Neutron zerfällt, auf sich allein gestellt, im Mittel nach 15 Minuten. Nur in der »Kompaktablagerung« im Atomkern überlebt es dauerhaft. Die anderen vier – stabilen – Elementarteilchen können nicht von selbst zerfallen, sie können sich nicht spontan in andere Teilchen umwandeln. Ihre Lebensdauer ist demnach »unendlich«. Beim Proton ist die Frage der Stabilität wieder offen, vielleicht zerfällt es nach sehr langer Zeit doch noch (s. Kap. III). Diese vorläufig noch theoretische Möglichkeit spielt aber für unsere irdische Existenz keine Rolle, denn es handelt sich hier um Zeiträume, die ein Vielfaches des Alters des Universums betragen.

Die Fundamentalparameter des Kosmos

Die dritte Gruppe fundamentaler Größen, die unsere Welt im kleinen wie im großen bestimmt, betrifft – neben den Konstanten und den Elementarteilchen – den Kosmos selbst. Dabei kommt es uns darauf an, Beziehungen zwischen Eigenschaften des Kosmos einerseits und Eigenschaften der Mikrophysik festzustellen, um zu sehen, in welchem Maße diese Beziehungen durch das anthropische Prinzip ausgezeichnet sind. Daher die Frage: Welche physikalischen Größen legen den Kosmos fest, jedenfalls in seinem globalen Verhalten? Ohne schon die Modelle genau zu beschreiben, mit denen Kosmologen heute hantieren (s. Kap. IV), wird die globale Struktur des Kosmos durch verblüffend wenige Zahlen festgelegt, genauer gesagt durch wenige »Parameter«. Parameter sind Zahlenvariable, deren Wert sich von Modell zu Modell verschieden festsetzt. Dies sind:

- Die Hubble-Konstante; sie gibt ein Maß für die Fluchtgeschwindigkeit ferner Galaxien: Für jedes Lichtjahr Abstand zu uns erhöht sich die relative Fluchtgeschwindigkeit etwa um einen Zentimeter pro Sekunde. Der Kehrwert der Hubble-Konstanten gibt ein grobes Maß für das Alter des Universums; heutiger Wert: etwa zwanzig Milliarden Jahre.
- Die mittlere Materiedichte im Universum; sie wird heute auf

etwa einige Dutzend Kernteilchen pro Kubikmeter geschätzt. Das entspricht 10^{-31} Gramm pro Kubikzentimeter. Diese Schätzung stellt heute eine untere Grenze dar und könnte in Wirklichkeit deutlich höher sein, da keine verläßlichen Schätzungen darüber existieren und Astronomen nicht absehen können, wieviel Materie in unsichtbaren Objekten – wie Schwarzen Löchern oder neuerdings Neutrinos – »gespeichert« ist.

Aus Hubble-Konstante und mittlerer Materiedichte lassen sich zwei andere kosmische Zahlen errechnen, wenn man zusätzlich ein bestimmtes kosmologisches Modell zugrunde legt:

- Der »Radius« des Universums – ein ziemlich unpräziser, aber anschaulicher Ausdruck für eine typische Längenskala des expandierenden Universums. (Der »Radius« eines offenen Kosmos wäre unendlich groß.) Ebenso unpräzise wie anschaulich kann man von einem »Volumen« des Universums sprechen, nämlich dem Rauminhalt einer Kugel mit dem »Radius« des Universums; und einer Gesamtmasse, wenn man dieses Volumen mit der mittleren Materiedichte multipliziert.
- Die Anzahl der schweren Elementarteilchen (Hadronen) wie Protonen im Universum.

Das anthropische Prinzip liefert uns nun eine Methode, den Aufbau und die grundlegende Struktur des Universums, ja der gesamten materiellen und immateriellen Welt in Frage zu stellen, um das Besondere an ihm zu erkennen. Was dabei herauskommen kann, ist eine Auszeichnung des tatsächlichen Universums, vielleicht eine gewisse Eindeutigkeit und Einmaligkeit, je mehr die Existenz einer intelligenten Lebensform ihren möglichen Aufbau einschränkt. Mögliches Ergebnis sind Behauptungen über die Eindeutigkeit der Menschheit, die Eindeutigkeit des Lebens, die Eindeutigkeit der Natur und die Eindeutigkeit des Kosmos.

Die klassischen »kosmischen Zufälle« – ein Ausdruck des anthropischen Prinzips?

Paul Diracs Spiel mit den großen Zahlen – seine Large Number Hypothese – hat seit Ende der fünfziger Jahre eine Büchse der Pandora geöffnet, seither immer wieder die Physiker fasziniert, und das Ende dieser Diskussion ist nicht abzusehen. Dirac hat damit etwas losgetreten, was bei einigen Theoretikern auch heute noch verpönt ist und als eine Zahlenhexerei mit dem Begriff »Numerologie« abgelehnt wird. Dirac zwingt die Naturwissenschaftler dazu, sich in ungewohnter Weise von der notwendigen, aber oft stupiden Detailbesessenheit abzuwenden. Dafür mußten sie sich Zusammenhängen zuwenden, die sich in interdisziplinärer Weise durch das gesamte Spektrum der Wissenschaft ziehen – von der Atomphysik zur Makrophysik, vom Urknall zur Evolution der Intelligenz. Für einen Physiker bedeutet diese eine neue Art, eine »Einheit der Natur« herauszupräparieren; sie befriedigt letztlich die alte Sehnsucht des Naturforschers, die Welt mit einem einheitlichen und möglichst einfachen Konzept zu durchdringen und durchschaubar zu machen. Das ist heikel für den Wissenschaftler, da er dabei die unmittelbaren Grenzen seiner Fachkompetenz überschreiten muß (und dafür natürlich zwangsläufig Kritik einheimst); befriedigend ist es für ihn aber auch, weil es seine philosophische Urüberzeugung ist, daß das gesamte Geschehen der Natur – vom Urknall bis zum Menschen – in seinem mathematisch-physikalischen Verständnis letztendlich unter ein Theoriendach gebracht werden kann.

Die Begriffe »kosmischer Zufall«, »kosmische Koinzidenz« oder »Hypothese der großen Zahlen« beziehen sich auf einige numerische Querverbindungen zwischen Fundamentalkonstanten der Mikrophysik einerseits und den Fundamentalparametern des Kosmos andererseits. Diese lassen sich auf mehrere verschiedene Arten veranschaulichen und »interpretieren«.

Die große Zahl, die Dirac aufgefallen war, 10^{40} – eine Eins mit 40 Nullen dahinter –, scheint in mehreren Zusammenhängen herumzugeistern. Zunächst eine Tatsache: Der Kehrwert der Gravitationskonstanten (der gravitativen Feinstrukturkonstante Alpha-G) ist etwa 10^{40}.

Kosmischer Zufall Nummer eins: Der »Radius« des Universums, eine charakteristische Längenskala für unseren Kosmos, ist etwa das 10^{40}fache des klassischen Elektronenradius.

Anders gesagt: Das Verhältnis von Radius des Universums zum Elektronenradius ist 10^{40}.

Zufall Nummer eins kann man auch gleichwertig durch Zeitintervalle ausdrücken, wenn man die Entfernungen durch die Zeitspannen ersetzt, die das Licht braucht, um diese Entfernungen zu durchqueren. So entspricht dem Radius des Universums sein Alter und dem Elektronradius eine bestimmte Elektronenzeit. Das Alter des Universums

	Potenz von $N = 10^{80}$	
1/(Alpha-G)	$N^{1/2}$	$\sim 10^{40}$
Zufall Nummer Eins:		
$\frac{\text{(»Alter« des Universums)}}{\text{(»Atomzeit« eines Protons)}}$	$N^{1/2}$	$\sim 10^{40}$
Zufall Nummer Zwei:		
Zahl der Teilchen im sichtbaren Universum	N	$\sim 10^{80}$
Zufall Nummer Drei:		
$\frac{\text{(Elektrische Kraft)}}{\text{(Gravitationskraft)}}$	$N^{1/2}$	$\sim 10^{40}$
Zufall Nummer Vier:		
(Gravitationsradius des Universums)	N^{0}	~ 1
Zufall Nummer Fünf:		
$\frac{\text{(»Größe« eines Elektrons)}}{\text{(Planck-Länge)}}$	$N^{1/4}$	$\sim 10^{20}$
Zufall Nummer Sechs:		
$\frac{\text{(Zahl der Photonen im Universum)}}{\text{(Zahl der Baryonen im Universum)}}$	$N^{1/8}$	$\sim 10^{10}$

Die Großen Zahlen der Natur und die kosmischen Zufälle

entspricht dann ungefähr dem 10^{40}fachen der Elektronenzeit, dem winzigen Zeitintervall von 10^{-23} Sekunden also, die das Licht braucht, um ein Wegstück zurückzulegen, das so groß ist wie der klassische Elektronenradius. Stellen wir uns eine Uhr vor, die mit einem Zeiger ausgestattet ist, der alle 10^{-23} irdische Sekunden einmal »Tick« macht, also jede Sekunde 10^{23}mal, oder hunderttausend Milliarden milliardenmal tickt. Auf dieser Atomuhr wären seit dem Urknall 10^{40} Tickeinheiten verstrichen.

Kosmischer Zufall Nummer zwei: Das Universum innerhalb seiner für uns sichtbaren Grenzen enthält rund $10^{40} \times 10^{40}$ gleich $(10^{40})^2$ schwere Elementarteilchen wie etwa das Proton, kurz: Die »Masse« des Universums ist rund $(10^{40})^2$ Protonenmassen.

Eine andere Formulierung eines der kosmischen Zufälle läßt sich am Atom des Wasserstoffs veranschaulichen. Im Wasserstoffatom umkreist ein Elektron ein Proton. Beide Teilchen haben die gleiche, entgegengesetzte elektrische Ladung, aber verschiedene Masse: Das Elektron ist knapp zweitausendmal leichter als das Proton. Proton und Elektron ziehen sich durch ihre Ladung elektrisch an, aber auch ihre Massen ziehen sich an, nämlich über die Schwerkraft. Vergleicht man elektrische und gravitative Kraft zwischen den beiden Teilchen, so hat man den *kosmischen Zufall Nummer drei:* Die elektrische Anziehungskraft zwischen Elektron und Proton ist 10^{40}mal so stark wie die Schwerkraft zwischen den beiden.

Und noch eine vierte kosmische Koinzidenz: Jedes Teilchen in einem Schwerefeld hat ein Energiepotential. Wenn man das Teilchen losläßt, etwa einen Apfel, der vom Baum fällt, so setzt es dieses Potential in Bewegungsenergie um. Auch im kosmischen Schwerefeld hat jedes Teilchen gegenüber der gesamten übrigen Materie im Universum im Mittel ein bestimmtes Energiepotential. (Der Einfachheit halber stelle man sich dazu das Universum als eine Kugel mit dem Radius und der Masse des Universums vor.) Dieses Energiepotential läßt sich vergleichen mit der Ruhemassenenergie des betrachteten Einzelteilchens genauso wie sie durch die Einsteinsche Formel $E = mc^2$ angegeben wird. Das führt auf den *kosmischen Zufall Nummer vier:* Das Energiepotential eines Teilchens im Universum ist etwa gleich groß wie seine Ruhemassenenergie.

Das Verhältnis beider Größen – (kosmisches Energiepotential) / (Ruhemassenenergie) – ist also etwa eins. Auch die Zahl Eins ist natürlicherweise eine Potenz von $1 = (10^{40})^0$. Diese Zahl entspricht auch dem »Gravitationsradius« des Universums. Das ist der Radius, den ein Einzelkörper gleicher Masse hätte, wenn er ein schwarzes Loch wäre. Zwei weitere Koinzidenzen sind in der Tabelle aufgeführt.

Fazit: In allen kosmischen Zufällen tritt eine Potenz der ebenso ominösen wie fantastisch großen Zahl 10^{40} auf – ein Umstand, der die Neugier der Wissenschaftler immer wieder provozierte. Paul Diracs Schlußfolgerungen waren eindeutig. 1938 stellte er daher das folgende

Postulat auf: »Je zwei der großen, dimensionslosen Zahlen, die in der Natur auftreten, stehen miteinander in einer einfachen, mathematischen Beziehung, in der die Koeffizienten (Faktoren) von der Größenordnung Eins sind«.

Dirac lehnte die Vorstellung ab, daß hier nur der Zufall am Werke sein könnte. Die kosmische Beziehung zwischen dem Alter des Universums und der Atomzeit – kosmischer Zufall Nummer Eins (zweite Version) – brachte Dirac wohl auf folgende Idee: In einem sich entwickelnden Universum ist das Alter des Universums keine »Konstante«, sondern verändert sich mit der kosmischen Zeit. Vielleicht verändern sich dann auch die großen Zahlen der Kosmologie; insbesondere die Gravitationskonstante (Alpha-G $\approx 10^{-40}$) könnte sich wie die kosmischen Zahlen mit wachsender kosmischer Zeit entsprechend verändern. Auf dieser Hypothese baute Dirac eine eigene kosmologische Theorie auf (s. Diracs Kosmologie in Kap. IV).

Einen Bezug zwischen kosmischen Zufällen und der Menschheit postulierte aber erst vierundzwanzig Jahre nach Dirac ein amerikanischer Wissenschaftler. Im Jahre 1961 schlug Robert H. Dicke (Princeton) eine bemerkenswerte »Erklärung« des Rätsels der großen kosmischen Zahl vor. Jedenfalls, meinte er, bestehe kein Grund, über die kosmischen Zufälle überrascht zu sein. In der Vergangenheit des Universums, als das Verhältnis von Alter des Kosmos und Elektronenzeit noch kleiner war als 10^{40}, da gab es eben noch niemanden, der diesen Umstand hätte bemerken können.

Intelligentes Leben könne nicht eher entstehen, ehe die ersten Sterne genügend schwere Elemente in ihrem Innersten erzeugt hatten, die für den Aufbau biologischer Systeme notwendige Voraussetzungen waren. Diese Zeitspanne entspricht aber dem heutigen Alter des Universums. Andererseits: In einer späteren Epoche, wenn die kosmische große Zahl sich wieder geändert hätte, gäbe es aber nur mehr wenige und energiearme Sterne, in deren Nähe wiederum Leben kaum entstehen und existieren könnte. Mit anderen Worten: Die Tatsache, daß wir 10^{40} als eine besondere kosmologische Zahl feststellen, drückt nichts anderes aus, als daß es die Menschheit als Beobachter des Universums, gibt. Oder, noch kürzer: Es gibt uns, weil das Universum so ist ist, wie es ist.

Dickes Argument kann man als den Beginn der Diskussion um das anthropische Prinzip ansehen.

Dirac hatte damals gleich eine Erwiderung parat. In der gleichen Ausgabe des Wissenschaftsjournals *Physical Review*, wo Dickes Artikel abgedruckt war, schrieb er: »Dicke diskutiert drei kosmologische Zahlen: Gravitationskonstante, Alter des Universums dividiert durch Atomzeit und die Zahl der Teilchen im Universum. Die zweite ist grob das Inverse der ersten, und die dritte ist grob das Quadrat der zweiten. Ich nahm an, daß diesen Beziehungen etwas Fundamentales in der Natur entspräche. In einem evolutionären Universum variiert die zweite Zahl mit der Zeit, also müssen es auch die erste und dritte Zahl tun.

Dicke zeigt, daß die zweite Zahl ihren gegenwärtigen Wert hat, wenn bewohnbare Planeten existieren. Wegen dieser Annahme könnten bewohnbare Planeten nur für eine beschränkte Zeitperiode existieren. Mit meiner Annahme könnten sie in alle Zukunft existieren und Leben bräuchte niemals auszusterben.

Es gibt kein entscheidendes Argument, um zwischen beiden Annahmen zu unterscheiden. Ich ziehe diejenige vor, nach der die Möglichkeit eines endlosen Lebens zugelassen wird.«

Diracs Einwand ist nicht nur subjektiv, sondern auch falsch. Dickes Verknüpfung zwischen der Existenz des Lebens und dem Alter des Universums schließt natürlich *nicht* aus, daß es auch noch viel später Leben gibt, also auch dann noch, wenn sich die großen kosmologischen Zahlen (auf der kosmischen Zeitskala) vielleicht bereits zu anderen Werten verschoben haben könnten. Allerdings wird dann die Entstehung einer neuen Rasse wieder sehr unwahrscheinlich. Die meisten Sterne sind dann schon verglüht, und die verbliebenen strahlen nur mehr wenig Energie ab und die auch noch in ungünstigen Wellenlängen. Auch auf der sonst so lebensfreundlichen Erde hätte ein Stern mit zuwenig Energie bei »grüner« Wellenlänge die Photosynthese der Pflanzen in nennenswertem Umfang gar nicht in Gang kommen lassen. Das anthropische Prinzip gibt uns einen ungefähren Wert für das Alter des Universums: Vor der jetzigen kosmischen Epoche konnten einfach keine Beobachter existieren, die auf die kosmischen Zufälle hätten stoßen können; und später, mit immer weniger verfügbaren sonnenähnlichen Sternen, verschwinden allmählich die Möglichkeiten für Lebensentstehung und langwierige biologische Evolutionsprozesse.

Wer war der Erste?

Paul Dirac hat zwar 1938 als erster versucht, die kosmologischen Zufälle zu »erklären«, aber er war beileibe nicht der erste, der sich über die großen Zahlen in der Natur gewundert hat. Die frühesten Spekulationen der Neuzeit über die mögliche Bedeutung großer kosmischer Zahlen stammen aus dem Jahr 1919 und gehen auf den Mathematiker (sowie Physiker und Philosophen) Hermann Weyl zurück, der damals nach seinem Weggang von Göttingen an der Eidgenössischen Technischen Hochschule in Zürich lehrte.

Nach Weyl kam der britische Theoretiker Sir Arthur Eddington, der sich mit den großen Zahlen befaßte. Nach ihm wird denn auch oft die Zahl 10^{40} zum Quadrat, 10^{80}, als »Eddington-Zahl« bezeichnet. Nach Dirac waren es Robert H. Dicke, dazu der Hamburger Relativitätstheoretiker und Mitbegründer der Quantenmechanik Pascual Jordan (gestorben 1980), Oskar Klein, George Gamov, der »Erfinder« des Urknalls, und eine Reihe Wissenschaftler der Gegenwart, die dem Spiel der Konstanten und großen Zahlen verfielen.

Es gibt aber auch ein frühgeschichtliches Zeugnis. Bemerkenswerterweise hat offensichtlich schon zweitausend Jahren vor Eddington jemand die Zahl aller Teilchen im Universum zu berechnen versucht, nämlich der griechische Mathematiker Archimedes, der von 287 bis 212 v. Chr. in Syrakus lebte. Seine Schrift *Der Sandzähler*, die er seinem König Gelon widmete, beginnt mit den Worten: »Es gibt welche, König Gelon, die glauben, daß die Zahl des Sandes unendlich in seiner Vielheit sei und mit Sand meine ich nicht nur den, den es hier in Syrakus und im übrigen Sizilien gibt, sondern auch denjenigen, der in jeder Region gefunden werden kann, ob nun bewohnt oder unbewohnt. Auch gibt es solche, die, ohne sie für unendlich zu halten, trotzdem denken, daß noch keine Zahl benannt wurde, die groß genug sei, um ihre Vielheit zu übertreffen.«

Im 3. Jahrhundert v. Chr. gebrauchten die Griechen ein Zahlensystem, mit dem sie bis Myriaden zum Quadrat zählen konnten, wobei 1 Myriade gleich 10 000 zu setzen ist. Eine Myriade im Quadrat entsprach damit $(10^4)^2 = 10^8 = 100$ Millionen. Bis zu dieser Zahl konnten die Griechen also ohne Komplikationen zählen. Aber auch Zahlen, die 1 Myriade zum Quadrat übertrafen, konnten, wenn auch umständlich, noch angegeben werden. Archimedes, der offenbar das Sandkorn für das kleinste Masseteilchen in der Natur hielt (oder jedenfalls für eine bequeme, weitverbreitete Matericneinheit), wollte die maximale Anzahl der Sandkörner berechnen, die die Sphäre der Fixsterne fassen könnte, entsprechend dem damaligen Bild vom Universum. Im Rahmen der griechischen Kosmologie waren die Fixsterne an Kristallkugeln angebracht, die gegeneinander, aber alle um die Erde rotierten. Nach umständlichen Rechnungen erhielt Archimedes die Zahl aller Sandkörner: In heutiger Schreibweise schätzte er diese Zahl auf 10^{63}. Nun verwendete Archimedes aber extrem kleine Sandkörner. Er nahm an, daß ein Mohnkorn »ein Zehntel eines Fingers« breit sei und dieses eine Myriade Sandkörner enthalten konnte.

Mit etwas Geschick kann man nun die Sandkörner des Archimedes durch »moderne« Kernteilchen, z. B. Protonen, ausdrücken. Die Umrechnung ist einfach: Ein Fingerbreit entspricht etwa einem Zentimeter, ein Zehntel davon also einem Millimeter; Sandkörner sind etwa dreimal so schwer wie Wasser, entsprechend einer Dichte von 3 Gramm per Kubikzentimeter. Bei 10 000 Sandkörnern im Mohnkorn entfallen auf jedes Sandkorn 3×10^{-7} Gramm oder rund 10^{17} Kernteilchen. Multipliziert man die letzte Zahl mit Archimedes Gesamtzahl der Sandkörner, 10^{63}, so ergibt dies $10^{63} \times 10^{17}$ gleich 10^{80} Teilchen im (Archimedes'schen) Kosmos. Wie's der Zufall (?) will, stimmt die Angabe mit jener Teilchenanzahl überein, auf die man heute den Materieinhalt des Universums schätzt!

Auch wenn diese kleine Kalkulation unser neuzeitliches Wissen über Größe und Masse der Kernteilchen voraussetzt, so bleibt es doch verblüffend, daß sie, zusammen mit allen Sandkörnern des Archimedes, auf eine Zahl führt, der wir heute Glauben schenken. Immerhin: Wäre alle Materie im Kosmos in solche kleinen Sandkörner gepreßt, so wären es eben 10^{63}! – auch wenn Archimedes nur intelligent geraten hat. Denn die Größe des Universums hatte Archimedes nach heutigen Maßstäben reichlich unterschätzt. Der vermutete Abstand zu den Kristallsphären mit den Fixsternen würde, mit rund eineinhalb Milliarden Kilometern, gerade die Bahn des Planeten Jupiters einschließen. Würde man Archimedes' Berechnung heute wiederholen, käme man auf viel zu große Zahlen. Setzt man die Reichweite der größten Teleskope als Radius des sichtbaren Universums ein, so könnte die Weltkugel kompakt mit rund 10^{100} Sandkörnern aufgefüllt werden – weit mehr als die 10^{80} Atome im Universum. Im Kosmos ist auch der Raum nicht kompakt mit der Materie ausgefüllt, denn im Kubikmeter sind im Durchschnitt nur einige Atome anzutreffen.

Das allzu menschliche Schicksal der Konstanten

Wenn wir von Fundamentalkonstanten sprechen, ist anzumerken, daß nicht immer alles so »fundamental« ist, wofür es einmal gehalten wurde. Fundamentalkonstanten, von denen die Rede ist, sind nicht nur – wie eingangs diskutiert – teilweise ein Maß für unser Unwissen. Sie unterscheiden sich auch voneinander in ihrer Qualität, sind mehr oder weniger fundamental, haben oft ein bewegtes irdisch-historisches Schicksal hinter sich und scheiden auch schon mal aus dem Kreis der wenigen auserwählten Fundamentalkonstanten aus – und werden »entfundamentalisiert«.

Im nächsten Abschnitt soll – bevor das anthropische Prinzip in seinen jeweiligen Konsequenzen diskutiert wird – die Natur der Naturkonstanten noch deutlicher herausgestellt werden. Die Analyse eines Prinzips, das reale und zufällige Zusammenhänge zwischen dem Fundamentalen in der Natur und unserer eigenen Existenz erhellen will, setzt diese Klarheit im Grundverständnis voraus.

Die Hubble-Konstante zum Beispiel, deren Kehrwert ein Maß für das Alter des Universums ist, und die uns gleichzeitig angibt, wie schnell sich ferne Galaxien in ihrer globalen Fluchtbewegung von uns (und voneinander) entfernen – ihr Wert hat sich, seit sie von Hubble in den zwanziger Jahren erstmals gemessen wurde, drastisch verändert, und zwar stets zu immer kleineren Werten hin. Das geschah nicht etwa, weil die Expansionsgeschwindigkeit des Universums sich seit sechzig Jahren drastisch verringert hätte, sondern nur, weil die Astronomen laufend ihre Beobachtungstechniken verfeinerten und daher öfters gezwungen waren, die Eichung ihrer Entfernungsmaßstäbe, der sogenannten »Standardkerzen« wie Doppelsterne, Standard-Galaxien, leuchtende Gaswolken, zu revidieren.

Die »Natur« der Naturkonstanten

Neben der, allzeit bedeutsamen, Frage nach der Güte der Meßmethode beim Umgang mit den Fundamentalkonstanten, lassen sich aber in diesem Zusammenhang noch eine Reihe anderer Fragen stellen:

- Warum gibt es Fundamentalkonstanten nur in der Physik und nicht etwa auch in der Biologie oder Geologie?
- Warum enthalten einige der klassischen Theorien in der Physik keine solche Konstanten (wie z. B. die klassische Mechanik)?
- Sind die atomaren Konstanten, Lichtgeschwindigkeit und Plancksches Wirkungsquantum irgendwie »fundamentaler« als andere Konstanten, etwa der Statistik der Wärmelehre oder der Theorie der festen Körper? Beispiele sind Wärmekapazität oder

die Elastizitätskonstanten verschiedener Materialien.

- Sind diese atomaren Konstanten gleichrangig mit anderen Faktoren, wie den Massen der Elementarteilchen, den Konstanten der vier Naturkräfte; oder sind sie sogar gleichrangig mit den Faktoren, die man zur Umrechnung von Kilometer auf Meilen oder von Zentimeter auf Zoll braucht?

Nur am Rande sei vermerkt, daß die systematische Klärung dieser (und anderer) Fragen erst in den siebziger Jahren angegangen wurde, zuletzt vor allem durch den französischen Theoretiker J. M. Levy-Leblond von der Universität Paris. Im Jahre 1977 schlug er vor, die Konstanten zunächst in drei Gruppen aufzuteilen, einmal in die

Gruppe A Konstanten, die physikalische Eigenschaften bestimmter einzelner Objekte ausdrücken; zum Beispiel die Massen der elementaren Teilchen, ihre magnetischen Momente, radioaktive Zerfallszeiten usw.

Gruppe B Konstanten, die ganze Klassen physikalischer Phänomene bestimmen. Darunter fallen die Konstanten der vier Wechselwirkungen, also die vier Feinstrukturkonstanten, die Ladungen ganzer Familien von Teilchen; und schließlich die

Gruppe C Universelle Konstanten, wie die Lichtgeschwindigkeit und das Plancksche Wirkungsquantum, die im gesamten Gebäude der theoretischen Physik auftauchen und nicht etwa nur in speziellen Vorgängen oder einzelnen Theorien wie bei der Lichtausbreitung und der Theorie von Quanten; Konstanten also, die unabhängig sind von einzelnen Objekten *(Gruppe A)* oder bestimmten Kräften *(Gruppe B).*

Das Attribut »universell« bei den Konstanten der Gruppe C verdient einen kleinen Kommentar. Universell, also unabhängig von Ort und Zeit im Kosmos, sollten sie eigentlich alle sein, um ihren Namen als Konstanten auch wirklich zu verdienen. Es ist Aufgabe der Experimentalphysik wie der beobachtenden Astronomie festzustellen, ob dies tatsächlich erfüllt ist.

In den bekannten Theorien wie etwa der Gravitationstheorie Albert Einsteins sind die Konstanten, die Gravitationskonstante etwa, selbstverständlich universell und absolut konstant. Ob Dirac mit seiner Hypothese einer »zeitabhängigen Gravitationskonstante« recht haben kann – und damit den Bereich der gängigen Theorien sprengt – wird später noch untersucht (s.Kap. IV, VII).

Der Status einer fundamentalen Konstante, ihre Zugehörigkeit zu einer der drei Gruppen, hängt sehr vom aktuellen Stand der Wissenschaft ab – wie der Blick auf die Wissenschaftsgeschichte beweist. Eine neue Erkenntnis kann eine bestimmte Konstante auf noch fundamentalere Größen zurückführen. Ein Beispiel: Die Massen der Atomkerne können heute aus der Kenntnis der einzelnen Kernteilchen ermittelt werden. Genauso ging es anderen »konstanten« Eigenschaften makroskopischer Körper – ihrer jeweiligen Dichte, der Kompressibilität oder ihrer Fähigkeit, Wärme zu speichern, also ihrer jeweiligen Wärmekapazität. Zu Beginn des Jahrhunderts hielt man sie noch alle für »fundamental« und zählte sie daher zu den Fundamentalkonstanten.

Auch die Massen der Elementarteilchen, jedenfalls von Proton, Neutron und den Mesonen, werden wahrscheinlich bald aus noch fundamentaleren Einheiten, den »Quarks«, ableitbar und damit »erklärbar« sein (s. Kap. III). Die Leptonen, also Neutrino, Elektron, Müon, Tau usw. hält man auch heute noch für »fundamental«. Man nimmt an, daß sie keinen weiteren inneren Aufbau haben.

Noch ein Beispiel einer Konstanten-Karriere: Die Ladung des Elektrons war zunächst nur eine Eigenschaft eines bestimmten Teilchens, gehörte also zur *Gruppe A*. Dann wurde aber erkannt, daß sie – in der Form der elektromagnetischen Feinstrukturkonstante – die Gesamtheit elektromagnetischer Phänomene charakterisiert und so wechselte die elektrische Elementarladung zur *Gruppe B* über. Ähnlich ging es der Lichtgeschwindigkeit. Zu Zeiten James Clerk Maxwells, seit 1864 also, wurde sie als die Ausbreitungsgeschwindigkeit der Lichtwellen erkannt und somit zur *Gruppe A* zugehörig. Aber seit Einsteins Vorstellungen von Raum und Zeit, den zwei Theorien der (speziellen und allgemeinen) Relativität, ist klar, daß die Lichtgeschwindigkeit grundlegend ist für *alle* Vorgänge in Raum und Zeit, ja für den Aufbau von Raum und Zeit selbst, daß sie also bei allen elementaren Vorgängen eine wesentliche Rolle spielt, auch wenn es nicht speziell um elektromagnetische Phänomene geht. Damit war die Konstante Lichtgeschwindigkeit zur *Gruppe B* abgewandert!

Wenn in der Diskussion um den Menschen als Maßstab der Natur physikalische Gesetze nicht in ihrer Form, sondern nur durch ihre Konstanten verändert werden, so kann dies auf zwei Arten geschehen:

- Einmal lassen wir die Möglichkeit zu, daß die Fundamentalkonstanten und damit die Naturgesetze nicht universell gültig sind, also in ihrem Zahlenwert von ihrer Position im Raum und in der Zeit abhängen können.

– Zum anderen diskutieren wir auch die Möglichkeit, daß die Naturgesetze zwar universell sein könnten, aber mit *anderen*, universell konstanten Zahlenwerten.

Für beide Fälle ist es unser Ziel, herauszufinden, wie weit die hypothetisch angenommenen Veränderungen in den Naturgesetzen sich mit den Beobachtungen vertragen, vor allem aber, in wieweit sie die Existenz einer intelligenten Lebensform zulassen oder verhindern.

III
Fundamentalteilchen mit Charm

Das Innenleben der Materie

Der Weg, den die Physik der Grundbausteine der Materie seit der Mitte der siebziger Jahre betreten hat, führte von den Bausteinen des Atomkerns, den Kernteilchen, zu den Bausteinen der Kernteilchen, den Quarks. In diesem Zusammenhang wollen wir mit Hilfe des anthropischen Prinzips auf einige, für die Existenz der Menschheit notwendigen Eigenschaften der Elementarmaterie schließen.

Dieses Thema – die elementaren Bausteine der Materie – berührt einige Grundfragen der Naturwissenschaft, auch philosophische. Die Physik des Elementaren erlebte in diesen Jahren einen Ansturm von Experimentierergebnissen und gleichzeitig einen Umbruch von Vorstellungen, wie er nur noch vergleichbar ist mit der Zeit Anfang der zwanziger Jahre, als die Quantenmechanik entwickelt wurde. Nur ein Symptom dafür ist die Vergabe des Nobelpreises für Physik 1979 an die Hochenergiephysiker Steven Weinberg, Abdus Salam und Sheldon Lee Glashow.

Die Flut der neu entdeckten Teilchen und der neuen Theorien erschütterte einige der früheren Glaubensannahmen der Wissenschaftler. Die Suche nach dem Einfachen, dem »Einen« und »Ursprünglichen«, führte zunächst eher zu einer verwirrenden Vielfalt. Die Rückführung der rund 100 chemischen Elemente auf nur drei Teilchen – auf Proton, Neutron (im Atomkern) und Elektron (in der Atomhülle) – erfüllte für einige Jahre noch die Erwartungen. Aber der Weg von diesen drei Teilchen zu den jetzt für noch fundamentaler gehaltenen Quarks und Leptonen – insgesamt rund vier Dutzend Teilchen – war auch markiert von herben Enttäuschungen, die sich regelmäßig in die verständliche Euphorie nach einzelnen Entdeckungen mischten.

Wenn bei den Hochenergieexperimenten an einem der Teilchenbeschleuniger wie CERN (Genf), DESY (Hamburg), SLAC (Stanford) oder FERMILAB (Chicago) die Endprodukte einer Stoßreaktion bereits komplexer sind als die Ausgangsprodukte, dann werden die Zweifel an der »Fundamentalität« mancher Kernbausteine verständlich.

Die Schwierigkeiten beim Verstehen der Fundamente der Natur reichen aber noch weiter. Sie tangieren massiv sogar den Wirklichkeitsbegriff der Physik, der – wie seit Beginn der Quantenmechanik klar ist – nicht mehr ohne die Beziehung zwischen Beobachter und beobachteter Natur auskommt. »Ein Phänomen ist erst dann ein Phänomen, wenn es auch ein beobachtetes Phänomen ist«, sagte der amerikanische Physiker John Archibald Wheeler. Der Satz gilt zweifellos für die Mikrophysik; inwieweit er auch auf die Welt im Großen anzuwenden ist, ist noch ungeklärt. Doch möglicherweise beeinflußt die Existenz einer intelligenten Lebensform, eines Beobachters im Kosmos, auch die Realität dieses Universums.

Alle diese Fragen sind Gegenstand dieses Kapitels. Doch zuerst soll eine besondere Konsequenz des anthropischen Prinzips diskutiert werden. Sie betrifft einen jener alltäglichen Fakten unseres Daseins, nämlich die Stabilität der Materie; die Tatsache also, daß Materie offenbar dauerhaft vorhanden ist, nicht nur heute, sondern offensichtlich schon seit vielen Milliarden Jahren.

Die Stabilität der Materie und das anthropische Prinzip

Kein Mensch hätte jemals Gelegenheit, sich Gedanken über die Beziehung zwischen Leben und Kosmos zu machen, wenn Materie heute nicht existierte, also wenn sie nicht stabil wäre über Zeiträume, in denen chemische und biologische Evolution höhere Lebensformen hervorbringen kann. Es wäre die Menschheit niemals entstanden, wahrscheinlich nicht mal die Planeten und die schweren Elemente. Für die Existenz der Erde allein muß man bereits eine Materiestabilität über einen Zeitraum von wenigstens 4,5 Milliarden Jahren fordern. Dazu kommt, daß aber alle chemischen Elemente, die für Entwicklung des Lebens auf der Erde als Rohstoff zur Verfügung standen, schon lange vorher durch Kernverschmelzung in Sternen entstanden sein mußten – die leichtesten Elemente, Wasserstoff und Helium, sogar schon im Urknall, dem heißen Anfang des Universums. Das macht für die schweren Elemente nochmals einige Milliarden Jahre zusätzlich; für die leichten insgesamt zwischen fünfzehn und zwanzig Milliarden Jahre, fast die gesamte Zeit seit dem Anfang der Welt.

Über solche Zeitspannen hinweg mußten alle stabilen Elemente wirklich »stabil« sein, andernfalls hätte die Menschheit niemals das Licht der Sonne erblicken können. Damit ein Universum Beobachter hervorbringen kann, muß es also die Bedingungen garantieren, die notwendig für die Stabilität der Materie waren und die heute noch wirksam sein müssen. Daß hier überhaupt ein Problem vorliegt, hätte man selbst als Physiker nicht so ohne weiteres vermutet. Es gehört selbstverständlich zu unserem Alltag, von allerlei mehr oder weniger stabiler Materie umgeben zu sein, – von Felsen, Wasser, Luft, Kühlschränken, Kernkraftwerken –, als daß man hinter dieser Tatsache sofort ein Problem gesehen hätte. Was so selbstverständlich ist, kann eigentlich auch nur eine simple physikalische Erklärung haben, so möchte man jedenfalls intuitiv glauben.

Das Gegenteil ist der Fall. »Einige Züge der physikalischen Welt sind so alltäglich, daß sie scheinbar kaum eines Kommentars würdig sind. Etwa der, daß gewöhnliche Materie, entweder als Atome oder im Haufen, durch (die elektrischen) Coulomb-Kräfte zusammengehalten wird und trotzdem stabil ist«, schrieb 1976 Elliot H. Lieb, einer der Physiker, der sich mit dem Problem intensiv befaßt hat. Da war aber diese peinliche Lücke im Verständnis der Natur schon geschlossen, nicht zuletzt auch durch Lieb selber.

Die Stabilität der Materie, jenes »wahrhaft bemerkenswerte Phänomen« (Lieb) ist Konsequenz einer Theorie, die Anfang der zwanziger Jahre entstand, der Quantenmechanik, die den Aufbau der Atome mit Kern und einer Atomhülle aus Elektronen erst begreifbar machte. Seit damals aber lag das Problem gewissermaßen schon auf dem Tisch. Doch es dauerte bis 1967, ehe zwei führende amerikanische Wissenschaftler, Freeman J. Dyson und A. Lenard, endlich »einen heroischen Frontalangriff auf dieses schwierige Problem«, wie es der Wiener Theoretiker Walter Thirring formulierte, unternahmen.

Die von Lieb zitierte »Coulomb-Kraft« ist nichts anderes als die elektrische Anziehungskraft, die zwei elektrische Ladungen, eine positive und negative, aufeinander ausüben. (Zwei positive oder zwei negative Ladungen stoßen sich ab.) Diese Kraft nimmt mit dem Quadrat des Abstandes zwischen den Ladungen ab. Darin gleicht die Coulomb-Kraft der Schwerkraft zwischen zwei Körpern.

Machen wir ein kleines Experiment: Nimmt man zwei (entgegengesetzte) Ladungen, eine in die linke und eine in die rechte Hand und läßt ihnen freien Lauf, dann ziehen sie sich immer stärker an, je näher sie aneinander geraten; sie bewegen sich aufeinander zu, bis ... ja, bis was? Bis sie zusammenstoßen? Kann das denn sein, wenn im Atom die Ladungen des Atomkerns doch einen Mindestabstand von der Hülle beibehalten, wenn auch im Atomkern die Nukleonen zwar eng, aber nicht beliebig dicht zusammengepackt sind? Müßte das nicht ständig zur Katastrophe führen, etwa beim häufigsten Atom des Universums, dem Wasserstoffatom, in dem sich ein negativ geladenes Elektron und ein positiv geladenes Proton umkreisen? Wie konnte es überhaupt ausgedehnte Atome geben? Ein Unwohlsein über diese »peinliche Affäre« der theoretischen Physik artikulierte schon der britische Astrophysiker J. H. Jeans im Jahr 1915. Kurz vor der Herleitung der Quantenmechanik meinte er, »es gäbe eine erhebliche Schwierigkeit, wenn wir annehmen würden«, daß das elektrische Anziehungsgesetz »bis zum Abstand Null gelten würde«. Dort würde nämlich die Kraft unendlich groß und keine andere Kraft könne die Ladungen dann noch voneinander trennen. »Deshalb würde alle Materie im Universum auf ein Nichts zusammenschrumpfen.« Warum also bricht ein Atom nicht in sich zusammen?

Als dann Anfang der zwanziger Jahre die Prinzipien der Quantenmechanik klar wurden, – vor allem durch Arbeiten von Erwin Schrödinger, Wolfgang Pauli, Pascual Jordan, Niels Bohr und anderen –, da wunderte sich der österreichische Physiker Paul Ehrenfest darüber, daß jedes Atom eigentlich fast nur aus leerem Raum besteht, nämlich zu 99,99 Prozent: »Nehmen wir ein Stück Metall. Oder einen Stein. Wenn wir darüber nachdenken, sind wir erstaunt darüber, daß dieses Stück Materie ein so großes Volumen einnimmt. Zugegeben, die Moleküle sind eng aufeinandergepackt, ebenso die Atome in jedem Molekül. Aber warum sind die Atome selbst so groß?« Die Ausdehnung etwa des Wasserstoffatoms erklärt sich durch eine »Unschärfebeziehung«. Je enger das Elektron in Umlaufbahnen um das Proton gerät, desto größer wird seine Umlaufgeschwindigkeit. Dadurch ergibt sich eine kleinste stabile Bahn, die von dem Elektron nicht unterschritten werden kann. Dieser kleinstmögliche Bahnradius ist 100 000mal so groß wie der Durchmesser des Protons. Deshalb sind die Atome so unnötig groß.

Enthält der Atomkern mehrere Protonen und Neutronen und die Atomhülle mehrere Elektronen, so wird ihr jeweiliges »Zusammenleben« durch eine andere Regel stark eingeschränkt, durch das sogenannte Pauli-Prinzip. Es ist eigentlich ein Verbot und besagt als Kurzformel: Keine zwei identischen Teilchen im gleichen Zustand! Zwei

Elektronen können daher nicht »dasselbe Zimmer« beziehen, sondern sie müssen mit Nachbarzimmern vorlieb nehmen. Und wenn das unterste Stockwerk gefüllt ist, dann können sie nur ein Stockwerk höher einziehen. In der Atomhülle hat das Erdgeschoß zwei Zimmer, der erste Stock acht Zimmer, der dritte 18 usw. Analoge »Stockwerke« bilden auch die Teilchen in den Atomkernen. Mit ihrem »heroischen Frontalangriff« konnten 1967 Dyson und Lenard beweisen, daß *ohne* das Pauli-Prinzip in der Tat wegen der Coulomb-Kraft »nicht nur einzelne Atome, sondern auch zusammenhängende Materie zu einem komprimierten Zustand großer Dichte kollabieren würde. Das Zusammenfügen zweier beliebiger makroskopischer Objekte würde eine Energie freisetzen, die der einer Atombombe vergleichbar ist.«

Kommen wir zu dem erwähnten Pauli-Prinzip. Wolfgang Pauli formulierte es im Jahre 1925 und konstatierte damit eine der wichtigsten Eigenschaften einer bestimmten Gruppe von Elementarteilchen, zu denen auch Elektron und Proton gehören. Wenn mehrere identische Teilchen in Atomkern oder Atomhülle beisammen sind, dann muß jedes einen anderen Zustand einnehmen. Zum Beispiel gibt es in einem derartigen Gebilde keine zwei Elektronen, die in ihrer Position und den anderen Quanteneigenschaften, etwa dem Spin, übereinstimmen.

Zu der Gruppe von Teilchen, die dem Pauli-Prinzip unterliegen, gehören – nicht zufällig – alle Partikeln, die auch am Atomaufbau beteiligt sind: Elektronen (auch deren Antiteilchen, die Positronen), Protonen, Neutronen und ebenso alle Atomkerne, die aus einer ungeraden Zahl von Kernteilchen zusammengebaut sind; dazu kommen auch die Neutrinos. Die alle verbindende Eigenschaft, ihr »Spin« – eine Art innerer Drehimpuls –, ist halbzahlig (1/2, 3/2, 5/2, . . .). Zu Ehren von Enrico Fermi hat man alle diese Teilchen »Fermiteilchen« genannt. Dagegen fallen Teilchen mit ganzzahligem Spin (0, 1, 2, . . .), etwa mit Werten Null oder Eins, nicht unter das Pauli-Prinzip: zu diesen gehören die Photonen, die Mesonen wie auch Atomkerne mit einer geraden Zahl Kernteilchen, die »Bose-Teilchen«.

Der Raum muss dreidimensional sein

Die Ausdehnung der Atome, der große Abstand zwischen Atomhülle und Atomkern, war die zweite wesentliche Eigenschaft der Materie, die durch die Quantenmechanik erst verständlich wurde. Bei Annäherung der Elektronen an die Protonen des Kerns werden die Elektronen gewissermaßen gezwungen, auf eine Umlaufbahn um den Atomkern zu gehen, die eine bestimmte Minimalenergie nicht unterschreiten darf. Statt abzustürzen, erhöht das Elektron seine Umlaufgeschwindigkeit; dadurch wird der Absturz bei einem bestimmten Mindestabstand gestoppt – eine Konsequenz von Heisenbergs Unschärferelation. So sind es Pauli-Prinzip und Unschärferelation, durch die die Materie die notwendige Stabilität und Ausdehnung gewinnt!

Für ihren Stabilitätsbeweis der Materie benötigten Lenard und Dyson eine alltägliche Eigenschaft des Raumes, nämlich, daß der physikalische Raum unserer Realität drei Dimensionen hat. Daß dies für den uns geläufigen Raum zutrifft, sehen wir daran, daß wir genau drei Zahlen brauchen, um die Position eines Punktes zu fixieren, nämlich Länge, Breite und Höhe. In einer zweidimensionalen Ebene braucht es nur zwei Zahlen, in einem vierdimensionalen Raum wären vier Zahlen nötig. Eng mit der Dreidimensionalität verknüpft ist die Tatsache, daß die Kraft zwischen elektrischen Ladungen mit dem Quadrat des Abstandes abklingt. Hätte der Raum mehr Dimensionen, würde die Coulomb-Kraft mit dem Abstand anders abklingen: die Materie wäre dann aber nicht stabil. Was hier so simpel erscheint und als Alltagserfahrung uns sowieso selbstverständlich ist, können wir als mathematische Bravourleistung nur aus der Ferne bewundern. Dyson und Lenard bezwangen das Problem in den sechziger Jahren und 1975 gelang es dann noch Lieb und Thirring, den Beweis erheblich zu vereinfachen und zu verbessern. Es hinterläßt schon ein gewisses Gefühl der Tragik, daß sich viele naturwissenschaftliche »Gipfelbesteigungen« einfach nicht mehr verständlich machen lassen, ja sogar von vielen Kollegen gar nicht mehr als solche akzeptiert werden; Höchstleistungen, die nicht auf dem Mount Everest, sondern am Schreibtisch vollbracht werden. Sie zu würdigen, bleibt einem höchst exklusiven Zirkel von Spezialisten vorbehalten. Solche Leistungen bleiben vielleicht einsamer und unzugänglicher noch als die alpinen Alleingänge eines Reinhold Messner.

Kehren wir zum anthropischen Prinzip zurück und kristallisieren die wesentlichen Punkte heraus, die für die Existenz eines Beobachters im Universum notwendig sind:

- Es gibt keine dauerhafte stabile, ausgedehnte Materie ohne Pauli-Prinzip und Unschärferelation;
- beide mußten über kosmische Zeiten gültig sein;
- der Raum muß dreidimensional sein.

In einem anderen Kosmos, mit anderen Raumdimensionen, könnte jedenfalls die Materie nicht auf die gleiche Weise stabil sein wie in »unserem« Universum. Ganz andere Grundregeln und Naturgesetze müßten an die Stelle von Unschärfebeziehung, Pauli-Prinzip und elektrischer Kraft treten. Darüber können wir freilich nur spekulieren. Deshalb vermag man auch nicht prinzipiell auszuschließen, daß es in einem Kosmos, wo das Pauli-Prinzip nicht gilt, ganz andere Formen stabiler Materie geben könnte – und damit vielleicht gar auch andere Arten von Intelligenz hervorgebracht werden könnten.

Die Lebensdauer des Prinzips von Wolfgang Pauli

Nicht nur mußte in unserem Universum das Paulische Ausschließungsprinzip – »Pauli-Verbot« – verankert sein, mehr noch. Das Pauli-Prinzip mußte auch wenigstens so lange überall – jedenfalls innerhalb der Milchstraße – funktionieren, wie die Evolution des Lebens Zeit brauchte. Da man in diesen Prozeß auch die Entstehung der unbelebten Materie mit hereinnehmen muß und die chemischen Elemente wenigstens bis heute überleben mußten, folgt daraus: Paulis Verbot mußte für das Alter des Universums gültig sein, also rund fünfzehn bis zwanzig Milliarden Jahre. Es lohnt sich, diese Zahl einmal zu veranschaulichen. Wenn ein Mensch 18 Milliarden Striche zeichnen wollte, wie lange würde ihn das beschäftigen? Wenn er ununterbrochen pro Sekunde zwei Striche machte und dies Tag und Nacht, jahraus, jahrein ohne Unterbrechung, so müßte er etwa dreihundert Jahre am Schreibtisch verbringen, bis er so viele Striche gemalt hätte, wie das Alter des Universums Jahre hat.

Eine knifflige Aufgabe für den Experimentator: Wie kann er testen, ob Paulis Prinzip auch schon vor fünfzehn Milliarden Jahren gültig war? Oder, anders gefragt, wie oft wird heute in der Natur das Pauli-Prinzip verletzt? Gibt es da vielleicht eine kleine Fehlerquote, durch die sich eine Abweichung bemerkbar machen würde und wäre sie überhaupt meßbar? Zwei Physiker der Universität von Kalifornien in Irvine, F. Reines und H.W. Sobel, überlegten sich im Jahre 1974 zur Beantwortung dieser Fragen ein Experiment. Es sollte dazu dienen, wenigstens in einem konkreten Fall, nämlich der inneren Atomhülle eines bestimmten chemischen Elements (Jod), die »Haltbarkeit« des Pauli-Prinzips zu überprüfen. Ihr Ergebnis bewies eine »Lebensdauer gegen eine Verletzung des Verbots von Pauli pro Jodatom von mindestens 2 x 10^{27} Sekunden«. Das entspricht dem Zehnmilliardenfachen des Alters des Universums! Wie kamen Reines und Sobel zu diesem, für die Stabilität der Materie beruhigenden Ergebnis? Natürlich konnten sie sich nicht vor ein einzelnes Jodatom setzen, es beobachten und Milliarden Jahre auf seinen Zerfall warten.

Ihr Trick: Statt ein einzelnes Atom über lange Zeit zu beobachten, untersuchten sie viele Atome über ein kurzes Zeitintervall. Sie betrachteten Jodatome, die in einem Natrium-Jod-Kristall von 1,3 Kilogramm Gewicht eingebaut waren. In so einem Kristall sind rund 10^{27}einzelne Jodatome enthalten. Eine Verletzung des Pauli-Prinzips würde sich durch schwache Röntgenstrahlen bemerkbar machen, die entstünden, wenn Elektronen – außer über andere, bekannte Mechanismen – innerhalb der Atomhülle auf innere Bahnen »abstürzen«. In der Tat fanden sie eine geringe Röntgenstrahlung; aber sie war so schwach, daß man aus ihr für jedes Atom eine außerordentlich lange Lebensdauer des Pauli-Prinzips vorhersagen konnte.

Das »schwache« anthropische Prinzip, zur nachträglichen Vorhersage benutzt, hätte dieses Ergebnis so genau nicht prophezeien können, sondern hätte nur eine Mindest-»Lebensdauer« des Pauli-Prinzips gefordert: vielleicht das Zehn- oder Hundertfache des Alters des Universums, damit auch große Materiemengen wie die Masse des Sonnensystems sich bis heute erhalten konnten.

Einsteins Traum und die Einheit der Naturkräfte

Die vielen anthropischen Beziehungen im Konstruktionsplan der Natur zeigen einmal, wie präzise der *homo sapiens* in dieses Gerüst eingepaßt ist. Sie weisen aber auch auf tiefere, noch unerkannte physikalische Zusammenhänge hin, hinter denen wir versuchsweise eine große Einheit der Natur nur erahnen können. Die Materie als Voraussetzung des Geistes, der Geist als Voraussetzung der Erkenntnis der Materie und ihrer Gesetze.

Zwei gegensätzliche Bewegungen durchziehen die historische Entwicklung der Naturwissenschaft: die Tendenz zur Vielheit und die Tendenz zur Einheit. Die Verästelung in Spezialdisziplinen hat zu herber Kritik an der Wissenschaft geführt, die deren »Datenhuberei« kritisiert und den Spezialisten, der immer mehr über immer weniger »weiß«, an den Pranger gestellt hat. Den Verlust an Einsicht und des Überblicks durch die Ausuferung in Detailwissen hat nicht nur der Biochemiker Erwin Chargaff in seinem Buch *Unbegreifliches Geheimnis* sarkastisch kommentiert. Auch Carl Friedrich von Weizsäcker hat sie zu charakterisieren versucht durch die Anzahl n der guten Physiker, die man aussuchen könnte, ohne daß einer noch das Spezialgebiet des anderen versteht: »Vor hundert Jahren war n vielleicht noch Eins; jeder gute Physiker verstand die ganze Physik. Als ich jung war, hätte ich n = 5 geschätzt. Heute (1966) dürfte n eine nicht ganz kleine zweistellige Zahl sein.« Und fünfzehn Jahre danach hat sie vielleicht schon 100 überschritten, möchte man hinzufügen.

Trotzdem, so glaubt auch von Weizsäcker, hat »die Physik eine größere reale begriffliche Einheit als jemals in der Geschichte«, und er fährt mit der Vermutung fort, »daß es eine endliche Aufgabe« sei, »die Physik zur vollen begrifflichen Einheit zu bringen, und daß diese Aufgabe, wenn die Menschheit sich nicht vorher materiell oder geistig zugrunde richtet, eines Tages in der Geschichte gelöst sein wird.«

Überraschende, meist experimentelle, auseinanderstrebende Detailerkenntnis und einheitliche Zusammenschau lagen gerade in den letzten zwei Jahrzehnten in Teilchen- und Astrophysik oft miteinander im Widerstreit. Konzepte, Begriffe und Theorien drängelten sich in Fülle auf das Podest der ewigen Wahrheit und purzelten meist genauso schnell wieder herunter. Der Wissenschaftstheoretiker Thomas S. Kuhn hat diesen Prozeß des Theorienwechsels genau analysiert. Trotz dieses »Allegro furioso« der Wissenschaft bestätigt sich aber auch jetzt die historische Einsicht von Weizsäckers, daß sie sich »von der Einheit über die Vielheit zur Einheit« entwickele: »Am Anfang steht die Einheit des Entwurfs. Ihr folgt die Vielheit der Erfahrungen, deren Verständnis der Entwurf erschließt, ja deren planmäßige experimentelle Erzeugung der Entwurf ermöglicht. Die Einsichten, die diese Erfahrungen vermitteln, wirken modifizierend auf den Entwurf zurück. Es kommt zu einer Krise des ursprünglichen Entwurfs. In dieser Phase scheint die Einheit völlig verloren. Am Ende aber stellt sich die Einheit eines neuen, nun die Vielheit der gewonnenen Erfahrungen im Detail beherrschenden Entwurfs her . . . Heisenberg hat dafür den Begriff der abgeschlossenen Theorie geprägt. Die Theorie ist nicht mehr die Einheit des Plans der Vielheit, sondern die Einheit des bewährten Begriffs in der Vielheit.«

Zu den Begriffen, die heute in der verwirrenden Vielfalt der Theorie der Elementarteilchen Fuß zu fassen scheinen, gehörten solche, die man spontan eher der menschlichen Alltagssphäre zurechnen würde. »Quarks«, »Quantenchromodynamik« und gar eine »Geschmacksdynamik« geistern da hartnäckig herum. Diese Wörter aus der Delikatessenküche der theoretischen Physiker signalisieren wahrscheinlich schon eine neue »Einheit in der Vielheit« – zumindest im Verständnis der Materie. Dem ging allerdings ein langer, stufenweiser Wechsel zwischen Einheit und Vielheit voraus, ein Prozeß, der in wenigstens fünf Stufen auf die heutige, vermutlich keineswegs endgültige Synthese zusteuerte.

Synthese Eins: Im Jahr 1666 stellte Isaac Newton seine Schwerkraft (Gravitations-) Theorie auf. Durch sie zeigte Newton, daß alle Bewegungen durch ein einziges Gesetz erklärbar waren: sowohl die irdischen Bewegungen, die bereits Galileo Galilei untersucht hatte, als auch die astronomischen Bewegungen der Planeten und Gestirne, die vorher Kepler mit seinen Gesetzen beschrieben hatte.

Synthese Zwei: James Clerk Maxwell zeigte 1864, daß sich die scheinbar disparaten Phänomene des Magnetismus, der Elektrizität und sogar des Lichtes durch eine einzige Theorie darstellen lassen. Er führte sie, die vorher separat von Faraday, Oersted, Ohm, Maxwell selbst und anderen untersucht worden waren, alle auf einen neuen Begriff zurück, den des elektromagnetischen Feldes.

Synthese Drei: Albert Einstein vereinte 1905 in seiner Speziellen Relativitätstheorie die klassische Mechanik Newtons und die elektromagnetische Feldtheorie Maxwells.

Synthese Vier: Im Jahre 1915 stellte Albert Einstein eine neue Theorie auf, die Allgemeine Relativitätstheorie. Sie verknüpfte die vorherige Spezielle Relativitätstheorie mit der Gravitation in einem einheitlichen Konzept, dem der »gekrümmten Raum-Zeit«.

Danach folgte eine lange Zeit wissenschaftlicher Fehlversuche, eine Durststrecke gewissermaßen, an deren Dauer von über fünfzig Jahren sich nur von ferne die Schwierigkeit der Aufgabe ermessen läßt, die Fundamentalkräfte der Natur weiter miteinander zu »verheiraten«. Zu Beginn dieser Periode entstand die Quantenmechanik, die die Bewegung von Körpern in nuklearen Dimensionen verständlich machte. In den fünfziger Jahren wurde das Neutrino und das Pion – das erste Meson – entdeckt, die Theorie der schwachen Kraft und die ersten Vorstellungen über Quarks entstanden, die Maxwell-Theorie wurde zur Quantenelektrodynamik erweitert. Angesichts dieser Fülle unzusammenhängender Erkenntnispfade entstand die Aufgabe, alle neuen Theorien miteinander in einem größeren, allumfassenden Theoriengehäuse zu vereinigen.

Versuche gab es genug. Hermann Weyl konstruierte in den dreißi-

Tim Joseph

Ferguson und die Einheitliche Feldtheorie

Am Anfang, da war Aristoteles,
Und ruhende Objekte neigten dazu, weiter zu ruhen,
Und bewegte Objekte neigten dazu, zur Ruhe zu kommen,
Und bald kamen alle Objekte zur Ruhe,
Und Gott sah, daß dies langweilig war.

Dann schuf Gott Newton,
Und ruhende Objekte neigten dazu, weiter zu ruhen,
Und bewegte Objekte neigten dazu, in Bewegung zu bleiben,
Und Energie wurde erhalten, und Bewegung wurde erhalten,
Und Materie wurde erhalten,
Und Gott sah, daß dies konservativ war.

Dann schuf Gott Einstein,
Und alles war relativ,
Und schnelle Objekte wurden kurz,
Und gerade Objekte wurden gekrümmt,
Und das Universum war voller Trägheitsmomente,
Und Gott sah, daß dies relativ allgemein, einiges aber speziell Relativ war.

Dann schuf Gott Bohr,
Und da war das Prinzip,
Und das Prinzip war das Quant,
Und alle Objekte wurden quantifiziert,
Aber einige Objekte waren immer noch relativ,
Und Gott sah, daß dies verwirrend war.

Dann wollte Gott Ferguson schaffen,
Und Ferguson hätte vereinheitlicht,
Und er hätte eine Theorie ins Feld geführt,
Und alles wäre eins gewesen,
Aber es war der Siebte Tag,
Und Gott ruhte,
Und ruhende Objekte neigen dazu, weiter zu ruhen.

(Übersetzung von Günter Haaf)

ger Jahren eine Theorie der Gravitation und des Elektromagnetismus. Einstein widmete seine letzten zwei Jahrzehnte ähnlichen Ansätzen, und Werner Heisenberg glaubte mit seiner »Weltformel« das Rätsel von der Einheit der Naturkräfte – im Prinzip jedenfalls – gelöst zu haben. Keiner dieser Vorschläge wurde aber von der wissenschaftlichen Gemeinde akzeptiert. Am stärksten widersetzten sich bis heute Quantenmechanik und Gravitation einer einheitlichen Behandlung. Erst in den sechziger Jahren gab es einen, zunächst von den Wissenschaftlern kaum bemerkten Fortschritt:

Synthese Fünf: Dem Harvard-Physiker Steven Weinberg, Abdus Salam (Triest) und John C. Ward (Neuseeland) gelang Ende der sechziger Jahre die Verknüpfung zwischen schwacher und elektromagnetischer Wechselwirkung.

Die Wissenschaftler konnten sie als verschiedene Ausformungen einer einzigen »elektroschwachen« Kraft darstellen. Seither kam möglicherweise bereits die

Synthese Sechs(?): Die »Supergravitation« wird etwa ab 1971 entwikkelt, im Wechselspiel zwischen vielen Physikern in USA, Westeuropa und der UdSSR, vor allem aber durch die amerikanischen Physiker Daniel Freedman, Stanley Deser, Bruno Zumino und seinen europäischen Kollegen Peter van Nieuwenhenzen und Ferrara. Ihr Anspruch ist hoch: Alle vier Naturkräfte will sie vereinheitlichen und auf die Wurzel einer gemeinsamen Kraft zurückführen. Das Fragezeichen bei der Synthese Sechs zeigt an, daß dieses Rennen noch in vielem offen ist, die Theorien noch keineswegs ausgegoren sind und verschiedene Wege noch miteinander konkurrieren. Jedenfalls sagt Supergravitation ein neues Teilchen mit dem Spin 3/2 voraus: das »Gravitino«.

Als Teil der Theorie der Supergravitation sollte auch die Theorie der Quarks in Erscheinung treten. Im Jahre 1964 veröffentlichte Murray Gell-Mann vom California Institute of Technology die grundlegende Idee zur Quarktheorie. Er wurde 1969 für seine Arbeiten mit dem Nobelpreis ausgezeichnet.

Wenn Quarks und Leptonen miteinander spielen

Der Teilchen-Zoo war eigentlich noch nicht übermäßig gefüllt, als schon die Idee von den Quarks aufkam. Sie wurden voneinander unabhängig von Murray Gell-Mann und George Zweig, beide Physiker am California Institute of Technology, 1963 vorgeschlagen. Der Anspruch hinter der Idee war hochgesteckt. Mit den Quarks sollten endlich diejenigen Teilchen eingeführt werden, die das darstellen, wonach Menschen schon seit 2 400 Jahren gesucht hatten – die endgültig kleinsten und absolut unteilbaren Bestandteile der Materie.

In der ursprünglichen Version der Idee war die Rede von insgesamt nur drei Quarks, die mit »Up«, »Down« und »Strange« bezeichnet wurden, also mit »Auf«, »Ab« und »Seltsam«. Damit ließen sich immerhin schon die zwei wichtigsten stabilen Hadronen zusammenbasteln, die Nukleonen Proton und Neutron. Alle Atomkerne sind aus diesen zwei Nukleonen zusammengesetzt. Proton und Neutron bestehen nach der Quarkvorstellung aus je drei Quarks: Aus der Kombination Up-Up-Down wurde das Proton und aus der Kombination Up-Down-Down das Neutron. Mit simplen Regeln für die Zusammensetzung von Quarks waren diese zwei (zusammen mit ihren Antiteilchen, den entsprechenden Anti-Quarks) gleichzeitig die einzigen Hadronen, die so gebaut werden konnten.

Jedes Quark besitzt nur einen Bruchteil der elektrischen Elementarladung, das Up eine positive Zweidrittel- und das Down eine negative Drittelladung. Die elektrische Ladung des Protons (+ 1) ergibt sich daraus einfach als Summe der »gebrochenen« Teilchenladungen seiner

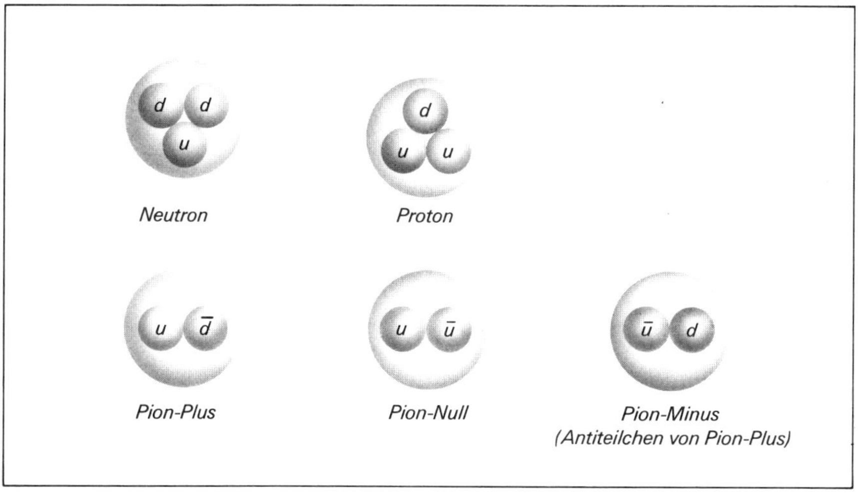

Aus je drei Quarks sind Hadronen zusammengesetzt, wie etwa Neutron oder Proton. Dagegen bestehen Mesonen – wie das Pion – je aus einem Quark-Anti-quark-Paar. Ihre Eigenschaften addieren sich einfach und ergeben so die Eigenschaften des »ganzen« Teilchens. Der Querstrich bedeutet »Antiquark«, das eine entgegengesetzte elektrische Ladung zum Quark hat.

Quark-Bestandteile, $\frac{2}{3}$ (Up) plus $\frac{2}{3}$ (Up) minus $\frac{1}{3}$ (Down), was zusammen Eins ergibt, also die ganze positive Elementarladung des Protons. Beim elektrisch neutralen Neutron ergibt sich die Summe Null aus $\frac{2}{3}$ (Up) minus $\frac{1}{3}$ (Down) minus $\frac{1}{3}$ (Down). Im Gegensatz zu den Nukleonen setzen sich die Teilchen der anderen Gruppe, die Mesonen, nur aus je zwei Quarks zusammen.

Warum also dann noch das dritte Quark? Das Quark namens »Seltsam« kam zuerst nur ins Spiel, um die relativ lange Lebensdauer einiger schwerer Hadronen zu erklären, die man noch in den fünfziger Jahren entdeckt hatte. Die schweren Hadronen zerfallen gewöhnlich über die starke Wechselwirkung, die sehr schnell wirkt. In gewissem Sinn ist starke Kernkraft so stark, weil sie so schnell ist. Ein »stark« zerfallendes Hadron existiert in der Regel nur 10^{-23} Sekunden, bevor es in kleinere Bestandteile zerbricht.

Ein Teilchen der Hadronfamilie, das Lambda, folgte allerdings nicht dieser Faustregel. Es hat eine Lebensdauer von 10^{-10} Sekunden, was die typische »starke« Zerfallszeit um das zehntausend Milliardenfache übertrifft. Offensichtlich zerfiel das Lambda nicht »stark«, sondern mit Hilfe einer anderen, der »schwachen«, Wechselwirkung; mit einer Zerfallszeit, die für die schwache Kraft charakteristisch ist. Dieses für Hadronen abnorme Verhalten wird innerhalb des Quarkmodells verständlich: Das Lambda enthält eine Quark-Ladung »Seltsamkeit« (»Strangeness«), die bei einer Reaktion mit der starken Kernkraft unverändert in einem der Aufspaltungsprodukte beibehalten werden muß. Das Lambda ist aber schon das leichteste der »seltsamen« Hadronen, kann also seine Seltsamkeitsladung nicht mehr an noch kleinere Hadronen in einem starken Zerfall weitergeben. So muß es gewissermaßen auf die schwache Kraft warten, mit deren wesentlich längeren Reaktionszeit es dann doch noch zerfallen kann. In schwachen Zerfällen kann nämlich das Seltsamkeits-Quark in ein »Auf«- und ein »Ab«-Quark konvertieren, aber das dauert halt länger! Innerhalb von Prozessen der starken Wechselwirkung allein wäre diese Zerfallskette nicht möglich.

Im Spätherbst 1974 brach dann aber auch die heile Welt der drei Quarks jäh in sich zusammen; eine »Novemberrevolution«, wie das Ereignis genannt wurde, schien ihre schon fast geheiligte Trinität über den Haufen zu werfen. Unabhängig voneinander wurde an zwei Laboratorien in den USA – in Brookhaven (New York) und in Stanford (Kalifornien) – ein neues Teilchen entdeckt; von Samuel T. T. Ting (Brookhaven) wurde es auf den Namen »J«, von Burton D. Richter

(Stanford) auf »Psi« getauft. Eins war bald klar: Das J/Psi-Teilchen sprengte das Schema der drei Quarks.

Die Novemberrevolution entpuppte sich rasch als Weihnachtsgeschenk des Jahres 1974 an die Teilchenphysik, denn es legte nahe, daß es noch ein viertes Quark geben mußte; diese Nummer Vier nannte man – »Charm«. Mit dem Charm-Quark erklärten sich einige bis dahin rätselhafte Kollisionsereignisse, nämlich, wie schon beim Lambda, die Seltsamkeit. Die lange Lebensdauer des neuen Teilchens wurde durch »Charm« verständlich, ähnlich wie schon vorher die »Seltsamkeit« das zu lange Überleben des Lambdas erklären konnte.

Die nachfolgende, genaue Analyse der Experimente ergab eine kuriose Situation. Das neue J/Psi-Teilchen, ein Meson, setzte sich offenbar aus zwei Charm-Quarks zusammen, einem »Charm« und einem »Anti-Charm«. Da sie zueinander Antiteilchen sind, haben die beiden jedoch genau die entgegengesetzte Charm-Eigenschaft, eine positive Charmportion für das Charm-Quark und eine negative Charmportion für das Anticharm-Quark. In der Summe heben sie einander auf. Von außen betrachtet besitzt das J/Psi-Teilchen keinen Charm. Es trägt nur »verborgenen« Charm.

Im Quark-Modell, so glaubt man heute, sind alle Mesonen, ähnlich wie das J/Psi-Meson, aus je einem Quark und einem Anti-Quark aufgebaut. Nur wenn genau *eines* von beiden – oder wenigstens *eines* von drei bei Baryonen – ein Charm-Quark ist, tritt das Teilchen-Charm zutage und wird auch von außen beobachtbar: »nackter« Charm!

Geschmäcker und Farben im Quark

Mit den bis 1975 eingeführten vier Quark-Typen, den vier Quark-»Geschmäckern« (Flavours), wie man sie auch bald nannte, »Up«, »Down«, »Strange« und »Charm«, konnten die Physiker durch Kombination neue Teilchen zusammenbasteln und deren Existenz vorhersagen. Einige dieser vorhergesagten Teilchen wurden in ziemlich raffinierten Experimenten mit Teilchenbeschleunigern gefunden. Immerhin schien sich damit das lange umstrittene Konzept der »Quarks« durchgesetzt zu haben. Einen bald überfüllten Zoo von etwa 300 sogenannten Elementarteilchen hatte man damit auf vier neue, noch elementare Bestandteile reduziert. Das Verhalten der Quarks blieb aber nicht so simpel, auch nicht mit der erweiterten »Viererbande«. Es gab auch Probleme. Wie mit einem Baukasten versuchte man jetzt, die verschiedenen Quarks zu Teilchen, zu Hadronen und Mesonen zusammenzusetzen. Erste Überlegungen dazu wurden schon 1964 angestellt. Aber offensichtlich war die Natur ärmer an Teilchen, als sich mit dem Quark-Puzzle zusammenfügen ließen. Nicht zu allen Kombinationen im Quark-Puzzle fand sich auch ein Teilchen in der Natur – oder es war noch nicht gefunden worden. Dann gab es immer eine zweite Schwierigkeit. Ein theoretisches »Auswahlprinzip« forderte, daß keine zwei gleichen Quarks in einem Teilchen vereint sein konnten. Dieses Prinzip gilt ähnlich wie im Atomkern, wo keine zwei Kernteilchen den selben Zustand einnehmen dürfen – eine Forderung des Pauli-Prinzips. Nun treffen aber etwa im Neutron zwei »Down«-Quarks neben dem »Up«-Quark zusammen; und im Proton sind außer einem »Down«-Quark zwei »Up«-Quarks zusammen. Um die Quark-Konstruktion zu retten, stellte man das Postulat auf, daß jeder Quark-Typus in drei unterschiedlichen Versionen auftritt. Diese Versionen wurden als »Farben« bezeichnet: Rot, Gelb und Blau. Es sollte also drei »Down«-Quarks geben; ein rotes, ein gelbes und ein blaues »Down«-Quark.

Die einzelnen Farbtypen hatten eine zusätzliche Bedeutung. Sie sollten sich nach den Regeln der optischen Farben zusammensetzen. Addiert man die Grundfarben Rot, Gelb und Blau, so ergibt das ein weißes Licht. Analog soll innerhalb des Quarkmodells jedes Teilchen nach außen hin farbneutral, also weiß erscheinen. Diese einfache Regel bestimmt die Farben der Quarks. In dem aus drei Quarks zusammengesetzten Neutron tritt jedes in einer anderen Farbe auf. So wird vermieden, daß zwei völlig gleiche Quarks innerhalb eines Teilchens aneinandergeraten. In der Gesamtsumme ergibt das nach außen hin das farbneutrale »Weiß«. Im Neutron unterscheiden sich die zwei vom »Down«-Typ also durch ihre Farbe. Bald war damit auch schon der Name der neuen Theorie geboren, die *Quantenchromodynamik.* Sie beschreibt die Kräfte zwischen den farbigen Quarks, ähnlich wie die elektrischen Ladungen. Daher auch die Namensgebung »Chromodynamik« analog zu »Elektrodynamik«.

Freilich ist mittlerweile auch die Quantenchromodynamik in Begriff, einen ganzen Quark-Zoo zu füllen – unerfreulich für jeden, der bei der Suche nach dem Elementaren größtmögliche Einfachheit erwartet. Da jedes Quark schon in drei verschiedenen Quark-Farben auftreten konnte, gab es also schon bis dahin – zusammen mit allen Anti-Quarks – 24 Quarks. Jedes bekannte Hadron konnte jetzt aber eindeutig als eine Kombination aus verschiedenen Quarks erklärt werden. In allen

Baryonen hat jedes der drei Quarks eine andere Farbe; bei den Mesonen, die aus nur zwei Quarks bestehen, wird die Farbe des einen Quarks aufgehoben durch die Anti-Farbe des komplementären Anti-Quarks. Das Quarkmodell mit Quarks in jeweils drei Farbversionen schien zu funktionieren.

Vorläufig ist im Rahmen der Quarktheorie noch nicht erklärt worden, warum sich die Quarks niemals einzeln beobachten lassen. Bis jetzt lassen sie sich nur im Innern der Hadronen und Mesonen »ertasten«. Trotzdem sind die Teilchenphysiker »hoffnungsvoll«.

Das Generationsspiel: Warum wiederholt sich die Natur?

Die Prinzipien der Symmetrie spielen in der physikalischen Grundlagenforschung mindestens eine ebenso große Rolle wie die Elementarteilchen selbst. Was nun von beiden fundamentaler ist, ist umstritten. Tatsache ist jedoch, daß man nicht nur den Insassen des Teilchenzoos, sondern auch der sich rasch vergrößernden Zahl der Quarks mit Symmetrieprinzipien beikommen will.

Die Symmetrie als Ordnungsprinzip hat sich in der Geschichte der Physik zunehmend als Leitfaden zu einem besseren Verständnis bewährt. Im Falle der Symmetrie zwischen den Quarks und den Leptonen geht die Geschichte eigentlich schon auf die dreißiger Jahre zurück und auf die damals gerade gelungene Erklärung der Radioaktivität.

Bald nach der Entdeckung des Neutrons erkannte man, daß es eigentlich dem Proton zum Verwechseln ähnlich sieht. Das elektrisch neutrale Neutron sieht im wesentlichen wie ein Proton aus, dem man die (positive) Ladung weggenommen hat. Es gibt auch die Kernreaktion, in der das Neutron in ein Proton umgewandelt wird, den sogenannten Beta-Zerfall. Bei diesem wird neben dem Proton ein Elektron (Beta-Teilchen) ausgestoßen. Da Elektronen nicht von der Kernkraft angezogen werden, die nur Neutronen und Protonen im Atomkern zusammenhält, verläßt das Beta-Teilchen den Kern, der nach der Umwandlung demnach ein Neutron weniger und ein Proton mehr enthält. Der Beta-Zerfall ist einer der Mechanismen der Radioaktivität.

Beim Beta-Zerfall wird außer dem Elektron noch ein weiteres Teilchen frei: das *Neutrino* (s. auch Kap. IV). Es ist ein wahrhaft unsichtbares Bausteinchen der Materie, das nicht nur immun gegen die starke Kernkraft ist sondern auch gegen die elektromagnetische Kraft. Es tritt nur über die schwache Kernkraft mit anderen Teilchen in Wechselwirkung. Es ist in der Lage, die Erde ungehindert zu durchdringen, und selbst eine Bleiwand mit der Stärke der Entfernung Sonne–Alpha Centauri (4,3 Lichtjahre) könnte es nicht aufhalten. So wie das Neutron als der ungeladene Bruder des Protons erscheint, tritt bei den Leptonen das Neutrino als das ungeladene Gegenstück zum Elektron in Erscheinung.

So dachte man sich also schon in den dreißiger Jahren eine perfekte Symmetrie zwischen dem Hadronenpaar, bestehend aus Proton und Neutron einerseits und dem Leptonenpaar Elektron und (Elektron-) Neutrino andererseits. So lassen sich beide Paare nach der Kraft unterscheiden, auf die sie ansprechen. Hadronen reagieren auf die starke Kernkraft, Leptonen nicht. Einen Grund, die vier Teilchen einander zuzuordnen, liefert ihre Ladung. Die Gesamtsumme der elektrischen Ladungen der vier Teilchen ist exakt gleich Null; Elektron und Neutrino haben zusammen genau eine negative elektrische Ladung, die von der positiven Ladung von Proton und Neutron ausgeglichen wird.

Heute ist diese Symmetrie einer ähnlichen, aber fundamentaleren zwischen Leptonen und Quarks gewichen, statt der vielen hundert Hadronen genügte es, die wenigen Quarks mit einzubeziehen. Jetzt lautete die Regel: Es gibt genau so viele Quark-Paare wie Leptonen-Paare. Und man faßte je zwei korrespondierende Paare zu einer »Familie«, zu einer sogenannten »Generation« von Teilchen zusammen:

- Die Quarks »Up« und »Down«, das Elektron und sein Neutrino stellen die erste Generation;
- Die Quarks »Charm« und »Strangeness« sowie Müon und das zugehörige Neutrino bilden die zweite Generation.

Bis zu diesem Zeitpunkt – 1974 – war die Quark-Welt wieder in Ordnung gebracht, das Symmetriequartett komplett. Auch die Aufteilung in »Generationen«, die man sich analog zur Anordnung der chemischen Elemente im Periodensystem denken kann, erwies sich als erfolgreich. Für alle Prozesse innerhalb der Materie der ersten Generation gab es Parallelen in der zweiten Generation. Unklar blieb bis heute, warum es diese zweite Generation überhaupt gab, man wäre auch ohne sie glücklich gewesen. »Warum sich die Natur wiederholt«, rätselte der britische Physiker Frank Close 1979, »wissen die Physiker noch nicht. Die uns vertraute Welt scheint ganz gut zu überleben mit nur einem Quark-Paar sowie Elektron und Neutrino. Diese Teilchen reichen schon aus, um den Aufbau des Atoms zu erklären und die Wechselwirkung zwischen verschiedenen Atomen – die Grundlage der

Chemie. Aber die Existenz einer zweiten Teilchengeneration erscheint als eine Extravaganz und scheint unsere alltäglichen Erfahrungen in keiner signifikanten Weise zu beeinflussen. Wir verstehen noch nicht, warum es die zweite Generation überhaupt gibt.«

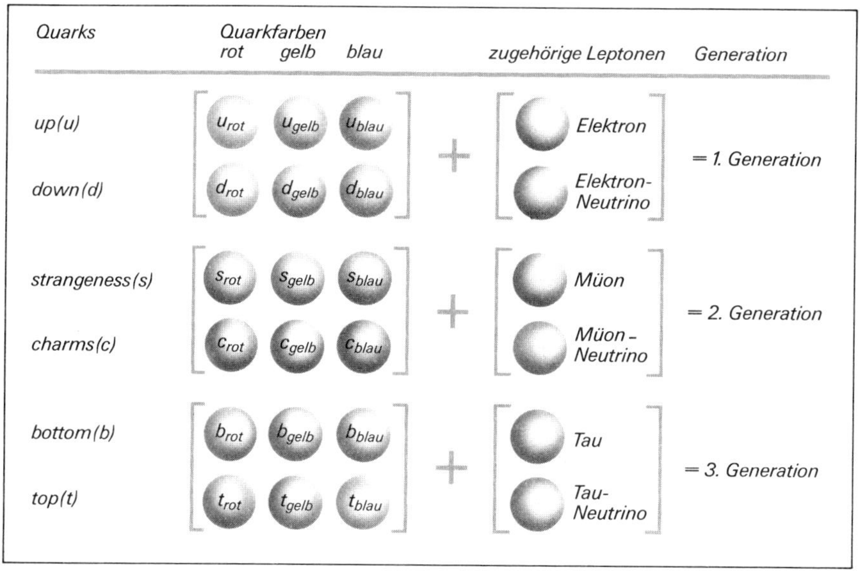

Quark-Familien und ihre Farben:
Quarks lassen sich in Paare aufteilen, die zusammen mit einem zugehörigen Leptonenpaar eine Teilchengeneration bilden. Jede Generation von Quarks setzt sich also zusammen aus
- *zwei Quarks, die jeweils in drei Farben auftreten: Rot, Gelb und Blau, insgesamt also sechs;*
- *zwei Leptonen: etwa dem Elektron und einem zugehörigen Neutrino, dem Elektronenneutrino;*
- *allen zugehörigen Antiteilchen, also weiteren acht.*

Insgesamt also 16 Mitglieder pro »Generation«, zwölf Quarks und vier Leptonen. Alle stabilen Teilchen setzen sich ausschließlich aus den Elementarteilchen der 1. Teilchengeneration zusammen. Die Generationen 2 und 3 treten ausschließlich erst bei hohen Energien in Erscheinung. Ob mit den drei gezeigten Familien der Quark-Zoo der Natur schon vollständig ist, ist noch unbekannt; genauso, ob zwischen den drei Generationen noch tiefer liegende Querbeziehungen bestehen.

Seit der Entdeckung von »Strangeness« und »Charm« sind der Teilchenwelt weitere Schocks nicht erspart geblieben. 1975 gelang Martin Perl am Stanford-Beschleuniger in Kalifornien der Vorstoß in eine weitere – die dritte – Generation von Elementarteilchen. Er konnte ein neues Lepton entdecken, das »Tau«. Auch ein zugehöriges »Tau«-Neutrino wurde gefunden. Wegen der bis dahin gültigen Symmetrie zwischen Lepton- und Quark-Paaren brach damit natürlich die Suche nach einem entsprechenden, dritten Paar von Quarks aus. »Bottom« (unten) und »Top« (oben) beziehungsweise »Beauty« (Schönheit) und »Truth« (Wahrheit) sollten die beiden Quark-Neulinge heißen.

Der Namenstaufe folgte bald eine »Bottom«-trächtige Teilchengeburt. Am 1. Mai 1977 war es soweit. Leon M. Lederman vom Brookhaven National Laboratory (New York) gab seinen neuesten Fund bekannt: ein Teilchen, das in seinem Aufbau ganz dem früheren J/Psi-Partikel glich. Wie dieses setzte es sich aus einem Quark und dem zugehörigen Anti-Quark zusammen; nur handelte es sich diesmal nicht um »Charm«, sondern um das vorhergesagte »Bottom«-Quark. Das neue »Ypsilon« wurde also durch das Paar »Bottom-Antibottom« gebildet. Es war das erste »Stück« Materie, ausschließlich zusammengesetzt aus Bestandteilen der dritten Teilchengeneration.

In Hamburg, am DESY, wurden rasch noch mehrere »angeregte« Ypsilons aufgespürt. Doch die dritte Generation war noch nicht komplett. Soweit hatte man sechs Leptonen und fünf Quarks (die Farbvarianten einmal nicht mitgezählt). Was noch fehlte, war das »Top«-Quark. Trotz großer Anstrengungen, vor allem von Hamburgs Physikern, blieb es bis heute unentdeckt – ein Hinweis darauf, daß mit der Quarktheorie etwas nicht stimmte? Auf jeden Fall ist es eine Schwäche der Quarktheorie, daß sie keine solide Methode aufzuweisen hat, die Masse eines Quarks vorherzusagen.

Die allzu rasche »Vermehrung« der Quarks und Leptonen hat inzwischen in einigen Wissenschaftlerkreisen das ganze Quark-Konzept etwas in Verruf gebracht. Pro Generation Elementarteilchen zählt man jetzt zwei Quarks, jedes in drei »Farb«-Versionen – macht pro Generation also sechs Quarks. Dazu kommen pro Generation zwei Leptonen; vermehrt durch die Anzahl der jeweiligen Antiteilchen in jeder Generation ergibt das 16 Teilchen, bei drei Generationen also insgesamt 48 Elementarteilchen – eigentlich schon wieder zuviel für viele, die im Fundamentalen auch das zahlenmäßig Einfache verwirklicht sehen

Das Deutsche Elektronensynchroton (DESY) in Hamburg-Bahrenfeld. (Foto: DESY)

wollen. Für viele verliert bereits jede Zahl über der Zehn den wahren Geschmack des Elementaren.

Überschaubarkeit durch den menschlichen Verstand und Suche nach mathematischer Simplizität gehen hier eine Verbindung ein, die, so ist die Sorge, möglicherweise am Ziel vorbeiführt.

Zumindest unerwartet ist der Umstand, daß sich Quarks nur im Teilcheninneren verborgen halten. Bis jetzt konnte kein freies Quark beobachtet werden. Dieses sperrige, in der Natur einmalige Verhalten kann vielleicht aber auch erwünscht sein. »Wenn die Quarks wirklich ›elementare‹ Teilchen wären«, notierte die Zeitschrift *New Scientist,* »dann müßten wir auch erwarten, daß sie einige einmalige Charakteristiken zeigen, da sie schließlich auch durch die fundamentalen Kräfte der Natur wechselwirken.«

Innerhalb eines Protons etwa scheinen sich die Quarks recht ungezwungen zu bewegen – wie Murmeln in einem Sack. Doch können diese Murmeln niemals aus ihrem Sack heraushüpfen. Die Kraft zwischen den Quarks, vermittelt durch sogenannte »Gluonen«, ist offenbar so konstruiert, daß sie fast verschwindet, wenn die Quarks im Proton

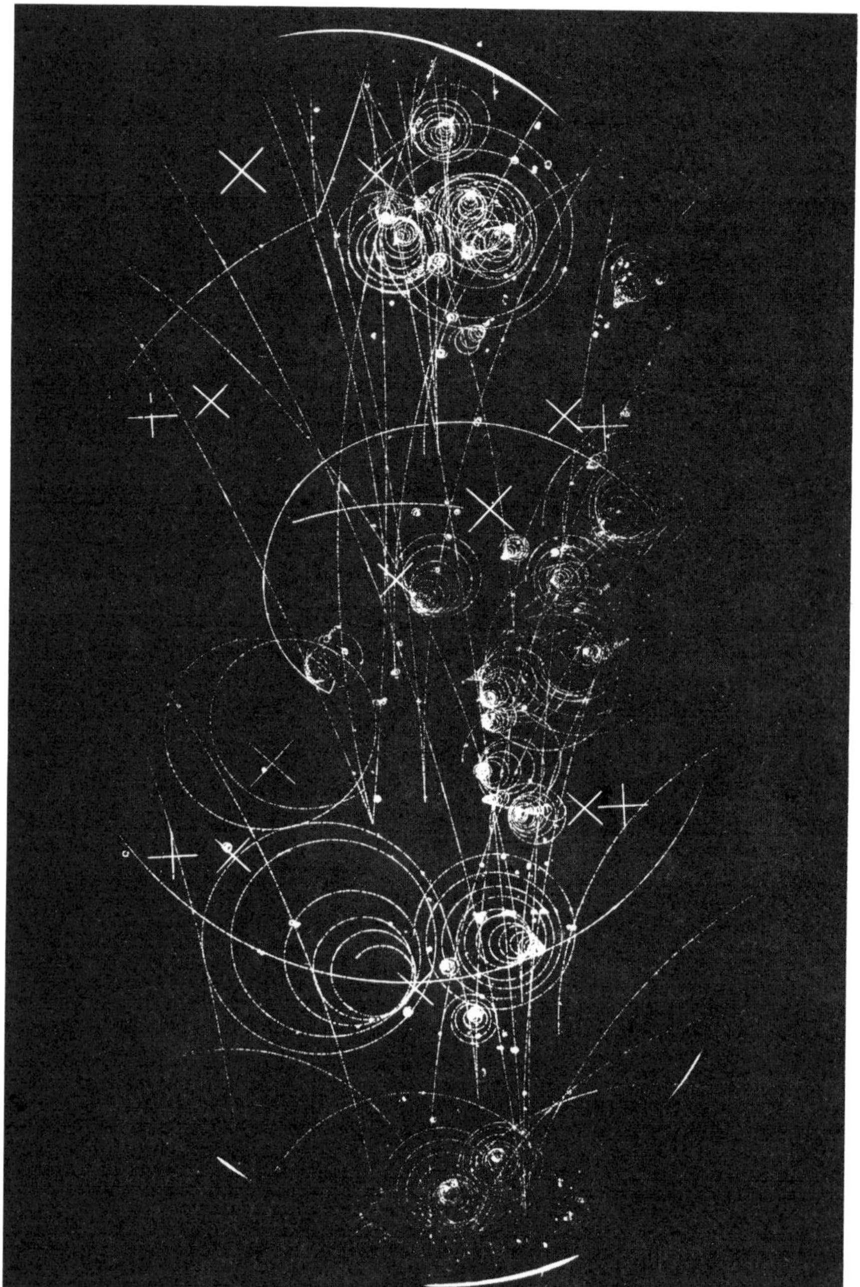

Aufnahme einer Teilchenkollision. (Foto: DESY)

sehr nahe beisammen sind, aber stark anwächst, wenn die Quarks auseinandergehen. Quarks scheinen also gleichsam durch lose Gummibändchen aneinandergekettet. Diese sind locker bei kurzen, aber straff gespannt bei großen Abständen.

Allein die Annahme, daß es überhaupt eine unterste, endgültige Stufe der Einfachheit im Fundament der Naturbeschreibung zu geben habe, mag schon ein Irrglaube sein. Wenn es sich bestätigen sollte, daß das Fundament auf den Pfeilern von 48 wahrhaftigen Elementarteilchen ruht, dann wird das die Naturwissenschaft natürlich gerne akzeptieren. Vielleicht wird man dann aber nach anderen Eigenschaften oder Prinzipien suchen, die an die Stelle der Teilchen als das noch Elementarere, das »Elementarste«, treten können; und auch diese könnten nur Zwischenstufen auf einem endlosen Weg ins Innere der Materie sein.

So werden denn auch kritische Fragen an das Quark-Konzept gerichtet. Nur eine von ihnen soll uns hier interessieren. Was ist *im* Quark?

Gibt es nicht noch tiefer – im Innern des Inneren des Protons – noch einmal ein Innenleben? Wie sind Quarks konstruiert? Die »tief inelastischen« Stöße mit energiereichen Elektronen ins Innere des Pro-

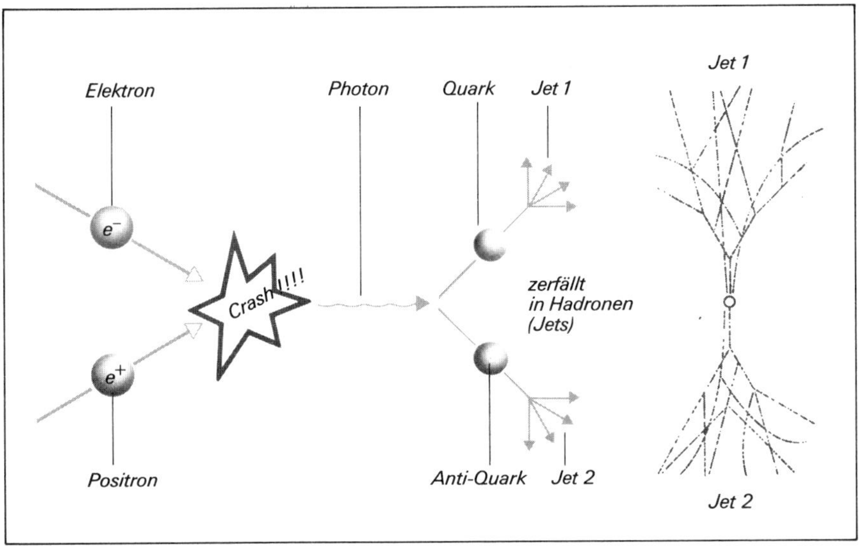

Wenn Elektronen und Positronen im Teilchenbeschleuniger kollidieren, ziehen die Endprodukte ihre Spuren auf Fotoaufnahmen. Die zwei Ströme (Jets) im Bild rechts entstehen, wenn ein Quark und ein Anti-Quark weiter zerfallen.

tons lieferten Hinweise darauf, daß die Quarks geringfügige Deformationen aufweisen.

Diese Abweichungen werden darauf zurückgeführt, daß jedes Quark ein Klebeteilchen aussendet, ein »Gluon«. Gluonen, so sagt die Theorie, sind die Träger der Kraft zwischen den einzelnen Quarks. Gluonen fesseln letztlich die Quarks an ihr Hadronengefängnis. Um die Rolle der Gluonen zu verstehen, brauchen wir uns nur die elektrischen Ladungen anzusehen: Wenn ein Elektron beschleunigt wird, so »strahlt«

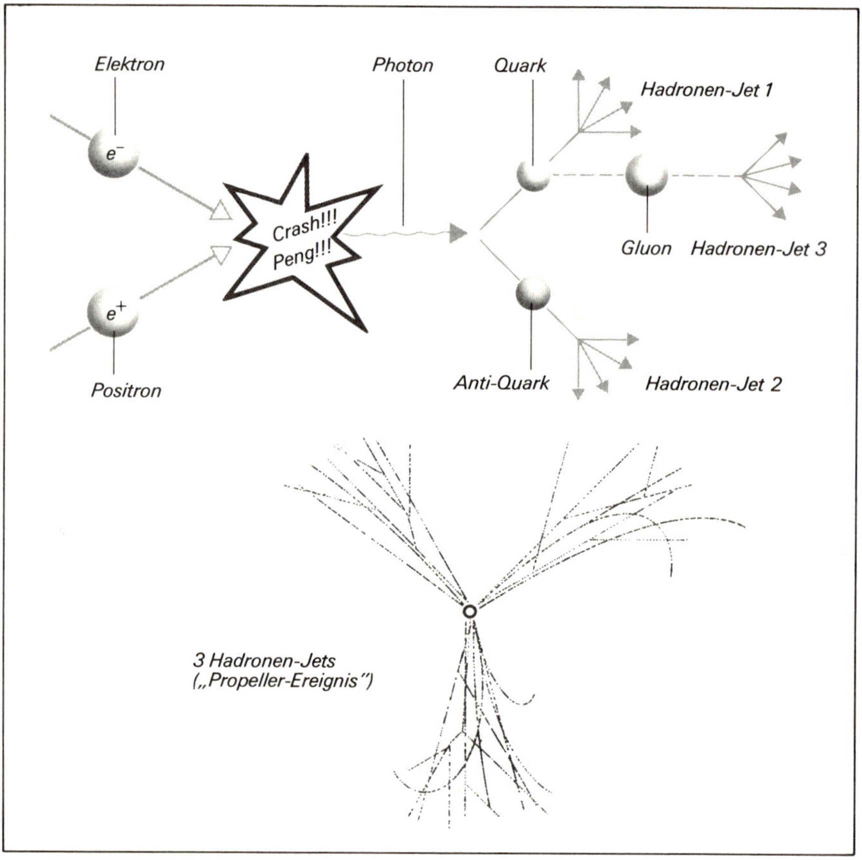

Wenn ein Quark, noch bevor es in ein Bündel von Hadronen (Jet 1) zerfällt, ein Gluon abstrahlt, wird zusätzlich ein dritter Teilchenstrom (als Ende des Gluonzerfalls) beobachtet (Jet 3). Wenn das Gluon selbst nur wenig Energie hat, dann mischen sich Jet 1 und Jet 3. Bei größerer Gluonen-Energie rücken die Richtungen der beiden Jets deutlich auseinander; es gibt ein sogenanntes »Propeller-Ereignis« – ein Ereignis in DESYs Experimentieranlage TASSO.

es, es sendet Lichtteilchen aus (Photonen). Genauso strahlt ein Quark, das in Bewegung gerät – es sendet Gluonen aus. Gluonen sind also die Vermittler der starken Kernkraft, so wie die Photonen die Überträger der elektromagnetischen Kraft sind. Gluonen wurden bereits 1980 am Hamburger Forschungszentrum DESY beobachtet – natürlich nicht direkt. Da Quarks nicht frei in Erscheinung treten, kann auch auf die Existenz ihres Allesklebers, des Gluons, nur indirekt geschlossen werden.

Erst eine komplizierte Kette von indirekten Argumenten und Interpretationen liefert den »Beweis« für die Existenz des atomaren Klebstoffs. Je genauer wir uns mit hochenergetischen Geschoßen an die Quarks herantasten, desto mehr sehen wir von ihnen – wie jetzt schon die Gluonverformungen. Wenn es bei der bisherigen Interpretation dieser »Schönheitsfehler« bleibt, dann wird man vorläufig nicht zu noch fundamentaleren Bausteinen greifen müssen.

Die Grundfragen der Materie: Ertrinken wir im Teilchenmeer?

Die bange Frage des von den vielen Teilchenentdeckungen leicht genervten Wissenschaftskonsumenten lautet: Wo wird es enden, das Partikelwettrennen? Die Technik der Beschleuniger schreitet weiter fort zu immer höheren Energien, und der Genfer Beschleuniger LEP – ausgelegt für 50 GeV – steht für 1986 an. So ist auch mit der Entdeckung weiterer subatomarer Bestandteile zu rechnen. Jeder weitere Zuwachs im Teilchenzoo kann jedoch die Wissenschaftler erneut vor peinliche Fragen stellen und mühsam konstruierte Theoriengebäude wenigstens teilweise wieder zum Einsturz bringen. Dabei kann die *Nichtentdeckung* eines Teilchens genauso überraschend sein wie die unerwartete *Entdekkung* eines neuen Teilchens. Das Problem in der Quarktheorie ist eben, daß die Massen der Quarks selbst nicht wirklich vorhergesagt werden können – Quarks können im Prinzip beliebig schwer sein.

Ist die Zahl »sechs« magisch? Sind sechs Quarktypen und sechs Leptonen schon das Ende der Geschichte? Gibt es vielleicht noch mehr Quarks, wird man bei größeren Energien auf weitere Generationen von Partikeln stoßen? Warum nur sechs, warum nicht acht, oder vierundzwanzig? Taucht jenseits der dritten Generation noch eine vierte, fünfte, . . . auf? Und wenn der Zoo der neuen Elementarteilchen überquellen sollte wie vordem schon der Zoo der Hadronen, wer mag dann noch zu glauben, daß es sich bei den Quarks wirklich schon um die fundamentalste Ebene handelt; also um die Ebene, auf der nur noch die letztlich »Unteilbaren« übrigbleiben?

Solange wir nicht mehr von den immer noch mysteriösen Quarks wissen, bleiben dies berechtigte Fragen. Im historischen Rückblick war ein zu rasches Überhandnehmen gewisser »Elementarteilchen« stets auch als ein Zeichen dafür anzusehen, daß sie eben doch noch nicht die gesuchten letzten Bausteine des materiellen Seins waren. Die Geschichte verdeutlicht dies. Die Chemiker des 19. Jahrhunderts führten die unübersehbare Zahl chemischer Verbindungen auf zunächst nur drei Dutzend chemischer Elemente zurück, deren Zahl sich in unserem Jahrhundert jedoch bald auf über 100 erhöhte. Dann, in den dreißiger Jahren, kam eine neuerliche Vereinfachung. An die Stelle der chemischen Elemente traten mit einem Mal drei atomare Teilchen: Proton, Neutron und Elektron. Aus diesen drei Partikeln ließen sich – spektakuläre Vereinfachung – alle chemischen Elemente in einander ähnlichen Achtergruppen anordnen, dem »Periodensystem der Elemente«. Damit konnte sogar eine ganze Reihe noch unbekannter »Lücken«-Elemente vorhergesagt werden. Nach dem 2. Weltkrieg fand man dann die ersten Mesonen: Pionen, Kaonen, Lambdas ... Es waren bald zu viele.

Schließlich tauchte 1963 die Idee von den Quarks auf und damit die Chance einer neuerlichen Vereinfachung. Rückten nun drei Quarks an die Stelle von Hunderten von Hadronen? Inzwischen sucht man schon nach dem sechsten Quark. Und das bedeutet zusammen mit den jeweiligen drei Farbschattierungen der Quarks in Rot, Gelb und Blau, daß man jetzt schon die Quarks Nummer 16 bis 18 ins Visier der Experimente genommen hatte, die Antiteilchen nicht einmal gerechnet. Dennoch ist mit den Quarks zum erstenmal ein radikal neuer Zug in die Physik der Materie eingezogen. Diejenige Eigenschaft nämlich, daß Quarks nur im Verbund mit anderen Quarks existieren können. Dies macht die Quarks zu etwas Besonderem. Es signalisiert, daß hier vielleicht tatsächlich eine entscheidende Ebene der Fundamentalität erreicht ist.

Doch obwohl Quarks nicht »frei« sind, sondern stets »gefangen« und man sie nicht einzeln untersuchen kann, hat das nicht ihre Untersuchung verhindern können. Zum Besonderen der Quarks gehört auch, daß sie sich innerhalb ihrer Hadronen-»Säcke« fast wie freie Teilchen benehmen, vor allem, wenn sie – bei hohen Energien – dicht aneinander geraten. Das ist die kümmerliche Freiheit im Teilchengefängnis! Hat hier die Natur eine Wand hochgezogen, hinter der sie ihre letzten

Geheimnisse verbirgt oder jedenfalls schwer zugänglich macht? Der Entdecker des Ypsilon-Mesons, Leon M. Lederman vom Brookhaven Laboratory, riskierte 1978 eine optimistische Bemerkung: »Wer weiß, ob die Physiker nicht einmal einen ultrastarken Beschleuniger bauen werden, der die einschließende Kraft überwindet und das Quark befreit?«

Die Grundfragen der Materie: Gibt es nur eine (Ur-)Kraft?

Trotz beträchtlicher Erfolge des Quarkmodells und der Quantenchromodynamik blieb bei einigen Wissenschaftlern ein ungutes Gefühl. Es bezieht sich auf das, was als »elementar« angesehen wird und enthält gleichzeitig vage Visionen davon, was am Ende der Nacht vielleicht einmal als eine »Große Vereinheitlichte Feldtheorie« dastehen kann. Die erfreulichen Erkenntnisse auf letzterem Gebiet mischen sich mit dem Zweifel, ob man nicht das Quarkkonzept nur vorläufig als nützlich beibehalten, aber als »fundamental« letztlich aufgeben sollte. Denn auch auf die Quantenchromodynamik könnte zutreffen, was einmal Wolfgang Pauli bezüglich der »Weltformel« Werner Heisenbergs spöttisch bemerkte: sie sei »wie Bilderrahmen für Tizians – es fehle nur noch das Bild.«

Aber auch Heisenberg kritisierte die moderne Elementarteilchenphysik und das Quarkmodell. Heisenberg wollte an die Stelle des Fundamentalen in der Natur nicht Teilchen, sondern »Symmetrien« gesetzt sehen. Er wies darauf hin, daß mit den Elementarteilchen erstmals ein Niveau erreicht sei, bei dem die Energie, mit der die Teilchen zerlegt werden, von derselben Größenordnung sei wie diejenige, die in den Massen der Zerfallsprodukte enthalten sei. Aufeinanderprallende Elementarteilchen zersplittern zwar, aber die »Spaltprodukte sind bei den hohen Energien in keiner Weise mehr elementarer als die Partikeln, die ursprünglich miteinander kollidierten«. Heisenberg und seine Schule »betonten«, wie Heinrich Saller in der *Süddeutschen Zeitung* notierte, »daß der Begriff des Teilchens durch den der Symmetrie abgelöst werden sollte«. Saller, Mitarbeiter am Max-Planck-Institut für Physik in München, dessen Direktor Heisenberg bis 1970 war, stellte dort die Frage, ob nicht die Quarks einmal das Schicksal des Äthers erleiden würden, also jenes hypothetischen Mediums, das den Weltraum erfülle und durch den sich auch die Erde auf ihrer kosmischen Fahrt bewege. Zu Beginn des Jahrhunderts konnte Albert Einstein nach seiner Speziellen Relativitätstheorie diesen Äther als einen wissenschaftlich nutzlosen, da nicht beobachtbaren Ballast »abschaffen«.

Fast alle Physiker glauben unerschütterlich an die Einfachheit und Einheit der Natur, obwohl dies nur ein methodisches Prinzip im Konstruieren von Theorien ist. Deshalb konnte es »bei dem Ausbau weiterer »Flavour-Erker« und »Colour-Türme« nicht ausbleiben, daß auch Unbehagen über die »rokokoartige« Struktur der Quarktheorie auftauchte« (Saller). Heisenbergs Betonung der »Symmetrie« erinnert an Ideen von Plato und Pythagoras vor zweitausendfünfhundert Jahren. Pythagoras bestand darauf, daß jede Ordnung am Ende durch Zahlen und ihre Harmonie verstanden werden könne. Und Plato lieferte ein explizites Beispiel dafür, in dem er die fundamentalen Symmetrien als die Elemente der Natur identifizierte. In moderne Sprache übersetzt, würden wir sagen, daß wir nicht so sehr abzählen sollten, wie viele Quarktypen und Teilchengenerationen wir für ein komplettes Bild der Materie brauchen, sondern daß wir die Einfachheit der Natur in den Symmetriegruppen der jeweiligen Theorie suchen sollten. Einer der Erfinder des Quark-Modells, Murray Gell-Mann, scheint inzwischen Heisenbergs Standpunkt anzuhängen. In einem Vortrag an der Universität München im Jahre 1979 sagte er: »Einfachheit bedeutet nicht Sparsamkeit an Teilchen, sondern Sparsamkeit an Prinzipien«.

So muß es vorläufig eine offene Frage bleiben, ob das Generationsspiel der Elementarteilchen nicht vielleicht auf einen tieferen Zusammenhang zwischen den Quarks und den Leptonen hinweist. Einen Hinweis gibt vielleicht die Anzahl der Fundamentalkonstanten, die jede Kraft zu ihrer Charakterisierung braucht. Die Theorie des Elektrons und des Photons, die Quantenelektrodynamik, enthält nur zwei Konstante zur Beschreibung der Abstoßungskraft zwischen zwei Elektronen: nämlich Masse und Ladung. Dagegen benötigt die Quantenchromodynamik insgesamt *siebzehn* Konstanten – sechzehn Massen und eine Kopplungskonstante –, um die Details der starken Kernkraft zu beschreiben. »Das ist deutlich eine zu große Zahl, um wirklich fundamental zu sein«, kommentiert Sheldon Lee Glashow von der Harvard-Universität und Nobelpreisträger 1979 für Physik. Es gibt noch andere ungelöste Rätsel. So bleibt im Rahmen des Quarkmodells ungeklärt, warum die elektrische Ladung des Elektrons exakt gleich groß und entgegengesetzt der elektrischen Ladung des Protons ist.

Die »Großen Vereinheitlichten Feldtheorien« versuchen all dem, durchaus im Sinne Heisenbergs, abzuhelfen. Als Grundelemente werden in diesen Theorien die Teilchengenerationen selbst angesehen.

Außerdem wird davon ausgegangen, daß Materie bei höheren Energien beziehungsweise Temperaturen auch eine größere Symmetrie zeigt. Das soll heißen: Je höher die Energie, desto mehr gleichen sich die Elementarladungen, und zwar in der Stärke und Art ihrer physikalischen Wechselwirkung. Wie die Symmetrie eines Systems bei steigender Energie zunehmen kann, sieht man beispielsweise bei einem Vergleich zwischen Flüssigkeit und Kristall. In einer Flüssigkeit sind in der Regel alle Richtungen gleichwertig. Die Flüssigkeit ist »isotrop«, was einer maximalen *räumlichen* Symmetrie entspricht. (Neben räumlichen Symmetrien gibt es auch noch zeitliche Symmetrien!) In abgekühltem Zustand kristallisiert die Flüssigkeit vielleicht zu Eis, wodurch in den Kristallen einige Richtungen ausgezeichnet werden. Der kristalline Körper wird dadurch anisotrop, und sein Aufbau hat daher eine geringere räumliche Symmetrie.

Die fünfte, superschwache Kraft der Natur

In den vereinheitlichten Feldtheorien geht man davon aus, daß bei extrem hohen Energien oberhalb von 10^{16} GeV, wie sie im Kosmos nur im Urknall kurzzeitig herrschten, alle Kräfte gleich stark und alle Ladungen ununterscheidbar waren und damit nur mehr durch eine einzige Fundamentalkonstante charakterisiert sind. Erst bei Abkühlung des Universums sei diese gemeinsame Urkraft in drei unterschiedliche, unsymmetrische Formen ausgefroren; nämlich in drei verschieden starke Kräfte. (Die vierte Kraft, die Gravitation, ist in diesem Konzept noch nicht enthalten.) Bei Abkühlung und Expansion des Universums lebten sie sich gewissermaßen auseinander. Die starke Kernkraft wäre erheblich angewachsen, die schwache Kernkraft hätte mit der kosmischen Entwicklung nur wenig zugenommen und die elektromagnetische Wechselwirkung wäre schwächer geworden. Alle Versionen der Theorie sagen außerdem voraus, daß am Ende die starke Kernkraft in der Tat deutlich stärker als die elektromagnetische Kraft sein sollte.

Die Unterschiedlichkeit der Naturkräfte im heutigen, kühlen Kosmos war wesentlich für die Entstehung von Strukturen – von den Formationen der Materie bis hin zur Evolution biologischer Systeme. So lange alle Kräfte gleich stark waren, reagierten alle Partikeln gleich schnell und gleich stark miteinander, so daß sich keine Strukturen entwickeln konnten. Alle Materie bestand damit aus einem ziemlich einförmigen, homogenen, aber hochenergetischen »Brei«, in dem jede

Klumpung sofort wieder aufgelöst wurde. Erst nachdem die Kernkräfte die elektromagnetischen Kräfte dominiert hatten, konnten sich Atomkerne ausbilden. Und erst, nachdem die elektromagnetischen Kräfte auch im Mikrokosmos deutlich die Schwerkräfte überwogen, konnte »Chemie« und damit eine chemische Evolution zwischen Atomen und Molekülen entstehen.

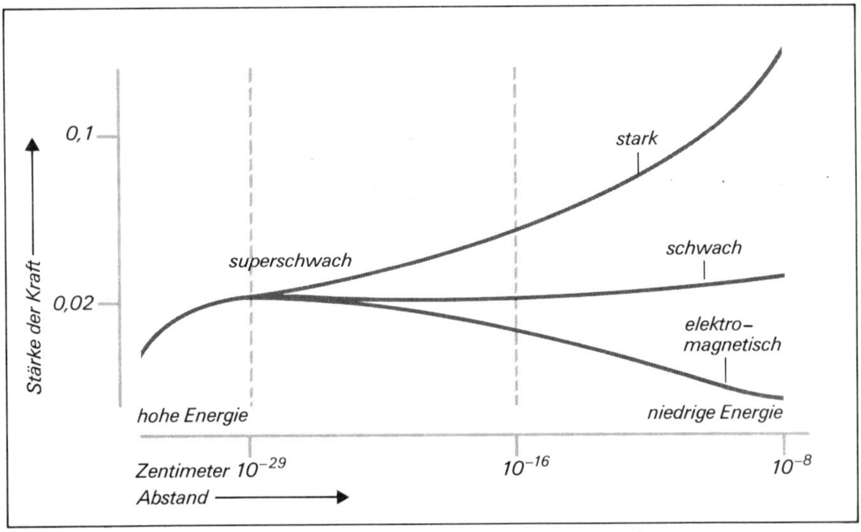

Bei kleinen Abständen, das entspricht großen Energien, sollen sich die stärkeren der Fundamentalkräfte einander annähern. So sagt es jedenfalls die »Große Vereinheitlichte Feldtheorie« voraus. Das würde bedeuten, daß etwa im Urknall, als der Kosmos noch sehr heiß und in einer hochenergetischen Phase war, alle Kräfte etwa gleich groß waren. Mit der Ausdehnung und Abkühlung des Kosmos hätten sich dann auch die Kräfte »auseinandergelebt«. Die Tatsache, daß die Naturkräfte heute höchstwahrscheinlich unterschiedliche Stärke haben, war wesentlich für die Entstehung von Leben.

In Teilchenbeschleunigern können manche Prozesse des heißen Urknalls simuliert werden. Jedenfalls können heute nur dort in Beschleunigern und in der kosmischen Höhenstrahlung die Teilchen der zweiten und dritten Generation erzeugt werden, die die Natur nur in den ersten Sekundenbruchteilen des jungen Universums hervorbringen konnte. Interessant ist in diesem Zusammenhang auch die Tatsache, daß sich die Massen der Quarks und Leptonen in den höheren Generationen einander annähern:

1. Generation 2. Generation 3. Generation

$$\frac{\textit{Down}\text{-Masse)}}{\text{(Elektron-Masse)}} \approx 20 \quad \frac{\textit{(Strangeness}\text{-Masse)}}{\text{(Müon-Masse)}} \approx 5 \quad \frac{\textit{Bottom}\text{-Masse)}}{\text{Tau-Masse}} \approx 2.$$

Doch ist es zu früh, daraus schon weitreichende Schlüsse zu ziehen. Bei Energien vom 10^{16}fachen der Massenenergie des Protons würde nach diesem Trend aber der Unterschied zwischen den einzelnen Kräften bei dieser Energie, entsprechend einer Temperatur des kosmischen Urgases von über 10^{29} Grad, aufgehoben. Diese Temperatur herrschte nur in den ersten 10^{-35} Sekunden des Urknalls. In diesem kurzen Zeitintervall hätten alle Kräfte noch mit gleicher Stärke reagiert, wirksam über Distanzen von 10^{-29} Zentimetern, die Reichweite der einheitlichen Urkraft. Es ist schwer, einen anschaulichen Vergleich für eine so phantastische Strecke von 10^{-29} Zentimetern zu finden. Vergleichen wir sie mit der Entfernung der Milchstraße von ihrer Nachbargalaxie, dem Andromedanebel, nämlich 2,2 Millionen Lichtjahre Abstand, dann wäre der 10^{-29}te Teil dieser Strecke nur ein zehntausendstel Millimeter lang.

Bei diesem, was die Kräfte angeht, total symmetrischen Beginn des Urknalls würde ein zusätzlicher, ansonsten unwahrscheinlicher Prozeß auftreten, der Baryonen in Leptonen umwandelt. Bei diesen Energien würden Quarks in Leptonen und auch Leptonen in Quarks zerfallen können. Auch diese Vorgänge müßten natürlich über eine bestimmte Wechselwirkung ablaufen, und zwar durch eine zusätzliche, fünfte Kraft der Natur. Sie spielt heute praktisch keine Rolle mehr im Verhalten der Materie, denn sie wäre noch um den zusätzlichen Faktor 10^{28} schwächer als die ohnehin schon schwache Kernkraft. Man hat sie deshalb als die superschwache Kraft bezeichnet.

Die Vorhersage einer fünften Wechselwirkung in der Natur gehört wohl zum bisher aufregendsten Ergebnis der vereinheitlichten Feldtheorien. Da durch die fünfte Kraft Quarks in Leptonen konvertiert werden, kann sie insbesondere auch den Zerfall von Protonen auslösen. Im Rahmen der bisherigen Theorien wird das Proton als absolut stabil, als ein Teilchen mit unendlich großer Lebensdauer behandelt. Der Zerfall eines Protons, könnte man ihn heute registrieren, wäre somit nur ein extrem schwacher Abglanz eines Vorgangs, wie er in der allerheißesten, frühen Phase des in seinen Wechselwirkungen symmetrischen Urknalls gang und gäbe war. Berechnungen sagen dem Proton eine zwar sehr kleine, aber doch endliche, positive Zerfallswahrscheinlichkeit voraus, entsprechend einer mittleren Lebensdauer von

10^{31} oder 10^{32} Jahren. Diese Zeit ist sehr viel länger als das Alter des Universums von etwa zwanzig Milliarden, 2×10^{10}, Jahren. Für irdische Begriffe wäre das Proton also in der Tat »ewig« haltbar.

Trotzdem gibt es schon intensive Aktivitäten, den Protonenzerfall zu messen. Eine Lebensdauer, die wesentlich kürzer wäre als die vorhergesagte, ist leicht auszuschließen. Würden Protonen schon nach »nur« 10^{16} Jahren zerfallen – also nach einer Zeit, die dem Millionenfachen des kosmischen Alters entspricht –, dann müßte jeder normalgewichtige Mensch radioaktiv sein. Er hätte eine meßbare Aktivität von 3 Mikro-Curie, vergleichbar mit der Radioaktivität bei medizinischen Schilddrüsenuntersuchungen. Mitte der fünfziger Jahre bestimmten die amerikanischen Physiker Frederick Reines, Clyde Cowan und Maurice Goldhaber vom Brookhaven National Laboratory eine Protonenlebensdauer von mindestens 10^{22} Jahren. Und 1979 konnte Reines zusammen mit anderen Mitarbeitern diesen Wert auf »mindestens 10^{30} Jahre« hinaufsetzen. Trotz der phantastisch kleinen erwarteten Zerfallsrate der Protonen besteht nun Aussicht, nicht nur eine untere Schranke für die Lebensdauer zu ermitteln, sondern den Wert direkt zu ermitteln. Dazu bedient man sich eines Tricks: Man bringe so viel Materie wie möglich zusammen, meist gewöhnliches Wasser, und versuche, alle Protonen gleichzeitig zu beobachten. Eine Tonne Wasser enthält etwa 10^{29} einzelne Protonen. In dieser Tonne würde etwa alle zehn Jahre ein Proton zerfallen; um auf für Experimentatoren vernünftige Zerfallsereignisse pro Zeitintervall zu kommen, muß man also noch mehr Materie betrachten. In den USA werden seit 1979 Versuche in dieser Richtung geführt. Eine Gruppe von Wissenschaftlern der Universität Pennsylvania hat in der Goldmine Homestate in Südkarolina, 1 500 Meter unter der Erde, wo auch Raymond Davis ein Experiment zur Messung von Neutrinos aus der Sonne durchführt, Tanks mit 200 Tonnen Wasser aufgebaut. Eine Erweiterung auf Tanks mit 800 Tonnen Wasser mit einer verbesserten Auswertungselektronik wurde kürzlich durchgeführt. Mit ihr soll bereits eine Protonenlebensdauer von 3×10^{31} Jahre direkt meßbar werden.

Protonen sind für die Existenz der Materie »lebensnotwendig«. Auch die Gültigkeit des Pauli-Prinzips, das wesentlicher Ankerpunkt für die Stabilität der Materie ist, setzt natürlich eine hohe Lebensdauer der einzelnen Protonen und Neutronen voraus. Mit dem anthropischen Prinzip, das nach der notwendigen Voraussetzung für die Existenz des Lebens fragt, ist zu fordern, daß die Lebensdauer sehr groß ist und wenigstens einem Vielfachen des Alters des Universums entspricht.

Gleichzeitig muß damit postuliert werden, daß die superschwache Kraft heute keine Rolle mehr spielen darf, daß die fünfte Kraft also tatsächlich *super*schwach ist.

Die »Große Vereinheitlichung« repräsentiert zumindest schon einen Ansatz zur Verwirklichung von Einsteins Traum, alle Kräfte der Natur als die Ausprägungen eines einzigen (Symmetrie-)Prinzips zu verstehen. Noch hat die Gravitation nicht ihren rechten Platz im Schema dieser Theorien gefunden. Aber schon mit den jetzigen Versionen der Theorie würden damit einige Rätsel der Natur gelöst. Es würde erklärt werden, warum das Photon keine Ruhemasse hat; warum wir keine magnetischen Monopole – magnetische Gegenstücke zu den elektrischen Elementarladungen – beobachten. Diese 1938 von Paul Dirac postulierten Ladungen würde es nur bei sehr großen Energien geben können. Und eine letzte, wichtige Möglichkeit ist in der Theorie enthalten: Die Neutrinos könnten danach eine zwar kleine, aber meßbare Ruhemasse haben. Außerdem ließe sich mit der fünften Urkraft und dem Protonenzerfall im frühen Universum möglicherweise verstehen, warum wir heute eine unsymmetrische Welt vorfinden, gefüllt mit Materie und nicht auch gleichermaßen mit Antimaterie.

Vielleicht hat die Theorie von der großen Einheit der Natur bereits einen neuen Erfolg gefeiert. Im Jahr 1980 entdeckte man bei Experimenten mit Kernreaktoren Anhaltspunkte für eine Ruhemasse der Neutrinos (s. Kap. IV).

IV
Der Mensch als Maßstab für den Urknall

Modelle des Universums – Randbedingungen für das irdische Leben

Stellen wir uns vor, wir wären gottähnlichen Wesen gleich, stünden außerhalb von Raum und Zeit und würden von dieser hohen Warte aus unser Universum »als Ganzes« betrachten, es überblicken in seiner gesamten räumlichen und zeitlichen Ausdehnung, vom Urknall bis zum Endknall – oder, je nach Modell, bis in alle Ewigkeit. Nehmen wir an, wir würden das Universum überblicken wie einen Sandkasten – dessen Sandkörner Galaxien entsprächen – und seine Eigenschaften im Großen bemerken. Wären wir imstande, festzustellen, ob dieses Universum dem Leben eine Chance bietet? Könnten wir sagen, damit Leben entsteht, habe ein Universum in ganz bestimmter Weise auszusehen, und dieses besondere Universum gehöre auch dieser Sorte?

Worauf würden wir als kosmologische Allwisser achten, was würden wir ausmessen? Solange es nur um die großräumige Bewegung des Kosmos geht, sind es erstaunlich wenige Daten, die für eine vollständige Beschreibung ausreichen. Wir würden versuchen, die Werte von zwei Zahlen herauszubekommen: a) die Fluchtgeschwindigkeit benachbarter Sandkörner (Galaxien) und b) die Verlangsamung dieser Fluchtbewegung mit der kosmischen Zeit, den Verzögerungsparameter. In diesen zwei magischen Zahlen kristallisiert sich gewissermaßen unser gesamtes Wissen über die ferne und fernste Umgebung der Erde.

Unser heutiges kosmisches Weltbild ist erst in diesem Jahrhundert entstanden, obwohl kosmologisches Gedankengut schon in den frühesten Schriften der Babylonier, Ägypter, Inder und Chinesen zu finden ist. Im Gegensatz zu den mythologischen Vorstellungen dieser Frühkulturen wurde eine als wissenschaftlich zu bezeichnende Kosmologie aber erst ab dem 6. Jahrhundert v. Chr. von griechischen Philosophen entwickelt. Das moderne Bild des Kosmos begann mit einem statischen Modell eines ewigen Universums, das Einstein im Jahre 1917 vorschlug. 1922 dann veröffentlichte Alexander Friedman aus Leningrad das erste Modell eines expandierenden Kosmos. Aber erst, nachdem Edwin P. Hubble 1923 das Licht ferner Galaxien genau untersuchte, wurde die Idee der Expansion unter Wissenschaftlern hoffähig. Hubbles Messungen wiesen nach, daß Galaxien sich um so schneller von uns fortbewegen, je weiter sie von uns entfernt sind – die »Fluchtbewegung« der Galaxien war entdeckt. Diese Tatsache paßte genau mit Friedmans kosmischem Modell zusammen. Damit hatte sich etwa ab 1930 die Idee des sich ausdehnenden, des expandierenden Universums durchgesetzt. Sie gilt im Wesentlichen auch heute noch.

Trotzdem sind einige raffinierte Denkschritte erforderlich, um aus Hubbles Beobachtungen die Expansion des Weltalls zu folgern. Die kosmische Materie ist vor allem in Galaxien konzentriert, Inseln von Milliarden von Sternen. Sie bestehen typischerweise aus 100 Milliarden – also $10^{11} = 100\,000\,000\,000$ – Sternen, dazu Staub und Gas zwischen den Sternen, als große Ellipsoide oder als spiralartige Scheiben geformt. Galaxien ballen sich wiederum zu Haufen von Galaxien zusammen. Die Milchstraße – also unsere »Heimatgalaxie« – gehört zu einer »lokalen Gruppe« von 20 Galaxien, die selbst wahrscheinlich nur ein Teil des Virgo-Haufens darstellt, der selbst etwa 3 000 Galaxien enthält. Galaxienhaufen bilden die dominierende Form der Materieklumpung. Das gilt jedenfalls für das sichtbare Universum, das mit den stärksten optischen Teleskopen erfaßt wird. Zu diesem Teil des Universums zählt man rund 100 Milliarden Galaxien, im Mittel entsprechend eine Galaxie in jeder Kugel mit einem Durchmesser von zwei Millionen Lichtjahren.

Die Fluchtbewegung der Galaxien wird besonders interessant, wenn man sie in die Vergangenheit zurückverfolgt. Je früher wir in die Vergangenheit des Universums zurückgehen, desto näher müssen unweigerlich alle Galaxien beisammen gewesen sein. Entsprechend müssen zum Urknall hin Temperatur und Dichte der Materie angestiegen sein. Früher war das kosmische Medium also zweifellos heißer und dichter. Ziemlich zwangsläufig wird man so zu der Idee geführt, daß in einer sehr jungen kosmischen Epoche Strahlung und Materie ein sehr heißes Plasma gebildet haben – ein Gas also, in dem bei allen Atomen durch die große kosmische Bewegungsenergie die Elektronen von den Atomkernen getrennt waren. Ja, im Grenzfall, am Anfang der Zeit, muß es wohl einen heißen »Urknall« gegeben haben, ein Ereignis, in dem

Dichte und Temperatur und Druck bis ins nahezu Unendliche angestiegen waren. Dieses behauptet jedenfalls die Allgemeine Relativitätstheorie Albert Einsteins. Diese Explosion kosmischen Ausmaßes mußte vor etwa zwanzig Milliarden Jahren, dem Vierfachen des Erdalters, geschehen sein.

Was nun genau im Zeitpunkt Null, im Moment der »Schöpfung« geschah, ist unbekannt und wird uns für seine extremste Anfangsphase wohl auf immer verborgen bleiben. Denn wir kennen bis jetzt nicht die physikalischen Gesetze, die bei so extremen Bedingungen geherrscht haben. Leider können wir auch den Anfangszustand des Universums nicht direkt beobachten. Die heute noch anzutreffenden Strahlungsreste des Urknalls und der Bewegung der Materie verweigern uns prinzipiell jede Information über die ersten 10^{-35} Sekunden nach dem Start des Universums; und die beobachtete elektromagnetische Reststrahlung – bis jetzt das früheste kosmische Zeugnis – entstand erst 300 000 Jahre nach dem Beginn des Universums.

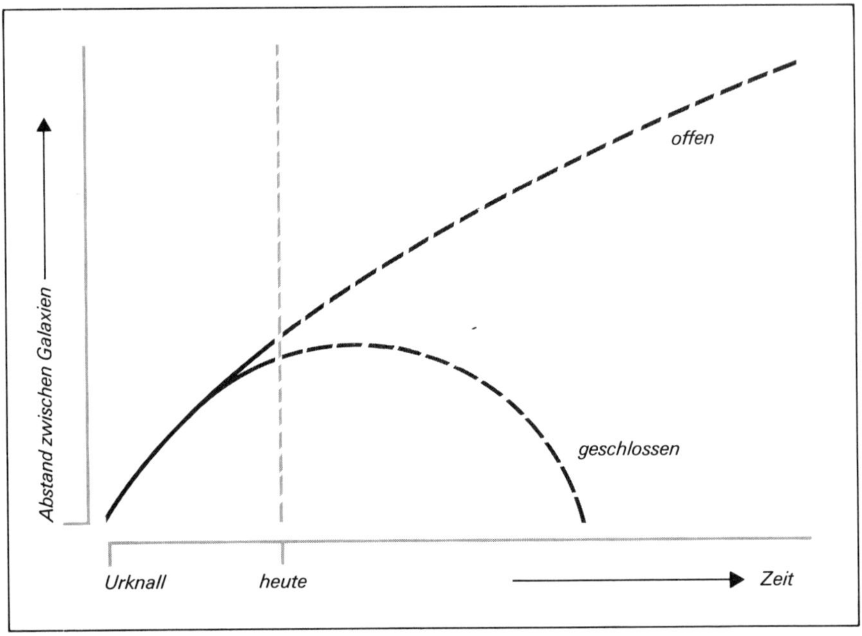

Vom genauen Wert der Ausdehnungsgeschwindigkeit des Universums hängt es ab, ob Galaxien, Sterne und damit letztlich auch Leben entstehen kann. Ungewiß ist heute noch, ob sich die Ausdehnung in alle Ewigkeit fortsetzen (obere Linie) oder einmal in eine Kontraktion umkehren wird (untere Linie).

Danach geriet es in den Wettstreit zweier Kräfte, einmal der Geschwindigkeit, mit der die Materie auseinandertreibt, und dann der Gravitation, die ständig versucht, die Expansionsbewegung zu bremsen und eventuell zur Umkehr zu zwingen. Es ist noch unbekannt, welche der beiden Kräfte einmal die Oberhand behalten wird, ob die Expansionsbewegung sich in alle Ewigkeit fortsetzt oder ob die Galaxien einmal gestoppt werden und dann wieder aufeinander zu fallen. In diesem Fall wäre die dramatische Folge ein »Endknall«, das katastrophale Gegenstück zum Urknall.

Jeder der zwei Expansionstypen legt eine ganz bestimmte »Geometrie« des Universums fest. Unendliche Ausdehnung bedeutet geometrisch, daß wir in einem »offenen« Kosmos leben, einem Weltraum mit einem unendlich großen kosmischen Volumen vom Anfang an, entsprechend einem Kosmos, der zwar einen zeitlichen Anfang, aber kein zeitliches und räumliches Ende besitzt. Eine Expansion mit Bewegungsumkehr andererseits würde durch einen »geschlossenen« Kosmos dargestellt werden, einem Raum mit einem endlichen Volumen, das sich von Null am Anfang zu einer maximalen Größe ausdehnt und dann wieder auf Null schrumpft. Welcher Fall nun in der Wirklichkeit vorliegt, ist schwer zu entscheiden, da sich die Ausdehnungsenergie und das kosmische Schwerkraftpotential ungefähr die Waage halten. Bei aller Vorsicht, mit der man voreiligen Festlegungen zu begegnen hat, scheinen die Beobachtungen seit etwa 1974 jedoch den Fall des offenen Urknalls zu unterstützen.

Das anthropische kosmologische Prinzip

Haben diese astronomischen Beobachtungen etwas mit unserem irdischen Alltag zu tun? Sind die fernen und lichtschwachen Objekte, die Strahlungsüberbleibsel aus dem Urknall von irgendeiner Bedeutung für uns? Ich will zeigen, daß auch das ferne Universum auf das irdische Leben erhebliche Einflüsse hat, die für unsere Existenz lebensnotwendig sind.

Erde und Kosmos wurden schon sehr früh in Weltbildern miteinander verknüpft – und zwar durch das, was man heute ein kosmologisches Prinzip nennt. In seiner ältesten Form rückte es Erde und Menschheit ins Zentrum von Natur und Weltraum. Und nur widerstrebend gab später die Menschheit die Idee auf, daß wir eine zentrale Rolle im Universum spielen. Zuerst gab es also das geozentrische Weltbild – die Erde als Mittelpunkt des Universums. Im Jahre 1543 behauptete Kopernikus, daß nicht die Erde, sondern die Sonne dieser Mittelpunkt sei. Auch dieser Standpunkt mußte später wieder aufgegeben werden, nachdem klar wurde, daß auch die Sonne nur ein unscheinbarer Stern am Rand einer recht durchschnittlichen Galaxie – der Milchstraße – ist und selbst die Milchstraße in einem Haufen von vielen tausend Galaxien treibt.

Aber auch die »Durchschnittlichkeit« der Erdposition bleibt letztlich eine in der Praxis unbeweisbare Annahme für die Theorie. Denn der Astronom kann sich ja nicht wesentlich von der Erde entfernen, um festzustellen, ob der Kosmos von anderer Stelle anders aussieht oder nicht. Will er astronomische Beobachtungen in ein Modell des Universums ummünzen, muß er also eine Annahme machen (s. Kap. IX). Denn er macht seine Beobachtungen nach wie vor von der speziellen Position der Erde aus. Um aber ein kosmologisches Modell zu konstruieren, muß man die Verteilung und die Eigenschaften der Materie im ganzen Universum kennen. Der Kosmologe folgt dabei der philosophischen Richtschnur, die sich schon seit den Tagen des Scholastikers Occam auch durch andere Bereiche der Naturwissenschaft zieht: Wähle das einfachste mögliche Modell, das gleichzeitig eine möglichst große Zahl von Beobachtungen erklärt.

In seiner modernen Version lautet denn auch das *kopernikanische kosmologische Prinzip*: Die Erde stellt keinen besonderen Beobachtungspunkt dar. Die Auswertung von Teleskopaufnahmen zeigt, daß Galaxien in verschiedenen Richtungen etwa gleichmäßig verteilt sind. Das bedeutet, daß im Universum, jedenfalls bei uns, keine Richtung bevorzugt ist, es also *lokal isotrop* ist. Wendet man darauf das kopernikanische Prinzip an, so soll Gleiches auch für alle anderen Beobachtungsstandpunkte gelten, nämlich: Das Universum ist isotrop auch um jeden anderen Punkt. Damit sind alle Richtungen gleichwertig und es gibt keinen bevorzugten Punkt, insbesondere kein »Zentrum«. Die letztere Eigenschaft nennt man Homogenität. Ein homogenes und isotropes Universum ist zugleich eins mit größtmöglicher räumlicher »Symmetrie« und simpelster Raumstruktur.

Widerspricht das nicht der Tatsache, daß sich alle Galaxien von uns fortbewegen? Der scheinbare Widerspruch löst sich auf, wenn wir das »Rosinenkuchenmodell« des expandierenden Kosmos betrachten. Denken wir uns einen Kuchenteig, der hübsch gleichmäßig mit Rosinen durchmischt wurde. Beim Backen geht der Kuchen auf, und alle Abstände zwischen den einzelnen Rosinen wachsen. Wenn wir uns auf

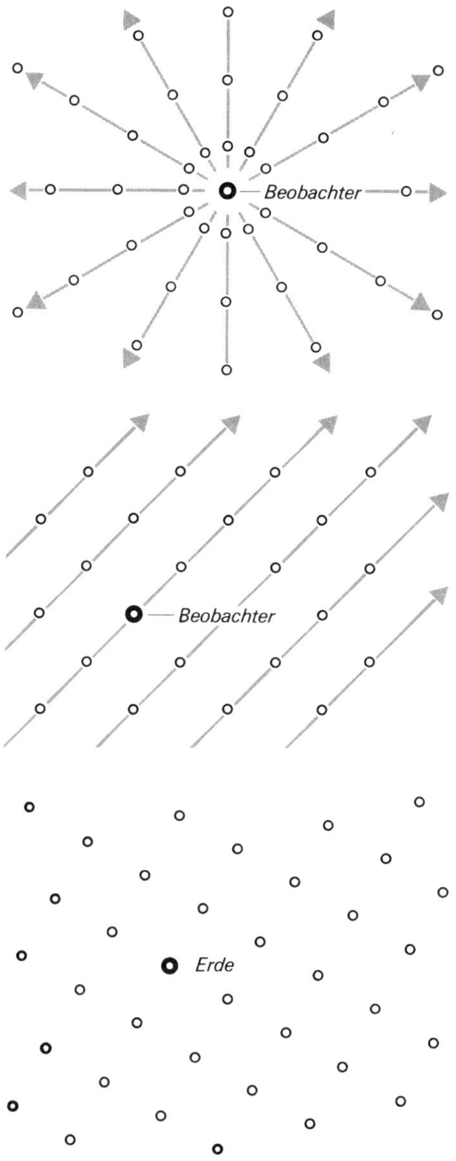

Isotropie des Raumes um einen Punkt: Vom Beobachter aus ist jede Richtung gleichberechtigt.

Homogenität des Raums: In Pfeilrichtung ist jeder Punkt gleichberechtigt.

Ein (räumlich) homogener und isotroper Raum hat kein Zentrum: Kein Punkt und keine Richtung (um jeden Punkt) sind bevorzugt.

Es wird angenommen, daß der kosmische Raum äußerst regelmäßig ist: homogen und isotrop. Schon in seinen frühesten Momenten muß der Kosmos diese Eigenschaft gehabt haben.

Der kosmische Kalender

Kosmische Zeit	Ära	Zeit vor Heute
Null	Singularität	20 Mia. Jahre
10^{-43} Sek.	Planck-Zeit	20 Mia. Jahre
10^{-6} Sek.	Hadronen-Ära	20 Mia. Jahre
1 Sek.	Leptonen-Ära	20 Mia. Jahre
1 Minute	Strahlungs-Ära	20 Mia. Jahre
1 Woche	Strahlungs-Ära	20 Mia. Jahre
10 000 Jahre	Materie-Ära	20 Mia. Jahre
300 000 Jahre	Entkopplungs-Ära	19,7 Mia. Jahre
1–2 Mia. Jahre		18–19 Mia. Jahre
3 Mia. Jahre		17 Mia. Jahre
4 Mia. Jahre		16 Mia. Jahre
4,1 Mia. Jahre		15,9 Mia. Jahre
5 Mia. Jahre		15 Mia. Jahre
10 Mia. Jahre		10 Mia. Jahre
15,2 Mia. Jahre		4,8 Mia. Jahre
15,3 Mia. Jahre		4,7 Mia. Jahre
15,4 Mia. Jahre		4,6 Mia. Jahre
15,7 Mia. Jahre		4,3 Mia. Jahre
16,1 Mia. Jahre	Archäozoikum	3,9 Mia. Jahre
17 Mia. Jahre		3 Mia. Jahre
18 Mia. Jahre	Protozoikum	2 Mia. Jahre
19 Mia. Jahre	Paläozoikum	1 Mia. Jahre
19,4 Mia. Jahre	Kambrium	600 Mio. Jahre
19,55 Mia. Jahre	Silur	450 Mio. Jahre
19,6 Mia. Jahre	Devon	400 Mio. Jahre
19,7 Mia. Jahre	Karbon	300 Mio. Jahre
19,75 Mia. Jahre	Perm	250 Mio. Jahre
19,8 Mia. Jahre	Trias	200 Mio. Jahre
19,85 Mia. Jahre	Jura	150 Mio. Jahre
19,9 Mia. Jahre	Kreide	100 Mio. Jahre
19,95 Mia. Jahre	Tertiär	50 Mio. Jahre
19,97 Mia. Jahre	Tertiär	30 Mio. Jahre
20 Mia. Jahre	Quartär	1 Mio. Jahre
20 Mia. Jahre		120 000 Jahre
20 Mia. Jahre		50 000 Jahre
20 Mia. Jahre		2 000 Jahre

Im kosmischen Kalender werden die wichtigsten Stationen im sich entwickelnden Universum auf ein Jahr zusammengezogen. Der Urknall begann somit am 1. Januar, 0 Uhr; das Heute

Ereignis	Kosmischer Kalender (20 Mia. Jahre = 1 Jahr)
Urknall	1. Januar 0 Uhr 0
Teilchenentstehung	1. Januar 0 Uhr 0
Proton-Antiproton-Vernichtung	1. Januar 0 Uhr 0
Elektron-Positron-Vernichtung	1. Januar 0 Uhr 0
Deuterium u. Helium entstehen	1. Januar 0 Uhr 0
Strahlung wurde thermalisiert	1. Januar 0 Uhr 0
Materie dominiert	1. Januar 0.15 Sek.
Universum wird durchsichtig	1. Januar 8 Min.
Erste Galaxien	Januar/Februar
Erste Galaxienhaufen	Anfang März
Unsere Protogalaxie kollabiert	März
Erste Sterne	März
Älteste Quasare, Sterne der Population II	April
Sterne der Population I	April
Unsere interstellare Mutterwolke entsteht	Oktober
Protosolarer Urnebel, Sonne	Oktober
Planetenentstehung, erster Fels	Oktober
Mondkrater	Oktober
Ältestes Erdgestein	Oktober
Erste Mikroben	November
Sauerstoff in der Erdatmosphäre	25. November
Mikroskopische Lebensformen	4. Dezember
Algen, Meerestiere	19. Dezember
Älteste Landpflanzen, erste Wirbeltiere	22. Dezember
Fische, Insekten, Urfarne Wälder, Lurche, Steinkohle	23. Dezember
Reptilien	26. Dezember
Dinosaurier, Kontinentaldrift/Erste Säugetiere	27. Dezember
Vögel	28. Dezember
Alpenfaltung	29. Dezember
Vulkanismus	30. Dezember
Primaten	31. Dezember
Homo sapiens, Mammut	31. Dezember, 23,15 Uhr
Neanderthaler	31. Dezember, 23,55 Uhr
Höhlenzeichnungen	31. Dezember, 23,58 Uhr
Christi Geburt	31. Dezember, $23^{h}\ 59^{min}\ 57^{sec}$

entspricht Silvester, 24 Uhr. Auf dieser Skala entspricht 1 Monat 1,7 Milliarden Jahren, 1 Tag entspricht etwa 50 Millionen Jahren, eine halbe Stunde entspricht 1 Million Jahren, 1 Minute ungefähr 40 000 Jahren und 1 Sekunde etwa 700 Jahren.

eine spezielle Rosine setzen, so haben wir den Eindruck, als bewegten sich alle anderen Rosinen von uns fort. Das gleiche Erlebnis hätten wir aber auch, wenn wir uns auf irgendeine andere Rosine, zu der wir getrost »Milchstraße« sagen dürfen, versetzten. In anderen Worten: Die Expansion hat kein räumliches Zentrum.

Einige Kosmologen haben das kopernikanische Prinzip noch verschärft zum *perfekten kosmologischen Prinzip.* Die Verschärfung besteht darin, zusätzlich zur räumlichen Homogenität und Isotropie auch eine zeitliche Homogenität, eine zeitliche »Invarianz« zu fordern. Danach soll es keinen ausgezeichneten Zeitpunkt, kein Anfang und kein Ende im Universum geben: Homogenität und Isotropie also zu allen Zeiten! Das schließt insbesondere einen Urknall als Anfang der Zeit aus. Modelle, die diesem verschärften Prinzip genügen, widersprechen daher den Beobachtungen, in soweit sie auf einen Urknall hinweisen. Die Idee eines in Zukunft und Vergangenheit ewigen, gleichförmigen Universums ist damit philosophischer Sperrmüll aus vergangenen Jahrhunderten. Eine Einschränkung ist jedoch zu machen: In dem Modell eines oszillierenden (pulsierenden) Universums würde der Urknall nur als (nichtsingulärer) harmloserer Zwischenknall in Erscheinung treten. Im Rahmen dieses Bildes gibt es keinen Anfang der Zeit.

Eine gegensätzliche Position bezieht das *anthropische kosmologische Prinzip.* Es ist Teil des anthropischen Prinzips, bezogen auf das Weltall. Es besagt, daß wir es in einem ganz besonderen Augenblick betrachten, daß unsere Gegenwart einen speziellen Augenblick der kosmischen Geschichte darstellt, der verschieden ist von den Zeiten davor und danach.

Im Sinne dieses Prinzips gibt es im Universum wenigstens einen ausgezeichneten Zeitpunkt, nämlich die gegenwärtige Epoche. Sie ist gekennzeichnet durch den Auftritt eines intelligenten Beobachters. Spezielle Bedingungen mußten in der Zeit davor erst bereitgestellt und vorfabriziert werden, um die Evolution des Lebens zu ermöglichen. Und wie steht es in diesem Zusammenhang zur Homogenität und Isotropie des Raums? Beide sollen weiter gelten. Denn wäre das Universum weniger ordentlich, chaotischer und irregulärer, als das Kosmologische Prinzip annimmt, dann gäbe es vermutlich kein Leben im Universum, jedenfalls wäre die Menschheit dann nicht entstanden.

Den schlagenden Beweis für die auf die Erde bezogene Isotropie (die lokale Isotropie) lieferte die Entdeckung, die 1965 Arno A. Penzias und W. Wilson von den Bell Laboratorien gelang und für die sie 1978 mit dem Nobelpreis ausgezeichnet wurden. Unvermutet waren sie damals auf elektromagnetische Mikrowellen – Radiowellen mit Wellenlängen im Millimeterbereich – nichtirdischen Ursprungs gestoßen. Diese Wellen erfüllten offensichtlich den ganzen Kosmos, sie erreichten die Erde gleichmäßig aus allen Richtungen. Präzisionsmessungen im Radiowellenbereich über den ganzen Himmel hinweg, inzwischen aber auch im Infraroten und bei anderen Wellenlängen, mit Flugzeugen, Ballons und Radioteleskopen zeigten, daß diese Strahlung isotrop ist mit einer Mindestgenauigkeit von einem Promille. In dieser Strahlung »sehen« wir gewissermaßen das letzte Verglühen des kosmischen Feuerballs. Sie gibt Nachricht vom Jahre 300 000 kosmischer Zeitrechnung, als Materie durch Expansion dünn genug und kühl genug wurde – unter 4 000 Grad kalt –, um für ihre Wärmestrahlung durchsichtig zu werden. Diese kosmische Hintergrundstrahlung ist der elektromagnetische Nachknall des (späten) Urknalls. Sie hat heute eine effektive Temperatur von 3 Grad Kelvin über dem absoluten Nullpunkt. Daß sie schon 1948 von den US-Physikern George Gamov, Ralph A. Alpher und Robert Herman vorhergesagt wurde, war 1965 weder Penzias und Wilson noch den Theoretikern in Princeton bekannt gewesen.

Warum es Nacht wird in der Nacht

Manches Kind dachte vielleicht, daß es auf der Erde Nacht wird, weil dann die Sonne auf die andere Seite der Erde scheint, und wir auf die Schattenseite geraten waren. Es wird nicht geahnt haben, wie falsch diese Erklärung war! Die richtige Antwort lautet nämlich: Nachts wird es dunkel, weil wir in einem expandierenden Universum leben, einem Universum, das mit einem Urknall begann.

George F. R. Ellis von der Universität Kapstadt brachte dies treffend zum Ausdruck: »Während Fotografien astronomischer Objekte viele beeindruckende Phänomene festhalten, so ist doch deren wichtigste Eigenschaft die Tatsache, daß zwischen den Abbildungen von Galaxien, quasistellaren Objekten und anderen dramatischen Dingen *der Himmel dunkel ist.*«

Daß hier ein Problem liegt, hatte vielleicht schon Johannes Kepler erkannt. Im Jahre 1610 schrieb er: »Wenn es wahr ist, daß sie [die Sterne] auch Sonnen sind von ähnlicher Natur wie unsere Sonne, warum übertreffen sie dann nicht alle zusammen die Sonne an Helligkeit?« Er wunderte sich also, daß es nachts nicht ebenso hell war wie am Tage. Eine simple Überlegung scheint dies zu bestätigen. Im einfachsten Modell des Universums ist die Erde gleichmäßig von Sternen umgeben. Legt man um die Erde Kugelschalen gleicher Stärke, dann wächst die Zahl der Sterne in jeder aufeinanderfolgenden Schale wegen des Anwachsens der Kugelfläche mit dem Quadrat des Abstands zur Erde. Gleichzeitig sinkt aber die Intensität des Sternlichts mit dem Quadrat des Abstandes; zusammengenommen heben sich also beide Effekte auf. Die Erde empfängt daher von jeder Schale gleichviel Sternenlicht, unabhängig von ihrer Entfernung! Addiert man nun das Sternlicht aller Schalen auf, so müßte es – in einem unendlichen Kosmos mit unendlich vielen Schalen – auf der Erde theoretisch unendlich hell sein, und zwar bei Tag wie bei Nacht! Bei dieser Überlegung ist freilich noch nicht berücksichtigt, daß ein Teil des Sternlichts von anderen Sternen wieder abgeschirmt wird. Stellt man auch das noch in Rechnung, dann würden alle Sehlinien in jeder Himmelsrichtung irgendwann einmal auf einen Stern oder eine Galaxie stoßen. Deren

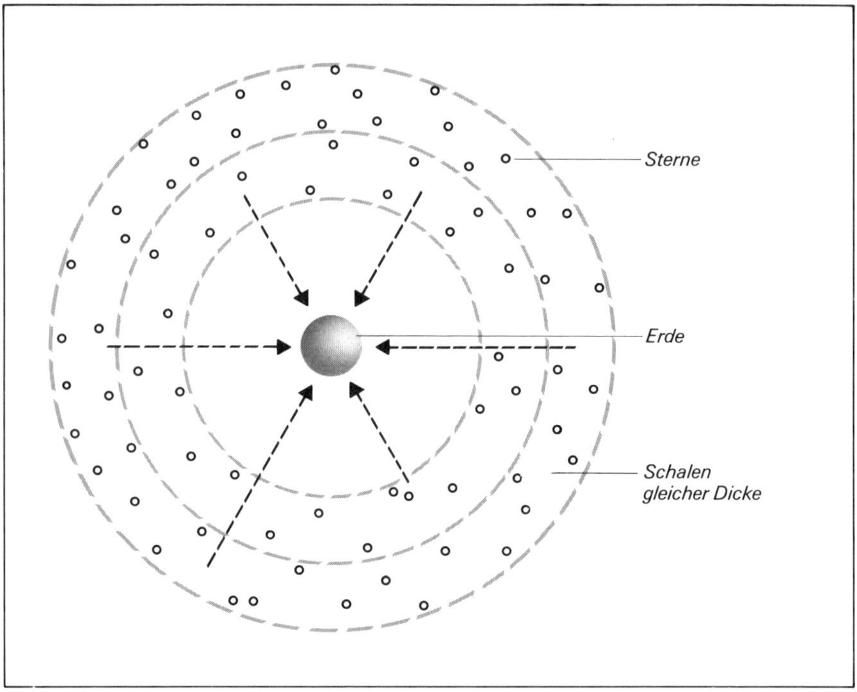

Olbers Paradox in einem unendlichen Universum. Von jeder Sternenschale dringt gleich viel Licht zur Erde; im Grenzfall sollte der Nachthimmel so hell wie der Tag sein. Für die Existenz des Lebens war es auch notwendig, daß es nachts dunkel wird.

Oberfläche wäre aber genauso hell wie unsere Sonne. In diesem Modell sollte der Nachthimmel, wenn schon nicht unendlich hell, so doch wenigstens so hell wie der sonnenlichte Tag sein. Kein Wunder, daß schon Kepler sich wunderte!

Das Problem der einerseits selbstverständlichen, andererseits rätselhaften Dunkelheit des Nachthimmels wurde nach dem deutschen Astronom Heinrich Olbers auch das Olbersche Paradox genannt. Olbers war mit dieser, 1823 angestellten Überlegung allerdings nicht der erste, der sich mit dem Problem befaßte. Schon 1720 hatte der britische Astronom Edmond Halley und 1744 der Schweizer Astronom Jean-Phillip Loys de Cheseaux Lösungen vorgeschlagen, die, wie auch die Lösung Olbers, alle falsch waren. Sie alle hatten gemeint, daß der Nachthimmel dunkel sei, weil interstellares Gas und Staub die Lichtstrahlen ferner Sterne absorbierten. Diese Idee von Cheseaux und Olbers kann jedoch das Phänomen nicht erklären – wie 1848 der Astronom John Herschel bemerkte, aus dem einfachen Grund, weil sich das absorbierende Gas selbst aufheizen und schließlich genausoviel Strahlung abgeben würde wie es absorbiert.

Im expandierenden Kosmos verschwindet das »Paradox«. Einmal erscheint uns das Licht ferner Sterne und Galaxien rotverschoben schwächer, wenn sie sich von uns fortbewegen, und deshalb schwächer in seiner Energie. Zum anderen hat das Universum einen endlichen Anfang, und Sterne haben nur eine endliche Lebensdauer; ab einer gewissen Entfernung (= Vergangenheit) gibt es dann einfach keine Galaxien mehr. Außerdem wurde das Universum von vornherein mit relativ wenig Strahlung geboren. Zusammengenommen führen diese Tatsachen dazu, daß nachts nur wenig Strahlung die Erde erreicht und uns der Himmel deshalb dunkel erscheint. (Vor dem Umkehrschluß ist jedoch zu warnen: Aus der Dunkelheit bei Nacht *allein* folgen noch nicht Urknall und expandierendes Weltall!) »Der dunkle Nachthimmel ist eine Folge spezieller Bedingungen am Anfang der Welt.« (Ellis)

Wenn es Tag bliebe in der Nacht ...

Je langsamer das Universum expandieren würde, desto höher wäre die Helligkeit des Nachthimmels. Nicht nur die Helligkeit des Sternenlichts, auch die Temperatur der kosmischen Hintergrundstrahlung – Temperatur heute: drei Grad Kelvin – wäre dann höher. In der Rekontraktionsphase eines geschlossenen Universums würden das Licht der Sterne und die Temperatur in ihrer Intensität ständig steigen. In der Spätphase eines kosmischen Kollaps würde dadurch irgendwann einmal jedes Leben auf der Erde ausgelöscht.

Das führt auf eine naheliegende Frage: Wie heiß und wie hell dürfte denn der Nachthimmel und damit der kosmische Strahlungshintergrund vor vier Milliarden Jahren maximal gewesen sein, um nicht die Entwicklung des Lebens auf der Erde zu verhindern? Man könnte sich wohl vorstellen, daß ein hellerer Nachthimmel einen zwar gelegentlich um die Nachtruhe bringt, daß man aber doch auch damit leben könnte. Daß dies nicht so ist, zeigt die folgende Überlegung. Thermodynamisch betrachtet, existiert das Leben auf der Erde auf einem »Abhang«, an dem (freie) Energie »herabfließt« und zu unverwertbarer Wärme verbraucht wieder abgegeben wird. Am oberen Ende des Abhangs sitzt die Sonne und liefert diese Energie, am unteren Ende wartet gewissermaßen der dunkle Weltraum, um die Abfallwärme aufzunehmen. Leben stellt einen metastabilen Zustand eines Nichtgleichgewichtes dar. Die Erde empfängt von der Sonne Strahlung, die bei einer Temperatur von 6 000 Grad an der Sonnenoberfläche abgegeben wird. Deren Energie treibt alle irdischen Prozesse: Wetter, Klima, Photosynthese der Pflanzen usw. Nach Gebrauch wird die Restenergie als Abfallwärme bei Zimmertemperatur (20 bis 30 Grad Celsius) als Infrarotlicht in den Weltraum zurückgestrahlt. Hochwertige Energie erreicht uns von der Sonne, niederwertige Energie geben wir dem All zurück.

Das große Temperaturgefälle zwischen Sonne und dem übrigen Himmel ist Voraussetzung und ständige Antriebsfeder für das Funktionieren der irdischen Biosphäre. Genau genommen ist es der Temperaturunterschied zwischen der Sonne und dem restlichen Himmel, soweit er nicht von der Sonne bedeckt wird; das heißt, sowohl der Nacht- als auch der Taghimmel dienen als Abfallgrube für unsere Abfallwärme. Dieser Wärmedurchfluß kennzeichnet das Nichtgleichgewicht, das unser Leben in Gang hält. Würde der Nachthimmel mit der Helligkeit der Sonne leuchten, so wäre auch die Erdoberfläche im Laufe der Zeit auf etwa 6 000 Grad aufgeheizt worden. Statt eines Temperaturgefälles herrschte dann auf der Erdoberfläche ein thermisches Gleichgewicht; es würde genau so viel Wärme ins All abgestrahlt wie von Sonne und Weltraum aufgefangen. Unter diesen Umständen könnte Leben niemals entstehen. Die Situation hätte eine weitere drastische Konsequenz, und zwar für die Sterne selbst: In einem kosmischen »Wärmebad«, das so heiß wäre wie die Oberfläche der Sterne selbst, würden sogar die Sterne nach einiger Zeit verdampfen oder explodieren. Sie würden sich auflösen und in dem heißen kosmischen Gas verlorengehen.

Der Temperaturunterschied zwischen Sonne und dem Rest des Universums muß also eine gewisse Mindestspanne haben. »Die Erde wäre noch ein toter Planet, wenn die Temperatur das Nachthimmels nur 300 Grad Kelvin [30 Grad Celsius] wäre«, schreibt Ellis. Sterne würden bei dieser Temperatur zwar noch nicht »verdampfen«, denn das kosmische Schwitzbad wäre für sie noch kühl genug, aber der Motor des Temperaturgefälles würde zu wenig »freie Energie« in die Erde pumpen. Das expandierende Universum mit endlicher Vergangenheit sorgt also dafür, daß auf der Erde ein lokales Nichtgleichgewicht aufrechterhalten werden kann. Kurz: *Es folgt aus dem anthropischen Prinzip auch, daß es nachts dunkel werden muß!* Diese Bedingung würde auch die Lebensdauer eines geschlossenen Universums einschränken. In ihm würde die Temperatur des kosmischen Hintergrunds im Augenblick maximaler Expansion auf ihren tiefsten Wert sinken. Je kürzer die Expansionszeit, um so größer wäre auch dieser Tiefstwert. Damit dieser bis in den Bereich um den absoluten Nullpunkt, auf wenige Grad Kelvin, abrutschen kann, müßte also auch ein geschlossener Kosmos eine Lebensspanne von insgesamt wenigstens dreißig Milliarden Jahren erreichen.

Die Reste des Urknalls

Der Kosmos greift durch seine reichweitigen Kräfte und durch seine allgegenwärtige Strahlung direkt und dauernd in die irdischen Geschicke ein, ermöglicht und steuert in gewissem Maße die Evolution des Lebens auf der Erde. Auch für die kosmische Mikrophysik stimmt das, nämlich für die chemischen Elemente, die im Urknall mitgeformt werden.

Der Gang zurück in die früheste Geschichte des Universums gleicht in gewisser Weise einem Gang durch die jüngste Geschichte der Elementarteilchenphysik. Je mehr wir uns dem kosmischen Anfang annähern, desto heißer (energiereicher) und dichter wird das Universum. Auch die Teilchenphysik ist in den letzten Jahren zu höheren Energien fortgeschritten und hat dabei neue Partikeln entdeckt. In den großen Beschleunigern werden gewisse Prozesse nachgeahmt, die sich auch in den ersten Momenten des Urknalls abgespielt haben.

Je weiter wir mit Theorie und Experiment zum Anfang vorstoßen, desto kleiner wird der Bereich, den ein hypothetischer Beobachter erfassen könnte. Das zu jedem Zeitpunkt, von einem bestimmten Standort aus beobachtbare Universum umfaßt einen Bereich, der so groß ist wie die Entfernung, die das Licht in der Zeit seit dem Urknall zurücklegen konnte. Die Grenzen in der Beschreibung des Urknalls werden dort gezogen, wo Heisenbergs Unschärferelation und die Quantenmechanik die Begriffe von Raum und Zeit sinnlos machen, das heißt, wo auch Einsteins Gravitationstheorie als Theorie ungültig wird. Dieser Grenzbereich ist zeitlich durch die sogenannte Planck-Zeit gegeben, 10^{-44} Sekunden nach dem Urknall. Die Dichte der Materie zu diesem Zeitpunkt hat noch einen phantastisch hohen Wert: in einem Kubikzentimeter wären 10^{33} Gramm, komprimiert bei einer unvorstellbaren Temperatur von 10^{31} Grad.

Diese Zustände charakterisieren den frühesten Moment nach dem Urknall, über den wir noch »vernünftig« reden können; er ist deshalb für uns in Rahmen des naturwissenschaftlichen Verständnisses der »Anfang der Welt«. Damals war das verwirklicht, was Physiker aus ihren Großen Vereinheitlichten Theorien herauslesen: Alle Kräfte der Natur waren gleichberechtigt und gleich stark. Die Teilchen in dem fast unendlich heißen Strahlungsbad entstanden und vergingen ständig. Jedoch rasche Expansion brachte auch rasche Abkühlung und immer mehr Teilchen – zuerst die schweren, dann die leichten – »froren« aus, entstanden und wurden aber nicht mehr vernichtet, wurden also stabil, da nicht mehr durch energiereiche Photonen (Gamma-Quanten) zerstörbar. Noch innerhalb der ersten Millisekunde entstanden *Gravitationswellen* bzw. Gravitonen. Ähnlich wie die Photonen, die heute die kosmische Hintergrundstrahlung ausmachen, sollte es auch eine kosmische Hintergrundstrahlung von Gravitationswellen geben. Nach Modellberechnungen sollte sie eine Temperatur um 1 Grad Kelvin und eine Wellenlänge um einen Millimeter haben. Sie zu entdecken, wird noch schwerer sein als die Schwerewellen, die von Supernova-Detonationen oder Doppelsternen ausgestrahlt werden. Mit dem direkten Nachweis von Gravitationswellen durch Detektoren, die gegenwärtig noch entwickelt werden, wird frühestens gegen Ende der achtziger Jahre gerechnet. Vom Standpunkt des anthropischen Prinzips aus betrachtet, ist die »Schwäche« der Gravitationswellen aber ihre »Stärke«. Denn selbst wenn alle anderen Voraussetzungen im Kosmos gegeben waren, die das Leben zu seiner Entstehung benötigte, so mußte die »Insel Erde« auch später vom Rest des Universums im interstellaren Spiel chaotischer Gravitationskräfte soweit wie möglich in Ruhe gelassen werden. Eine konstante Kreisbahn um die Sonne war dabei die wichtigste Entwicklungshilfe der Schwerkraft an das Leben auf der Erde. Auch bei den Strahleneinflüssen war und ist kosmisches Wohlverhalten nötig. Die Stärke aller Arten von Strahlen, die gegenwärtig auf die Erde treffen, mußte beschränkt bleiben; das betrifft die kosmische Strahlung, die Röntgen- und Gammastrahlen – und eben auch die Gravitationswellen aus dem Urknall. Wären sie um viele Größenordnungen stärker, würden sie das Leben auf der Erde zumindest recht ungemütlich gestalten, wenn nicht gar seine Entstehung vereiteln. Es wäre, als lebten wir in einer Zone andauernder Erdbeben. Es wäre lebensgefährlich in oder in der Nähe von Gebäuden zu leben, sofern sie sich überhaupt erbauen ließen. Auch Wissenschaft könnte man nicht betreiben. Schwere Körper würden morgen an einem anderen Platz stehen, und ihre Bewegung ließe sich nicht vorhersagen. Die Naturgesetze ließen sich nicht erforschen, jedes Laboratorium würde sich ständig verändern und Experimente unmöglich machen. Schließlich wären sogar so starke Gravitationswellen vorstellbar, daß sie die Erde selbst auseinanderbrächen. Die Tatsache, daß wir zuverlässig die Bewegung der Erde mit den von uns erforschten Naturgesetzen vorhersagen kön-

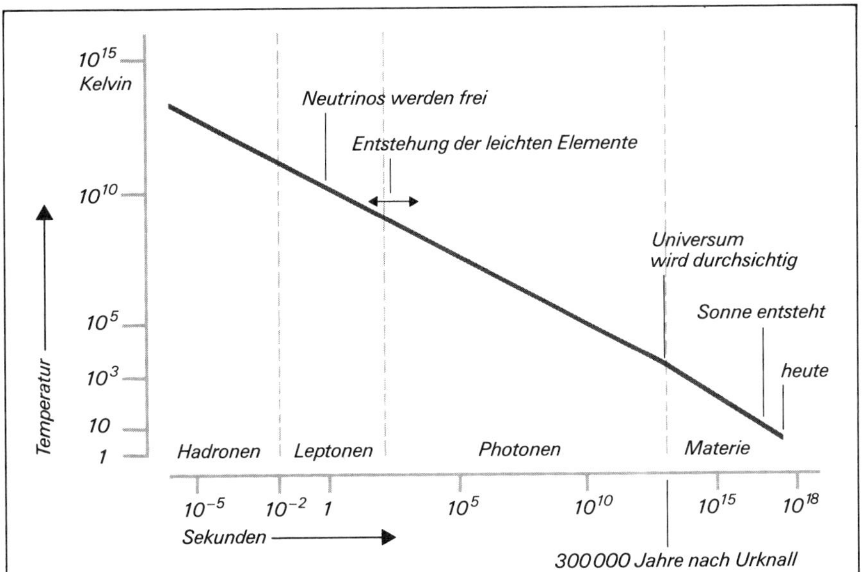

Das Schicksal des Kosmos vom Urknall bis zur Gegenwart, betrachtet anhand seiner Temperaturkurve.

nen, zeigt jedoch, daß uns der Urknall mit seinen Gravitationswellen im kosmischen Hintergrund nicht stört – eine Folge der Gravitationskräfte und der speziellen physikalischen Bedingungen im jungen Universum.

In der ersten Millisekunde des Universums mußte auch eine heiße Suppe aus Quarks und Anti-Quarks gekocht haben. Das sagt jedenfalls die Quarktheorie voraus (s. Kap. III). Bei Temperaturen von etwa 10 000 Milliarden (10^{13}) Grad Kelvin bildeten sich solche Quarks paarweise und vernichteten sich auch gleich wieder. Bei tieferen Temperaturen, abgekühlt durch die kosmische Expansion, entstanden dann keine neuen Quark-Paare mehr, und die verbliebenen vernichteten sich größtenteils gegenseitig. Übrig bleibt ein kleiner Rest *primordialer* Quarks, die so dünn gesät sind, daß sie sich nicht mehr gegenseitig zerstören. Diese direkt aufzuspüren und zu beobachten, wäre ein weiterer Erfolg für die Theorien von Urknall und Elementarteilchen. Versuche dazu werden seit längerer Zeit im kalifornischen Stanford betrieben. Erst im Frühjahr 1981 behauptete der dortige Experimentator Fairbanks, Teilchen mit Bruchteilen der Elementarladung nachgewiesen zu haben. Die primordialen Quarks unterschieden sich von denen, die in Beschleunigerexperimenten bis jetzt nur indirekt ausgemacht werden, dadurch, daß sie »frei« wären, also nicht in einem Neutron oder Proton scheinbar unauflöslich aneinandergeschweißt.

Die Kernkraft zwischen Quarks gleicht, wie im Kapitel III beschrieben, einem Gummiband, das bei kleinem Quark-Abstand schlaff, bei größerem Quark-Abstand aber straffer wird. Da Kernkräfte aber insgesamt nur über eine kurze Distanz von 10^{-13} wirken, ist es immerhin vorstellbar, daß über größere Entfernung gewissermaßen das Gummiband der Quark-Kraft zerreißt und die Quarks ungebunden, unabhängig voneinander auftreten. Auf der Grundlage dieser These hat man abgeschätzt, daß auf eine Milliarde Wasserstoffatome ein primordiales freies Quark anzutreffen sein müßte. Das entspricht der Häufigkeit von Gold unter den kosmischen Elementen. Nachforschungen im Seewasser ergaben jedoch nur eine obere Grenze von höchstens einem Quark auf 10^{20} Wasserstoffatome. Das könnte Zweifel am gängigen Urknallmodell hervorrufen. War es im Urknall vielleicht niemals 10^{13} Grad Kelvin heiß? Wo da der »Schwarze Peter« liegt, wird zukünftige Forschung zu klären haben.

Drittes, mögliches Überbleibsel der ersten Millisekunde: *Mini-Schwarze-Löcher.* Unter den Bedingungen heißer und dichter Materie und Strahlung könnten kleine Schwankungen in ihrer Konzentration rasch dazu führen, daß in kleineren Raumgebieten Millionen Tonnen der Masse und Energie stark komprimiert werden. Durch die eigene Schwerkraft des komprimierten Gebiets würde die Masse dann kollabieren und ein kleines – nicht mal millimetergroßes – Objekt schaffen, aus dem nicht mal ein Lichtstrahl mehr entweichen könnte. Ein kleines Schwarzes Loch wäre entstanden, gewissermaßen ein kleines Universum für sich selbst, da uns aus diesem Objekt keine Information mehr erreichen kann.

Nach einer Theorie von Stephen Hawking, Theoretiker in Cambridge, können diese Mini-Schwarzen-Löcher aber wieder »verdampfen«. Der Grund: Die Schwerkraft nahe der Oberfläche dieser Objekte ist so stark, daß sie Teilchen und Antiteilchen hervorbringt, die dem Schwarzen Loch Energie und Masse entziehen. Der Verdampfungsprozeß wird mit abnehmender Masse effektiver. Je kleiner, desto schneller würde es schrumpfen, sich dabei »aufheizen« und schließlich in einem explosiven Ausbruch von Gammastrahlen explodieren. Deshalb wären zumindest die kleinsten dieser *primordialen* Schwarzen Löcher bald wieder aus der kosmischen Arena verschwunden. Ein Loch mit der Masse von nur einer Million Tonnen wäre schon nach dreißig Jahren verdampft, ein Loch mit einer Milliarde Tonnen würde immerhin dreihundert Millionen Jahre aushalten. Die meisten der aus dem Urknall stammenden Mini-Schwarzen-Löcher wären heute also schon verschwunden; nur solche mit mehr als 4 Milliarden Tonnen – der Masse eines kleinen Berges – hätten bis heute überdauert. Nach ihrem letzten Aufleuchten halten die Astronomen Ausschau.

Wie viele Mini-Schwarze-Löcher der Urknall hervorbringt, hängt direkt davon ab, wie irregulär, wie chaotisch das Universum war. Denn je unregelmäßiger die Dichte verteilt war, desto leichter konnte Materie in einzelnen Bereichen kollabieren. Mit dem anthropischen Prinzip läßt sich aber, wie wir noch sehen werden, fordern, daß das Universum sehr symmetrisch – homogen und isotrop – bis nahe an dem Urknall gewesen sein mußte, denn sonst hätte es u. a. vermutlich keine Galaxien gegeben, in denen später die Sterne entstanden.

Wasserstoff und Helium: Rohstoff der Sterne

Im Urknall wurden die Rohbausteine für diejenigen chemischen Elemente gefertigt, aus denen sich viel später das Leben entwickeln konnte. Wie bei einem guten Kochrezept kam es dabei aber genau darauf an, in welchen Mengen die Zutaten dafür bereitgestellt wurden. Der Urknall brachte in seinen ersten Minuten selbst nur die leichtesten aller Elemente hervor: Wasserstoff (mit einem Proton im Kern) und die schwereren Wasserstoffisotope Deuterium und Helium. Deuterium – sein Atomkern enthält ein Proton und ein Neutron – ist dabei relativ recht selten; unter 10 000 Wasserstoffatomen findet sich im Schnitt nur ein Deuteriumatom. Im Gegensatz zu anderen Elementen mußte die beobachtete Deuteriummenge bereits im Urknall entstanden sein. In den heißen Kernverschmelzungsöfen im Innern der Sterne wäre dieses zerbrechliche Element gleich wieder zerstört worden. Deswegen ist Deuterium auch ein feiner Prüfstein für einige Vorgänge im Urknall und deren Auswirkungen auf unsere heutige Existenz. Deuterium stellt zudem eine Zwischenstufe dar bei der Kernverschmelzung vom Wasserstoff zum Helium. Beim Urknall wurde rund ein Viertel allen Wasserstoffs in Helium umgewandelt. Wie kam es dazu?

Versetzen wir uns nochmals an das Ende der ersten kosmischen Millisekunde. Die Ära der Kernkräfte, die »Hadronenära«, war gerade zu Ende, die schwersten Elementarteilchen hatten sich paarweise gegenseitig vernichtet, bis auf einen kleinen Rest, den die Expansion so weit verdünnte, daß sie nicht mehr miteinander in Berührung geraten konnten. Außerdem gab es Neutrinos, die über die schwache Kernkraft mit den Protonen, Elektronen und Positronen reagierten. In dieser auch Leptonära genannten Phase entstanden ganz bestimmte Mengen von Neutronen und Protonen. Die Temperatur betrug am Ende der ersten Sekunde 10 Milliarden (10^{10}) Grad Kelvin. Freie Protonen und Neutronen trieben im kosmischen Gas. Jetzt »eilte« die Zeit, denn freie Neutronen zerfallen nach 15 Minuten. Zu diesem Zeitpunkt war es aber noch zu heiß, die Neutronen hatten noch zuviel Energie, um schon stabile Atomkerne zu formen. Das geschah nach etwa einer Minute, da setzten die ersten kosmischen Kernverschmelzungen ein. Die Temperatur war zu diesem Zeitpunkt um den Faktor 10 auf 1 Milliarde Grad Kelvin abgesunken. Protonen fingen die Neutronen ein, Deuterium bildete sich, und durch den Einfang eines weiteren Neutron entstand auch das instabile Wasserstoffisotop Tritium. Die Tritiumkerne reagierten noch einmal mit den Protonen und wandelten sich zu Helium. Fast alle der vorhandenen freien Neutronen wurden so für Heliumkerne aufgebraucht. Das kosmische Gas hatte neben Wasserstoff schließlich 27 Prozent Helium angereichert. Der Urknall hatte das Helium hervorgebracht. In diesem Augenblick hatte sich das Universum bereits so weit abgekühlt, daß eine Kernverschmelzung zu schwereren Elementen nicht mehr stattfinden konnte. Diese blieben damit den Sternen überlassen.

Welche Rolle spielt das anthropische Prinzip in diesem Bild der kosmischen Elemententstehung? Die Anzahl der am Ende der Reaktionskette produzierten Heliumatome wird vor allem durch die Gastemperatur bestimmt. Von der Temperatur hängt schon vorher ab, wie viele Protonen und Neutronen am Ende der Leptonära »ausfrieren«. Zum »Ausfrieren« kommt es, wenn die kosmische Temperatur unter die typische Reaktionstemperatur sinkt. Das Abkühltempo wird aber direkt durch die Geschwindigkeit der kosmischen Expansion festgelegt.

So konkurrierten zwei Vorgänge miteinander – die kosmische Expansion kühlte das Universum ab und bestimmte damit die Länge des Zeitintervalls, in dem, von der Temperatur her, eine bestimmte Teilchenreaktion möglich war. Da die Expansionsgeschwindigkeit durch die Schwerkraft reguliert wird, legt sie auch diese Reaktionszeitintervalle fest. Je stärker die Gravitation, desto rascher die Expansion und desto kürzer so ein Reaktionsintervall. Wie viele Reaktionen innerhalb der Reaktionszeit stattfinden konnten, hängt andererseits von der Stärke der schwachen Kernkraft ab. Je stärker sie ist, desto mehr Protonen reagieren mit den Elektronen und Neutrinos und verwandeln sie zu Neutronen. Zusätzlich hing die Zahl der möglichen Reaktionen natürlich auch noch von der Teilchendichte in jedem Raumpunkt ab.

Reaktionsgeschwindigkeit und Abkühlungsrate mußten also in einem genauen Verhältnis stehen, um schließlich die beobachtete Häufigkeit an Wasserstoff, Deuterium und Helium hervorzubringen. Folgerung: Auch schwache Kernkraft und Gravitationskraft hatten sich so zueinander zu verhalten, daß der Heliumanteil 30 Prozent nicht überstieg: nämlich wie (Alpha-W) $\approx$ (Alpha-G)^4.

Betrachten wir Abweichungen von dieser Beziehung. Wären etwa *alle* Wasserstoffprotonen zu Helium verbraucht worden, was bei (Alpha-W) größer als (Alpha-G)^4 der Fall wäre, würde es kein Wasser geben. Ohne Wasser als chemisches Lösungsmittel hätte aber jedenfalls unsere Art des Lebens nicht entstehen können. Dies wäre eingetreten, wenn die Gravitation schwächer oder die schwache Kernkraft stärker gewesen wäre. Das Universum wäre dann für die gegebene Reaktionsrate zu langsam expandiert, es hätte somit mehr Neutronen und damit mehr Helium gegeben. Weitere Folge: Es hätten sich Sterne nur aus Heliumgas formieren können, die bekanntlich eine wesentlich kürzere Lebensdauer haben als wasserstoffbrennende Sterne wie die Sonne – zu kurz vielleicht für die Evolution intelligenter Wesen. Diese beanspricht wenigstens mehrere Milliarden Jahre, selbst wenn Wasser durch ein gleichwertiges Lösungsmittel ersetzbar wäre (s. Kap. VIII).

Auch im umgekehrten Fall wäre die Entwicklung relativ trostlos verlaufen. Wäre die Gravitation stärker gewesen – (Alpha-W) kleiner als $(\text{Alpha-G})^4$ –, hätte das Universum sich zu schnell ausgedehnt. Als Folge hätte es weniger Neutronen gegeben, und diese hätten wiederum – im Zuge der raschen Expansion – noch weniger Zeit gefunden, um zu Heliumkernen zu fusionieren. Sie wären als freie Neutronen zerfallen, und es hätte kaum Helium gegeben. Ob unter dieser Bedingung – kein oder sehr wenig kosmisches Helium – schon die Existenz des Lebens vereitelt worden wäre, ist nicht so klar wie bei der ersten Alternative. Dazu wissen wir zu wenig über diese Alternative. Solange das so ist, kann hier auch das anthropische Prinzip keine schnelle Antwort geben.

Die Masse des Neutrinos

Die kosmischen Vorkommen von Wasserstoff, Deuterium und Helium stellen offenbar eine sensitive »Schraube« dar, an der sich nur relativ wenig »drehen« läßt, ohne die biologische Evolution in Frage zu stellen. Entsprechend empfindlich werden die Stärken der Fundamentalkonstanten – absolut jede für sich und relativ zueinander – eingeschränkt, die am Zustandekommen dieser Elemente beteiligt waren. Ähnliches trifft auch für die Neutrinos zu, jene Teilchen aus der Leptonfamilie, deren Masse bis 1980 noch für »wahrscheinlich Null« gehalten wurde. Eine von Null unterschiedliche Neutrinomasse hätte beträchtliche kosmologische und anthropische Folgen. Sie hat unmittelbaren Einfluß auf die Masse im Universum. Denn sehr viele Neutrinos sollten im Urknall mitentstanden sein, pro Baryon etwa 250 Millionen. Das entspricht einem Viertel der im Kosmos vorhandenen Photonen. Insgesamt sollten also etwa 10^{88} Neutrinos vorhanden sein. Selbst eine sehr kleine Neutrinomasse würde bei dieser großen Zahl die Masse im Kosmos erheblich vergrößern. Außerdem wäre dann auch die Materie in der Leptonenära dichter als bisher angenommen – es gäbe dann mehr Neutronen und damit mehr Helium. Und schließlich könnte durch eine Neutrinomasse die Masse im Universum so groß werden, daß es nicht offen, sondern geschlossen wäre und damit einmal rekollabieren würde. Also auch die Frage der »fehlenden Materie« ist dadurch angesprochen. Das Problem der »fehlenden Materie« ist schon alt: Im Universum sehen die Astronomen weniger Materie, als »eigentlich« da sein müßte. Dabei stützte man sich auf folgendes Argument. Die meisten Arten von Materie machen sich durch irgendeine Form von Strahlung bemerkbar, von Radiowellen über Infrarot, sichtbares Licht, UV zu Röntgenstrahlen. Da man ungefähr weiß, von welchen Objekten – meist Sternen – die Strahlung ausgeht, läßt sich Strahlungsstärke in Materiemengen umrechnen.

Nun kann man aber die vorhandene Masse auch noch anders bestimmen – jedenfalls in Systemen, die von der Schwerkraft zusammengehalten werden, den sogenannten »gravitativ gebundenen« Systemen: Doppelsterne, Galaxien oder Haufen von Galaxien. Bei den Galaxienhaufen tritt das Problem am stärksten auf. Diese enthalten in der Regel einige tausend Einzelgalaxien, alle in ungeordneter Bewegung relativ zueinander. Diese Eigenbewegung hätte – über kosmische Zeiträume – die Haufen schon längst auseinandergetrieben, würden sie nicht von der Schwerkraft aller im Haufen enthaltenen Körper zusammengehalten. Ein Vergleich beider Methoden der Massenbestimmung zeigte jedoch: Höchstens 10 oder 20 Prozent der gravitativ gebundenen Materie sind auch als Sternmaterie in Galaxienhaufen optisch sichtbar. Um selbst die Expansion des Universums aufzuhalten (und statt eines ewig expandierenden einen rekollabierenden Kosmos zu schaffen), fehlt nach jetzigen Schätzungen sogar ein Faktor 50.

Das Dilemma läßt sich gleichermaßen als das Problem »der fehlenden Materie« oder »der fehlenden Strahlung« umschreiben. Über den mysteriösen unsichtbaren Rest wurde viel spekuliert. Kalte, intergalaktische Gaswolken, aber auch Schwarze Löcher – unter ihrem eigenen Gewicht zusammengebrochene Sternreste – wurden bemüht. Diese Objekte können im Prinzip viel Masse enthalten, ohne daß sie sich durch optische Strahlung bemerkbar machen muß. Licht in diese dunkle Ecke der Kosmologie kam 1980 aus unerwarteter Richtung, nämlich von der Physik der Neutrinos.

Die Elementarteilchen Neutrinos verdienen ihren Namen, »die kleinen Neutralen«, zu Recht: Als Teilchen ohne Ladung, ohne magnetisches Moment und – wie bisher angenommen – ohne Masse können sie mit Lichtgeschwindigkeit Lichtjahre dicke Bleiwände ungehemmt durchdringen, ohne »anzustoßen«. So jedenfalls dachte sich in den dreißiger Jahren der Theoretiker Wolfgang Pauli die Eigenschaften dieses Teilchenexoten, als er zur Erklärung des Betazerfalls darauf gebracht wurde, die Existenz des Neutrinos zu postulieren. Experimentell nachgewiesen wurde es erst 1956 mit dem Kernreaktor in Savannah River (Georgia/USA).

Seither hat das Neutrino gewissermaßen eine gespaltene Persönlichkeit angenommen und an Gewicht zugenommen. Aufgrund der Quark- und Leptonentheorie glaubt man an drei Sorten von Neutrinos: die Elektronenneutrinos, die Müonenneutrinos und die Tauneutrinos. Außerdem weisen im Jahre 1980 Experimente darauf hin, daß das Neutrino doch eine kleine Masse haben könnte und sich in eine der anderen Neutrinoarten umwandeln – »oszillieren« – könne.

Ende April 1980 verkündeten drei Physiker der Universität von Kalifornien in Irvine, Fred Reines, Henry W. Sobel und Elaine Pasierb, sie hätten nachgewiesen, daß Elektron-(Anti-)Neutrinos auf dem Wege vom Herzen des Savannah Reaktors zu einem 11,2 Meter entfernten Detektor ihren Typ geändert hätten. Ihr Experiment lasse damit auf eine Mindestmasse des Neutrinos von einem Elektronenvolt (entsprechend 2×10^{-33} Gramm) schließen. Ein Moskauer Forschungsteam bestätigte alsbald die Behauptung der Amerikaner; die Neutrinomasse liege zwischen 14 und 46 Elektronenvolt. Das entspricht etwa einem Hunderttausendstel der Masse eines Elektrons.

Messungen im Jahr 1979 am CERN in Genf hatten bereits Umwandlungen des Müonenneutrinos in ein Elektronen- oder in ein Tauneutrino ausgeschlossen; wenn überhaupt, dann oszillierten Elektronenneutrinos zu den Tauneutrinos.

Damals stellten sich sofort zwei Fragen: Warum hat man bei einem Teilchen, das man experimentell schon immerhin vierundzwanzig Jahre kennt, nicht schon längst dessen Masse gemessen? Und wo wirkt sich eine von Null verschiedene Neutrinomasse überhaupt aus?

Die Messung der Neutrinomasse ist deshalb so diffizil, weil beim radioaktiven Zerfall (etwa Tritium) oder in Reaktionen in einem Kernreaktor die anderen beteiligten Reaktionsenergien um Größenordnungen größer sind als die kleine Ruheenergie eines Neutrinos – sie war stets nur ein Schmutzeffekt. Die Idee der Neutrinomasse ist nämlich schon relativ alt. Bereits 1963 hatte eine Gruppe japanischer Physiker in Nagoya diese Idee erstmals diskutiert, und 1968 hielt der Sowjetrusse Bruno Pontecorvo (Dubna) erstmals Neutrinooszillationen für möglich. Diese Überlegungen wurden jedoch alle abgelehnt, da noch kein experimenteller Hinweis auf eine Neutrinomasse vorlag.

Um so bemerkenswerter sind die möglichen Konsequenzen für das Problem der fehlenden Materie. Durch einen Brückenschlag von der Elementarteilchen- zur Astrophysik gelang es seinerzeit David N. Schramm (Universität Chicago) und Gary Steigmann (Universität von Delaware), die Neutrinomasse abzuschätzen.

Die Grundidee war einfach. Wegen ihrer großen Zahl könnten die 10^{88} primordialen Neutrinos die bisher beobachtete Masse im Kosmos schon aufwiegen, wenn jedes Neutrino nur eine kleine Masse hätte.

Da die nur schwach wechselwirkenden, primordialen Neutrinos nicht direkt zu beobachten sind, schlugen Schramm und Steigmann vor, auf indirekte Effekte zu achten: auf ihre Schwerkraft. Auch Neutrinos würden ja, wenn sie eine Masse hätten, von Sternen und Galaxien angezogen und könnten sich so bemerkbar machen. Ihre Schlußfolgerung: Neutrinos mit einer Masse zwischen 3 und 10 Elektronenvolt (etwa 10^{-32} Gramm) sind in der Lage, den Löwenanteil zur Masse des Universums beizutragen. Die Neutrinos würden durch die Schwerkraft bevorzugt in Galaxienhaufen hineingezogen.

Die genaue Durchmusterung des Problems der fehlenden Masse zeigt nämlich, daß die Diskrepanz zwischen sichtbarer und gravitativ gebundener Masse sich eigentlich nur bei Galaxienhaufen unvermeidlich stellt. Masse »fehlt« zwar auch in den kleineren Systemen; dort kann man sich aber mit Annahmen über unsichtbare Schwarze Löcher usw. behelfen. Nur in Galaxienhaufen darf der unsichtbare Anteil nicht in Nukleonen stecken. Das würde im Widerspruch zum kosmisch vorhandenen Deuterium und Helium stehen. Dann wäre nämlich schon zu Zeiten der Elemententstehung im Urknall die Dichte der leichten Atomkerne (Deuterium, Helium-3, Helium-4) höher gewesen als bisher angenommen. Eine höhere Dichte würde aber bedeuten, daß mehr Deuterium durch Kernfusion zu Helium weiterverarbeitet worden wäre. Das hätte zugunsten von Helium die kosmische Deuteriummenge verringert – im Widerspruch zu den beobachteten Mengen. An dem Widerspruch würde sich auch nichts ändern, wenn die fehlende Masse *heute* in Schwarzen Löchern oder ähnlichen Objekten gefangen sein würde. Die primordialen Neutrinos bieten hier einen natürlichen Ausweg.

Das Problem der fehlenden Masse tritt nicht bei Galaxien, Doppelsternen oder Sternhaufen auf. Dort sieht man zwar auch nur einen Teil der Masse. Aber man kommt jeweils mit der Annahme durch, daß auch der unsichtbare Rest in Form von Nukleonen, in kalten Gaswolken oder Schwarzen Löchern vorhanden sei. Nur Neutrinos, die schwerer sind als 10 Elektronenvolt, wären schwer genug, um auch von den kleinen Systemen eingefangen zu werden. Also sollte die Neutrinomasse *unterhalb* von 10 Elektronenvolt liegen.

Es gibt aber auch eine untere Schranke für die Masse: Um wenigstens von den Galaxienhaufen festgehalten zu werden, müssen die

Neutrinos mindestens 3 Elektronenvolt schwer sein. Zusammengenommen gäbe das einen »erlaubten« Bereich zwischen 3 und 10 Elektronenvolt. Die Folgerungen sind beträchtlich:

- Das Problem der unsichtbaren Masse in Galaxienhaufen ließe sich durch Neutrinos mit Masse lösen. Die 10^{88} Neutrinos würden etwa 10^{24} Sonnenmassen auf sich vereinigen, fast soviel wie die bekannte sichtbare Materie im Kosmos.
- Die Frage, warum Raymond Davies (Brookhaven National Laboratory), der versucht, die Neutrinos aus dem Sonneninnern aufzufangen, um den Faktor 3 weniger Neutrinos »sieht« als vorhergesagt, könnte durch die Neutrinooszillationen beantwortet werden. Auf dem Weg von der Sonne zur Erde hätten sich zwei Drittel aller Elektronenneutrinos in Neutrinos umgewandelt.

Getestet werden kann dies durch eine Verbesserung der bisherigen Reaktorergebnisse; aber vielleicht auch durch die Beobachtung von Neutrinopulsen bei künftigen Supernovaexplosionen. Wegen ihrer Masse würden sich Neutrinos langsamer als mit Lichtgeschwindigkeit ausbreiten. Flugzeitmessungen von Neutrinos würden dann die Neutrinomasse bestimmen. Die Folgen einer Neutrinomasse für die Entstehung des Lebens liegen in ihrem möglichen Einfluß auf die Entstehung der Galaxien. Ein den Kosmos ausfüllendes »Bad« von Neutrinoteilchen hätte die jungen Galaxien bei ihrer Formation eigentlich behindern müssen. Genaueres ist darüber jedoch noch nicht bekannt.

Chaos oder Ordnung: Warum ist das Universum isotrop?

Erinnern wir uns: zwei Dinge müssen wenigstens zusammenkommen, damit in einem konkreten Universum ein Beobachter entsteht. Einmal müssen die Naturgesetze die *Möglichkeit* von Leben zulassen; und zum strukturellen Potential muß dann die tatsächliche Gelegenheit kommen, in der sich diese Möglichkeit in einer Evolutionsgeschichte verwirklicht. Das Universum, das ein »sich erkennendes« Universum werden will, muß die dafür notwendigen Umstände, die materiellen Zutaten und die Zeiträume bereitstellen. In unserem Universum ist dies zweifellos im System der Sonne auf der Oberfläche ihres dritten Planeten geschehen. Wie oft sich dieser Vorgang auch anderswo – parallel früher oder später – abspielt, hängt von zu vielen Unbekannten ab, als daß wir es glaubwürdig auch nur statistisch vorhersagen könnten. Allzu häufig kann hochentwickeltes Leben jedoch nicht entstanden sein. Auf Anzeichen technologischer Zivilisation – Funksignale, künstliche Infrasterne, Bio-Botschaften – sind wir bisher nicht gestoßen, trotz zwanzigjähriger Suche. Das macht die Menschheit mit einiger Wahrscheinlichkeit, jedenfalls in der näheren kosmischen Umgebung, zur einzigen beobachtenden Intelligenz. Wäre die Planetenentstehung nur geringfügig anders verlaufen oder wäre es nur zu einem Planetensystem ohne Erde gekommen, auch unser Universum hätte sehr leicht ohne Menschheit auskommen müssen. In die weitere kosmische Zukunft geblickt, wird dies vermutlich ohnehin der Fall sein.

Das Problem der *besonderen Umstände* und Evolutionsabläufe für die Lebensentstehung führt zurück bis zum Urknall und seinen konkreten Anfangsbedingungen, aus dem sich alles weitere entwickelte. Der kosmische Anfangszustand läßt sich nur indirekt untersuchen. Sein bester Zeuge ist immer noch die kosmische Hintergrundstrahlung. Einige Minuten nach dem Urknall, nach Abschluß der Ära der Elemententstehung, trat an ihre Stelle eine eher ereignisarme Phase, in der die elektromagnetische Strahlung zusammen mit Materie zu der Ursuppe des Universums vermischt war, die wir oft als den »kosmischen Feuerball« bezeichnen – allerdings ein irreführender Begriff, da niemals nur ein räumlich isolierter Ball wie bei einer Bombenexplosion, sondern stets der gesamte Kosmos recht gleichmäßig mit dem heißen Urgas er- und gefüllt war.

Die Strahlungsära endete etwa im Jahre 300 000; bis dahin waren Strahlung und Gas im Gleichgewicht. Dann aber, bei rund 4 000 Grad Kelvin hob sich sozusagen der Nebel: Protonen und Elektronen vereinigten sich zu neutralen Wasserstoffatomen, das Gas wurde dünn und kalt genug und für die elektromagnetischen Wellen durchsichtig; von da an drangen sie fast ungehindert durch das expandierende Weltall. So erreicht uns die Strahlung heute nach zwanzig Milliarden Jahren praktisch unverändert, nur durch die Expansion von 4 000 auf 3 Grad Kelvin abgekühlt. Diese Strahlung trägt daher seit ihrem letzten »Kontakt« mit dem kosmischen Gas die Information über die damalige räumliche Verteilung mit sich. Jede Schwankung in der Dichte Anno 300 000 Post Universum Natum, PUN (nach der Geburt des Universums), würde sich heute als winkelabhängige Temperaturschwankung der Hintergrundstrahlung bemerkbar machen. Jedoch wurde – innerhalb der Meßgenauigkeit von 1:1 000 – keine solche Schwankung beobachtet.

Die Konsequenzen dieses Faktums sind weitreichend, sie beeinflussen unser Weltbild; und sie beleuchten eine seltsame Grundlage unserer Existenz: Denn was kann es uns eigentlich schon ausmachen, ob die kosmische Hintergrundstrahlung nun sehr gleichmäßig oder irregulär bei uns eintrifft. Ihre schwachen Radiowellen stören ja nicht mal wirklich unseren Rundfunk!

Das Verwirrende an der Isotropie und Homogenität ist, daß der frühe Kosmos sehr speziell, sehr »symmetrisch« und regelmäßig gewesen sein muß.

Unter verschiedenen denkbaren Möglichkeiten, wie das Universum hätte beginnen können, entspricht das aber so ziemlich der unwahrscheinlichsten Anfangssituation! Wahrscheinlicher, plausibler und daher für Wissenschaftler eher zu schlucken, wäre ein relativ beliebiger, chaotischer ungeordneter und höchst irregulärer Beginn. Das wäre »vernünftig« und bedürfte kaum einer weiteren Erklärung. Die durchaus mythologische Vorstellung vom Urchaos hätte den Vorzug, daß dann die Welt heute in einem Zustand wäre, der unabhängig von ihrem Anfangszustand sein könnte. Dies wäre ähnlich wie bei einer Kugel, die in eine Schüssel geworfen wird. Sie kommt immer im tiefsten Punkt, der Mitte, zur Ruhe, ganz gleich, von welchem Punkt des Schüsselrandes sie losgelassen wurde. In den Worten des Briten W. H. McCrea: »Was wir heute beobachten, hängt nicht davon ab, wie es anfing.« Der Relativitätstheoretiker Charles W. Misner (Universität von Maryland) hatte so ein »natürliches« Urchaos im Sinn, als er 1967 seine chaotische Kosmologie vorschlug. Er präsentierte ein mathematisches Modell des Urchaos, dem er den Namen »Mixmaster-Universum« gab, etwa mit »Mixquirl-Universum« zu übersetzen. Wie ein Mixer die Zutaten zu einem homogenen Brei verrührt, sollte auch das Urchaos in dem kosmologischen Modell während der Expansion ausgeglichen werden.

Diese Idee hat freilich unseren kritischen Test zu passieren: Das Chaos mußte bis spätestens zum Jahr 300 000 PUN ausgeglättet, »weggedämpft« sein, sonst hätte es den Beobachtungen widersprochen. Das Ausbügeln des Urchaos sollte durch verschiedenerlei Mechanismen besorgt werden: durch Neutrinos, durch zusätzliche vom irregulären Gravitationsfeld erzeugte Teilchen und durch Mini-Schwarze-Löcher. Sie sollten alle dem Chaos Energie entziehen und Unregelmäßigkeiten glätten. Bald sollte das Universum geordnet, isotrop und homogen in sein weiteres Schicksal entlassen werden. Doch die Idee funktionierte nur zum Teil: Die Beseitigung des Chaos hätte, wie eine starke

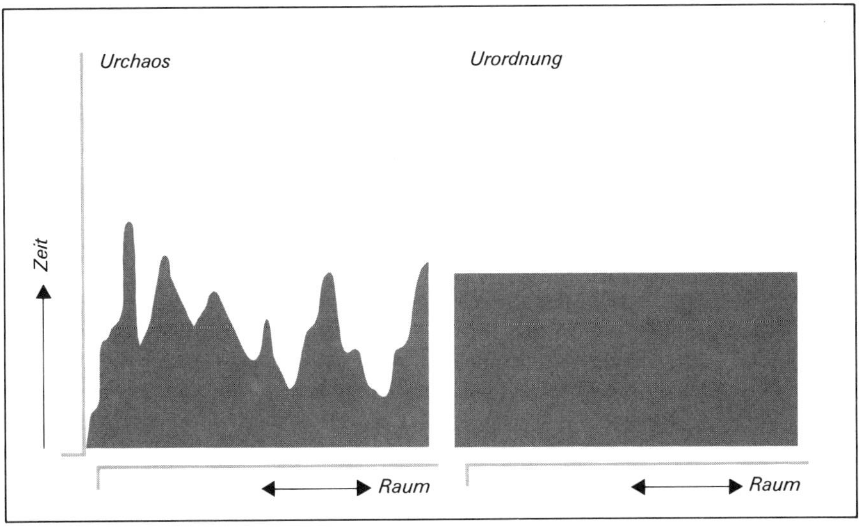

Chaos oder Ordnung im Urknall? Astronomische Beobachtungen der kosmischen Hintergrundstrahlung sagen aus, daß der Raum im frühen Universum in hohem Grade geordnet – also isotrop und homogen – war (rechte Graphik). Diese Tatsache, die auf einen speziellen, unwahrscheinlichen Anfangszustand des Weltalls hinwies, ist bis heute unverstanden: Warum sollten schon sehr früh verschiedene Bereiche des Raums sich gleichermaßen verhalten, etwa gleich schnell expandieren, obwohl sie kausal noch gar nicht zueinander in Verbindung stehen? Wahrscheinlicher wäre ein anfängliches Urchaos (linke Graphik), das rasch weggeglättet wurde. Die Hypothese vom Urchaos war bis jetzt aber nicht sehr erfolgreich. Ein spezielles chaotisches Modell des Kosmos, das Mixer-Modell des Relativisten Charles W. Misner, widerspricht den Beobachtungen.

Reibung, zwar erhebliche Wärmestrahlung und Entropie erzeugt, die kosmische Hintergrundstrahlung hätte dann heute eine zu hohe Entropie und im Mikrowellenbereich ein anderes »Gesicht«. Ein kosmisches Urchaos konnte also nur zu einem Teil auf diese Weise beseitigt werden.

Die wohl endgültige Absage für die Idee des Urchaos kam im Jahre 1973. Die Cambridge-Physiker C. Barry Collins und Stephen Hawking konnten beweisen, daß jede Abweichung von einem geglätteten Anfangszustand auch nach anfänglichem Abklingen im Laufe der Zeit letztlich wachsen mußte. Dies würde geschehen, ganz gleich welche »Reibungs«mechanismen das Chaos zu beseitigen suchten. Und diese wären ohnehin nur im ersten Sekundenbruchteil wirksam gewesen.

Unausweichliche Folgerung: Das Universum mußte sich aus einem extrem geglätteten Anfangszustand schon ab der 10^{-35} Sekunde PUN entwickelt haben. Wie erklärt man sich diesen so unwahrscheinlichen Anfangszustand? Die Gefahr dabei liegt darin, daß allzu unwahrscheinliche Annahmen über den kosmischen Urzustand leicht dazu mißbraucht werden können, um Wissenslücken zu verdecken. Nicht umsonst gibt es in der Physik, im Stile von Occams Rasiermesser – »Gebrauche so wenig Hypothesen als möglich« –, auch ein Prinzip, so wenig wie möglich Anfangsbedingungen anzunehmen. »Wenn man Anfangsbedingungen postuliert, so müssen wir ständig aufpassen, nicht in die Falle zu treten, in die sich im 17. Jahrhundert der (englische) Bischof Ussher verstrickte. Ussher verkündete, daß das Universum vollständig mit allen Details im Jahre 4004 v. Chr. erschaffen wurde. Diejenigen, die später darauf hinwiesen, daß es doch Fossilien gäbe, die viel älter wären, wurden überzeugend belehrt, daß mit dem Universum auch die Fossilien erschaffen wurden« (Harrison). Diese heute nur mehr kuriose Anekdote muß uns jedoch noch immer als Warnung dafür dienen, nicht »Anfangsbedingungen als einen simplen Ersatz für Erklärungen« (Harrison) zu verwenden.

Das Dilemma eines sehr speziellen kosmischen Urzustands wird von einer anderen Seite her noch verschärft. Das Universum »braucht« nämlich wiederum in einem späteren Stadium Irregularitäten, denn sonst könnten keine Galaxien entstehen. Galaxien verdanken ihre Entstehung im wesentlichen ausgewachsenen Unregelmäßigkeiten in der Materieverteilung.

Die ersten Galaxien bildeten sich nach ein bis zwei Milliarden Jahren. Die Irregularitäten, aus denen sie entstanden, mußten also ab dem Jahr 300 000 PUN entstanden und ab diesem Zeitpunkt stetig gewachsen sein. Die sensible Schraube zwischen kosmischer Regel- und Unregelmäßigkeit ist auch hier wieder einmal die Expansionsgeschwindigkeit. Sie darf sich nur zwischen engen Grenzen bewegen:

- Eine zu rasche Expansion des Universums würde verhindern, daß überhaupt Galaxien entstehen. Irregularitäten wie Zusammenballungen von Materie würden dann nämlich am effektiven Wachstum gehindert; die Expansion würde die Materie auseinandertreiben, so wie ein zu starker Wind den Nebel zerstreut, bevor sich Wolken bilden.
- Eine zu langsame Expansion andererseits würde verhindern, daß das Universum auch nur bis auf seine jetzige Größe anwachsen könnte; es würde schon bald wieder in sich zusam-

mensinken. Der Unterschied in der Frühphase wäre nur minimal: Bei einer relativ um ein Tausendmilliardstel (10^{-12}) geringeren Expansionsgeschwindigkeit am Ende der ersten Sekunde wäre das Universum schon nach fünfzig Millionen Jahren wieder rekollabiert. In einem derart kurzlebigen, geschlossenen Kosmos wäre die Temperatur also nie unter 10 000 Grad Kelvin gesunken. Die genannte Präzision der Expansionsgeschwindigkeit ist die genaueste Forderung, die wir mit Hilfe des anthropischen Prinzips aufstellen können.

Man ist also mit der Tatsache konfrontiert, daß unser Universum offenbar gerade so schnell expandierte, daß es nicht schon nach kurzer Zeit rekollabierte. Unsere Existenz setzt voraus, daß gravitativ gebundene Systeme – Galaxien, Sterne – und genügend Zeit zur Verfügung standen, damit biologische Evolution stattfinden konnte. In einem allzu rasch rekollabierenden Universum wäre die Zeit zu kurz. In einem rascher expandierenden Weltall dagegen würden sich auch Bereiche mit einer höheren Materiekonzentration nicht zu galaktischen Wolken zusammenballen können. Hawking folgert daher, daß »die Isotropie des Universums und unsere Existenz beides Ergebnisse der Tatsache sind, daß das Universum gerade mit der kritischen Rate expandiert«.

Das anthropische Prinzip verknüpft auf diese Weise zwar eine Eigenschaft des Kosmos (die Isotropie) mit der menschlichen Existenz, gibt aber damit natürlich noch keine physikalische Erklärung für sie. Eine solche Erklärung muß in den physikalischen Vorgängen des Urknalls verankert sein, doch sind uns diese, zumindest für die ersten 10^{-35} Sekunden, verschlossen. Weder durch direkte astronomische Beobachtung noch durch Simulation im irdischen Laborexperiment werden uns die Vorgänge im ersten kosmischen Sekundenbruchteil zugänglich. Entsprechend spekulativ sind deshalb die Angaben, die wir darüber machen können. Nach einer Vermutung könnte die Isotropie etwas mit der starken Wechselwirkung zwischen den Nukleonen und Elementarpartikeln bei extrem hohen Dichten zu tun haben. Bei entsprechend hoher Konzentration könnte durch sie die Materie im Verbund gleichsam so starr und steif werden, daß Turbulenzen und andere chaotische Bewegungen einfach unterdrückt würden.

Die bisher geschilderte »heile« Welt des Urknalls hat auch ihre verborgenen, unklaren Seiten. Das Urknallbild wird zwar vom Ende der ersten Minute an unbestritten akzeptiert – also bis zur Phase der Elementsynthese. Weiter davor wird die Physik zunehmend unsicherer und der Raum für alternative Hypothesen zunehmend größer. So sind im Rahmen der Urknalltheorie denn auch drei Probleme noch ungelöst:

- die Entstehung der Galaxien;
- die Ursprungssingularität im Urknall;
- was »vor dem Urknall« geschah.

Alle drei Fragen sind auf unterschiedliche Weise mit unserer Existenz verknüpft. Ohne Galaxien hätte es vermutlich kein Leben gegeben, denn sie sind die Vorläufer der Sterne. In der Ursprungssingularität begann das Universum mit bestimmten Anfangsbedingungen. Die Frage, warum das Universum so und nicht anders begann, hat Kosmologen immer wieder beunruhigt. Unter Nichtwissenschaftlern kursiert auch oft die beliebte Frage nach dem »Was war vor dem Urknall?«; sie ist sinnlos, wenn Raum und Zeit erst *im* Urknall selbst mitentstanden. Ohne Zeit kein »davor« und ohne Raum kein »dahinter«!

Bleiben wir gleich beim letzten Thema. Die Vorstellung von einem Universum »vor« und einem andern »nach« unserem Universum fasziniert immer jene, die auch fernöstliche Ewigkeitsgedanken schätzen und die Idee der individuellen Wiedergeburt auf den Kosmos übertragen. Zyklisches oder oszillierendes Universum heißt das Zauberwort, in dem jeder Urknall nur eine Stufe darstellen soll auf dem Weg von ewiger Vergangenheit zu, vielleicht, ewiger Zukunft.

Trotz der hinduistischen Verbrämung kann man zu dem Thema natürlich einiges Naturwissenschaftliches und noch mehr Spekulatives anmerken. Einmal ist es jedem unbenommen, gedanklich unserem Universum ein oder mehrere andere Zyklen eines (anderen) Universum »davorzuschalten« – auch dahinter, falls unseres einmal kollabieren sollte. Das bleibt so lange eine bedeutungslose, da empirisch nicht prüfbare Überlegung, solange sich keine Information, irgendein Signal von einem Zyklus zum nächsten hinüberretten kann. Dann besteht einfach keinerlei kausale Beziehung zwischen den aufeinanderfolgenden Zyklen.

Ob das allerdings so ist, weiß gegenwärtig kein Mensch. Die Allgemeine Relativitätstheorie Einsteins sagt jedenfalls zum Anfang oder Ende eines endlichen Universums eine »Singularität« voraus, einen Zustand, in dem Dichte, Druck und Temperatur unendlich groß werden – rein mathematisch jedenfalls. In diesem Fall könnte zwischen zwei Zyklen kein Signal transportiert werden. In der Natur aber gibt es in der Beschreibung lokaler Physik nichts »Unendliches«. Die Vorhersage einer Singularität könnte etwa deshalb falsch sein, weil Quanteneffekte in Einsteins Theorie der Schwerkraft nicht berücksichtigt werden. Wenn also die Theorie nicht nach »unendlich« extrapoliert werden kann, sondern irgendwo bei einer endlichen Materiedichte ungültig wird, dann ist eine Informationsübermittlung zum nächsten Zyklus wenigstens im Prinzip denkbar. Dann hätte es auch einen physikalischen Sinn, sich mehrere aneinandergefügte Zyklen vorzustellen, aber der Urknall wäre dann nicht mehr der Anfang der Welt, sondern nur ein gemäßigter Knall ohne jede unendliche »Singularität« dazwischen. Dann könnte auch Information vom letzten Zyklus durch den kosmischen Zwischenknall in unseren Zyklus gelangen. Sie würde die Bedingungen am Anfang unseres Zyklus festlegen. Soweit wir aber nur mit der allgemeinen Relativitätstheorie den Urknall beschreiben, kann nicht entschieden werden, ob diese Anfangsbedingungen irgendwie auf den letzten Zyklus zurückgehen oder nicht.

In jedem Fall wäre der Urknall als Zwischenknall eine Art Fleischwolf, in dem das Vorhergehende, alle früheren Strukturen völlig oder teilweise zerstört und durchgemahlen würde. Tut man sich einmal spekulativ keinen Zwang an, was könnte im Zwischenknall alles passieren? Dies wäre

- die Zerstörung der Erhaltungsgrößen der Physik (Energie, Drehimpuls, usw.),
- die Zerstörung der Teilchen mit all ihren Eigenschaften und die Veränderung der Fundamentalkonstanten sowie
- eine »biologische Auswahl« neuer Fundamentalkonstanten.

Wir können nur die Frage stellen, ob es ein Elektron mit gleichen oder ähnlichen Eigenschaften geben würde, wenn überhaupt andere Teilchen auf die kosmische Bühne treten sollten. Würde es wieder ein Pauli-Prinzip geben, das doch darauf beruht, daß Teilchen des gleichen Typs völlig ununterscheidbar sind? Denn alle Elektronen haben die gleiche physikalische Identität. Man kann nie sagen, welches Elektron in einem Experiment in Erscheinung tritt. »Für die wundersame Identität von Teilchen des gleichen Typus wurde niemals eine akzeptierbare Erklärung gegeben. Diese Ununterscheidbarkeit darf nicht als eine Trivialität, sondern muß als ein zentrales Mysterium der Physik betrachtet werden«, bemerkte einmal John A. Wheeler. Klar ist: Es gäbe keine stabile Materie ohne diese Eigenschaft der Elementarteilchen, denn sie ist die Grundlage für das Pauli-Prinzip, das im Kapitel III besprochen wurde; und ohne Materie natürlich kein Leben.

In einem zyklischen Universum wäre es prinzipiell denkbar, daß sich jedesmal im fast unendlichen Zwischenknall die Fundamentalkonstanten verändern. Könnten dann ihre Zahlenwerte – die der dimensionslosen Feinstrukturkonstanten – und die verschiedenen kosmischen Zufälle noch physikalisch erklärt werden? Wären sie dann nicht einfach Teil der Anfangsbedingungen, frisch geboren und fabriziert in jedem Zwischenknall? Wenn in dem Zwischenknall der Materiezustand »nicht singulär« wäre, wenn also die Temperaturen und die Dichte eine gewisse maximale Schranke nicht überschreiten würden, dann würde der »vorherige« Zyklus des Universums kausal in den jetzigen Zyklus übergreifen. Dann könnte man sich vermutlich auch eine kosmologische Gesamttheorie vorstellen, in deren Rahmen die Bedingungen eines jeden Quasi-Neubeginns gesetzmäßig behandelt würden.

Wie entstanden Galaxien?

Der Ursprung der Galaxien ist bis heute noch immer nicht restlos verstanden. Damit ist einer der wesentlichen Gründe ungeklärt, die unser Dasein als Beobachter des Universums ermöglichen. Stattdessen gibt es mehrere Modelle der Galaxienformation, die aber alle an irgendeiner Stelle ungeklärte Details enthalten. Die Schwankungen in der Dichteverteilung des kosmischen Gases konnten im Jahre 300 000 PUN nur sehr klein gewesen sein. Das wissen wir aus der Isotropie der Hintergrundstrahlung. In einem *statischen* Universum wären diese Unregelmäßigkeiten rasch gewachsen und das kosmische Gas wäre in große »Wolken« zerfallen, den potentiellen Vorläufern von Galaxien. Die Expansion des Universums verzögerte aber diesen Prozeß der Wolkenbildung. Die Irregularitäten wuchsen daher nur sehr langsam. Welchem physikalischen Prozeß des frühen Urknalls sie ihre Existenz verdankten, ist ein Rätsel.

Ein Entstehungsmechanismus steht im Rahmen des chaotischen Urknalls zur Diskussion. Da könnten sich Schwankungen beim Abbau des Urchaos wellenförmig im Gas des Universums ausgebreitet haben.

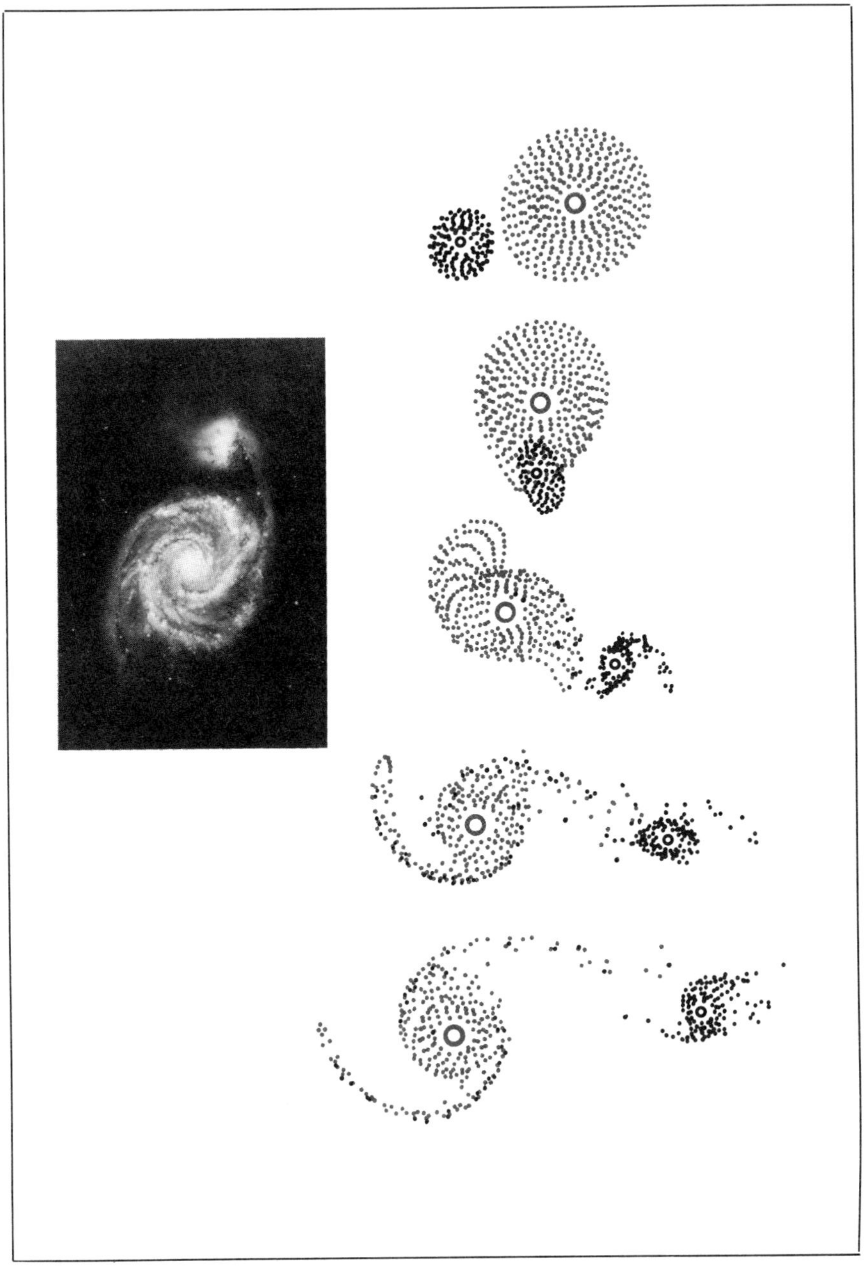

Aufnahme der Galaxie M 51 mit ihrem Begleiter (NGC 5195), einer Galaxie kleinerer Masse. Daneben die Computersimulation der Kollision zweier ungleicher Galaxien durch A. & J. Toomre (1972).

Es wäre dies ein Vorgang ähnlich der Ausbreitung von Wasserwellen auf einem Teich, in den man einen Stein geworfen hat. Sobald sich dann Strahlung und Materie trennten, das Gas durchsichtig wurde, hätte sich, unregelmäßig im Raum verteilt, der Druck rapide verringert. Damit hätten sich verschiedene Zonen mit einem höheren Druck, andere Zonen mit einem niedrigeren Druck ausbilden können. Die Unterdruckgebiete wären dann implodiert wie bei implodierenden Fernsehröhren. Implosionen erzeugen aber Schockwellen und diese wiederum komprimieren Gas. Das könnte schließlich einige Wolken soweit komprimiert haben, daß aus ihnen Galaxien entstehen konnten.

Besser verstanden ist bis jetzt, wie einige Galaxien ihre besondere Form – Spiralarme, Ausläufer usw. – ausbildeten. Das gilt für Galaxien, die einmal im Verlauf ihrer Geschichte mit einer anderen Galaxie zusammenstießen (die Milchstraße war nicht dabei!). Die Ergebnisse von Computersimulationen einiger Galaxienkollisionen sind in den Abbildungen Seiten 127, 129 wiedergegeben.

Die Existenz von Galaxien war vermutlich eine unerläßliche Vorbedingung für die Entstehung von Planetensystemen, die Träger hochentwickelter Lebensformen werden konnten. Die Geschwindigkeit der kosmischen Fluchtbewegung (Expansion) ist offenbar eng verquickt mit dem Wachstum der Galaxien: zu schnelle Expansion verhindert sie, zu langsame Expansion läßt sie zu früh und vom falschen Typ entstehen. Welche fundamentalen Gesetzmäßigkeiten das Schicksal der Galaxien bestimmten, ist ohne eine funktionierende Theorie ihrer Entstehung nicht zu sagen. Darin verwickelt sind zweifellos Gravitation und elektromagnetische Kraft. Die Schwerkraft der kosmischen Materie verzögert die Expansionsbewegung, sie führt zur Kondensation galaktischer Wolken. Kosmische Magnetfelder wiederum und Strahlung verzögern die Wolkenbildung; ebenso ein gleichmäßig den Kosmos ausfüllendes Gas massereicher Neutrinos. Dies würde als dritte Zutat die schwache Kernkraft im Spiel desjenigen kosmischen Zufalls oder kosmischer Notwendigkeit bringen, der (die) die Entwicklung der Galaxien ermöglichte.

War die Schwerkraft früher stärker?

Arthur S. Eddington, englischer Kosmologe, war der erste Wissenschaftler der Neuzeit, der sich mit den großen Zahlen des Kosmos befaßte, mit Zahlen des Formats 10^{40} und Potenzen dieser Zahl. Doch es blieb zunächst bei der Verwunderung über die Zahlen. Erst Paul A. M.

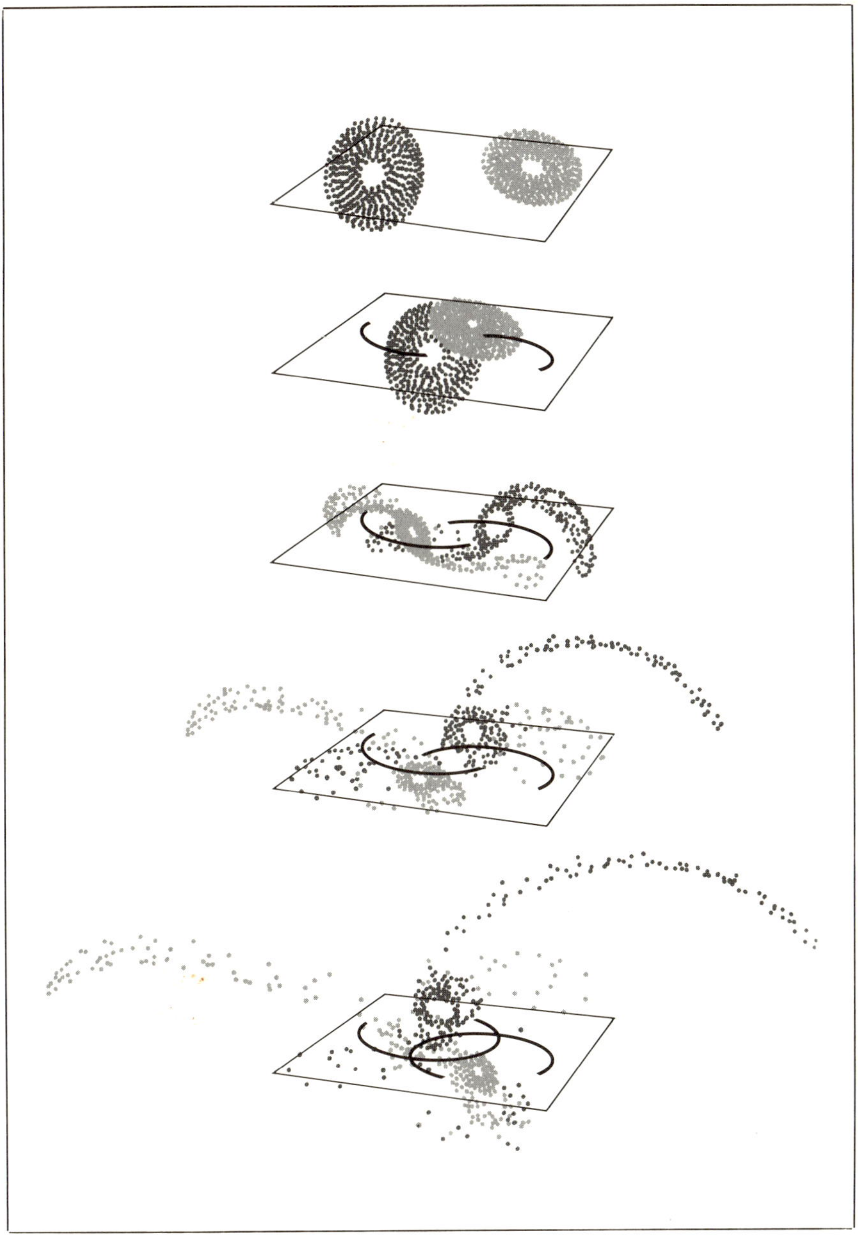

Computersimulation zweier Galaxien (NGC 4038 und 4039) in Kollision. (A. &J. Toomre, 1972). Der Zusammenstoß zweier Galaxien kann viele Millionen Jahre dauern. Auf dem Computer wird der Prozeß in wenigen Minuten nachvollzogen.

Dirac störte sich Jahrzehnte danach öffentlich daran, daß in den kosmischen Zufällen stets die gleichen großen Zahlen auftauchten. Er hielt es einfach für zu unwahrscheinlich, daß etwa das Alter des Universums, ausgedrückt durch eine atomare Zeiteinheit, auf die gleiche Zahl führte wie der Kehrwert der Gravitationskonstante. Es müsse eine Theorie geben, die Zufälle dieser Art erkläre. Dies brachte ihn auf eine kosmologische Hypothese, auf die wir gleich zu sprechen kommen. 1961 gab Robert H. Dicke von der Princeton-Universität eine Begründung dieses kosmischen Zufalls, die den Grundstein zum anthropischen Prinzip legte: In der Vergangenheit, als das kosmische Alter – und damit die große Zahl 10^{40} – noch kleiner war, da gab es eben noch keine Menschen, die die Zahl hätten beobachten können: Bewußtsein setzt aber die Existenz einer hochentwickelten Lebensform voraus; ein wesentlich materieller Bestandteil des Lebens sind aber die Atome schwerer chemischer Elemente. Diese Atome entstehen nur durch thermonukleare Verbrennung; dieser Prozeß findet nur im Innern der Sterne statt und braucht wenigstens einige Milliarden Jahre. Warum also ist die kosmische Zahl so groß (und hat den Wert 10^{40})? Antwort: Weil die Menschheit erst entstehen konnte, wenn sie diesen Wert erreicht hatte!

Die Antwort wäre die gleiche auf die Frage, warum das Universum so alt oder warum es so groß ist. Wie in der Einleitung gesagt: Diese Argumente »erklären« nicht, warum es so ist; sie verdeutlichen nur, daß bestimmte kosmologische Voraussetzungen erfüllt sein mußten, um unsere Existenz zu ermöglichen. Eine solche, »anthropische« Erklärung lag Dirac fern. Er suchte aber nach einer *physikalischen* Gesetzmäßigkeit. Für ihn lautete daher die Erklärung des kosmischen Zufalls anders. Wenn das »Alter des Universums« sich mit der Zeit verändere, dann müsse das auch für die Gravitationskonstante gelten. Begründung: Die elektrische Kraft zwischen einem Elektron und einem Proton ist 10^{40}mal stärker als die Schwerkraft zwischen diesen beiden Teilchen (Kosmischer Zufall Nummer Drei; s. Kap. II). Die Größe des Universums (der »Hubble-Radius«) ist 10^{40}mal so groß wie ein Proton. Zwei Fundamentalkräfte haben also dasselbe Verhältnis zueinander wie die atomare und kosmische Längenskala. Wir wissen zwar nicht, warum die beiden großen Zahlen ungefähr gleich sind, aber da sich die kosmische Zeitskala ändert, ist dieser Umstand gleichbedeutend damit, daß wir in einem besonderen Zeitpunkt leben. Zu jeder anderen kosmischen Zeit wären beide Zahlen eben nicht gleich. Deshalb tritt Dirac dafür ein, daß sich auch die Gravitationskonstante mit der Zeit verändert. Dann sind beide Zahlen einander *immer* gleich, nicht nur jetzt, wenn man gleichzeitig annimmt, daß die atomaren Größen sich nicht zeitlich verändern. Das Problem dabei ist natürlich, die Gesetze einer allgemeinen Theorie zu finden, innerhalb derer sich die Gravitationskonstante verändert.

Damit hatte Dirac die Büchse der Pandora geöffnet: Warum sollten nicht auch andere Fundamental-»Konstanten« sich verändern, und warum nur in der Zeit, warum nicht auch räumlich? Aber erst einige allgemeine Bemerkungen dazu: Die Konstanten sind in den konventionellen Theorien von Newton und Einstein tatsächlich nur *konstante* Zahlen. Diracs Hypothese über die großen Zahlen sprengte also bewußt diesen Rahmen und stellte (1937) selbst noch keine Theorie dar, höchstens ein hypothetisches kosmologisches Modell. Richtige mathematische Theorien mit variabler Schwerkraft wurden erst später vorgelegt: von Pascual Jordan 1955, von Carl Brans und Robert Dicke im Jahr 1961 und auch von Dirac selber im Jahr 1974. Nach all diesen Theorien sollte die Gravitationskonstante (G bzw. Alpha-G in der Tabelle, s. Anhang) im frühen Universum stärker gewesen sein. Dirac hatte speziell angenommen, daß G umgekehrt proportional zur kosmischen Zeit abklinge. Für die relative Abnahme pro Jahr konnte Dirac den Wert -6×10^{-11} vorhersagen. Eine direkte Beobachtung dieses Effektes ist schwierig und hat bis jetzt auch nur obere Grenzen für die mögliche Abnahme von G geliefert. Aber die Astrophysik bietet mehrere Möglichkeiten des Tests:

- mit größerer Schwerkraft sollte früher die Sonne mehr Wasserstoff verbrannt und damit heller gestrahlt haben als jetzt;
- die Erdbahn hätte sich im Lauf der Zeit vergrößert;
- mit abnehmender Gravitation sollte die Erde größer werden; die Kontinentalverschiebung könnte dadurch beeinflußt sein;
- verschiedene gravitativ gebundene Systeme – Sternhaufen, Galaxien, Galaxienhaufen – sollten anders geformt sein;
- Meteoriten wären durch eine Sonne, die früher heißer war, entsprechend stärker aufgeheizt worden;
- die Erddrehung sollte sich verlangsamen. Von Messungen weiß man, daß die Länge des Tages in der Tat pro Jahr um 2 Millisekunden zunimmt; dabei wird Energie auf den Mond übertragen, der sich in einer engen Spirale von der Erde wegbewegt; zu diesem Prozeß würde auch eine schwächer werdende Gravitationskraft beitragen. Um diesen Einfluß herauszufiltern, muß man zuerst den Haupteffekt der Ebbe-Flut-Bremsung abziehen.

Der Stand der Dinge: Alle Beobachtungen zusammengenommen, können bis jetzt eine Abnahme der Gravitationskraft mit der Zeit nicht völlig ausschließen, doch kann sie pro Jahr nicht mehr als um 10^{-11} oder 10^{-10} ihres Wertes schrumpfen. Diracs Vorhersage trifft genau die Mitte dieses vom Experiment her zulässigen Intervalls. Auf die genauen Auswirkungen einer veränderlichen Schwerkraft auf Sonne und Erde komme ich in Kapitel VI und VII zurück. Am deutlichsten schließen geochemische Daten aus, daß die Schwerkraft so rasch abklingt wie von Dirac vermutet. Eine schwächere Form des Abklingens ist allerdings noch denkbar. Folgen hätte eine veränderliche Schwerkraft auch für alle Sterne. Durch das Abklingen der Helligkeit nicht nur der Sonne, sondern aller Sterne, sollten nämlich letztlich auch alle Galaxien im Laufe der Zeit lichtschwächer werden. Außerdem würden sich die Abstände der Sterne in einer Galaxie zum galaktischen Zentrum vergrößern, die Milchstraße und andere Galaxien würden langsam expandieren. Pulsare – rotierende Neutronensterne – würden, ähnlich wie die Erde, sich mit der Zeit langsamer drehen. Die Drehung eines Pulsars stellt eine hochpräzise Uhr dar, mit einer Genauigkeit von einer Milliardstel Sekunde. Die Pulsaruhr würde allmählich langsamer »ticken« wenn die Gravitation abnimmt. Als Konsequenz müßte die Zahl der langsam rotierenden Pulsare größer werden. Zum Messen dieser zeitlichen Veränderungen muß man natürlich Uhren benutzen, die nicht von der Schwerkraft getrieben werden. Atomuhren sind dazu geeignet; ihr Zeitmaß würde sich nicht verändern, auch wenn die Gravitation schwächer wird.

Diracs Hypothese könnte man direkt testen, wenn man eine derartige Atomuhr auf dem Marsmond Phobos deponieren würde. Wenn die Schwerkraft abnimmt, wird die Umlaufbahn von Phobos um den Mars größer. Würde man dann gleichzeitig die Uhr und die Phobosbahn genau vermessen, könnte sich eine Veränderung von G direkt beobachten lassen.

Mit einem ersten *positiven* Wert für eine Zeitveränderung von G – und nicht nur einer experimentellen oberen Schranke – überraschte 1975 der Holländer Thomas Van Flandern die wissenschaftliche Öffentlichkeit. Durch Vergleich des Mondumlaufs und der Erdrotation mit der schwerkraftunabhängigen Atomzeit behauptete er, daß die Schwerkraftkonstante pro Jahr um 8×10^{-11} ihres Wertes abnimmt. Mit dieser Ankündung hatte der Astronom offenbar eine Reizschwelle bei den Wissenschaftlern überschritten. Van Flandern wurde sozusagen in der Luft zerrissen. Die Kritik griff vor allem seine komplizierte, und daher potentiell fehlerträchtige Auswertung der Beobachtungsdaten an. Der Zweifel blieb seit 1975 an Van Flandern hängen, und seine Behauptung wurde erst einmal nicht akzeptiert. Andere, ähnliche Untersuchungen haben seither sein Resultat jedoch eher bestätigt. Jedenfalls ist es noch nicht widerlegt, wie es nach dem ersten Geschrei zu erwarten gewesen wäre.

Indirekte Schlüsse auf Schwerkraftveränderung sind aus der Elementproduktion im Urknall zu ziehen. Die Mengen an kosmischen Deuterium und Helium hängen empfindlich von der jeweiligen Stärke der Gravitation ab. Ein geringfügiges Schrumpfen der Schwerkraft ist aber vorläufig auch von dieser Seite her noch nicht mit Sicherheit auszuschließen.

Wie universal sind Fundamentalkonstanten? - Beobachtete Grenzen der Veränderung

Die Physik besteht hauptsächlich aus ihren Gesetzen (Naturgesetzen) und den darin auftretenden Konstanten. (Diese allein bilden freilich im Sinne der modernen Wissenschaftstheorie allein noch keine vollständige naturwissenschaftliche Theorie.) Die Spekulationen über Naturgesetze, die doch an verschiedenen Orten oder zu unterschiedlichen Zeitepochen anders sein könnten, waren natürlich eine Provokation für die beobachtende Wissenschaft.

Ich kehre damit zu dem früher schon angesprochenen Thema zurück, welche Art der Veränderung von Naturgesetzen man sich überhaupt vorstellen kann (s. Kap. I). Am einfachsten ist es dabei, anzunehmen, daß jede Veränderung räumlich und zeitlich »kontinuierlich« verläuft. (Auch eine »sprunghafte« Veränderung der Naturgesetze wäre natürlich denkbar.)

Wenn sich die bekannten Naturgesetze – im Rahmen einer allgemeinen »Übertheorie« – kontinuierlich verändern, dann ist wiederum die einfachste Möglichkeit, wenn sich nur in diesen Naturgesetzen auftretende Fundamentalkonstanten verändern. Dieses Konzept läßt sich in gewissem Umfang jedenfalls experimentell überprüfen.

Eine Überprüfung so häretischer Hypothesen ist bitter nötig, denn eine Abhängigkeit von Raum und Zeit der Naturgesetze würde nämlich radikal in das Selbstverständnis der Astronomen vor allem eingreifen. Alles, was wir über physikalische Bedingungen in astronomischen Objekten wissen, ist aus den Beobachtungen unter der Annahme abgeleitet, daß die Naturgesetze in dem astronomischen Objekt mitsamt den Konstanten genau dieselben sind wie hier bei uns auf der Erde. Das betrifft schon die Erforschung von Mars, Venus, Jupiter und der Sonne, bis hin zu den fernsten Systemen, den Quasaren und dem Urknall.

Wären die Naturgesetze tatsächlich von Ort zu Ort und von Zeitpunkt zu Zeitpunkt unterschiedlich, so würden wir das Universum nur auf seltsam verzerrte Weise wahrnehmen können. Wir müßten, gefesselt an die Erde, auf die wir unsere Teleskope pflanzen, alle Beobachtungen in einer Weise nachkorrigieren, die die Art der Veränderung mit einbeziehen müßte. Zwei Gruppen der dimensionslosen Fundamentalkonstanten gibt es: Die Feinstrukturkonstanten der vier Kräfte einerseits; andererseits alle unabhängigen Quotienten der Massen der Elementarteilchen (s. Kap. II).

Das Unangenehme an dem Spiel mit der Veränderlichkeit der Fundamentalkonstanten ist, daß man natürlich an jeder einzelnen Konstante probehalber »rütteln« kann. Dann muß man jedesmal die ganze Physik durchkämmen, (oder sich neue Experimente ausdenken), um zu sehen, ob es nun irgendwelchen Beobachtungen widerspricht! Über die Gravitationskonstante wurde bereits im letzten Abschnitt diskutiert. Aber auch andere Möglichkeiten wurden bereits untersucht. Am gründlichsten von Freeman J. Dyson (Princeton) sowie von den Bochumer Wissenschaftlern W. Eichendorf und Michael Reinhardt. Ihre Untersuchungen erwiesen, kurz gesagt, daß es allgemein »schlecht aussieht« mit der Zeitabhängigkeit von Fundamentalkonstanten.

Die elektromagnetische Feinstrukturkonstante, Alpha-E, über deren Veränderung 1967 zuerst George Gamov nachdachte, ist zeitlich und räumlich »hochgradig« konstant, innerhalb der letzten Milliarde Jahre mit 0,1 Promille Genauigkeit. Das erwiesen Beobachtungen von Spektrallinien in Quasaren. Damit war die Idee George Gamovs widerlegt. Kombiniert man diese Ergebnisse der optischen Astronomie mit Radiomessungen, so legen sie nahe, daß auch das *Verhältnis* von Elektronenmasse zu Protonenmasse (=1/1 837) über kosmische Zeiträume konstant blieb (s. Kap. V).

Präzise Messungen in irdischen Laboratorien können feststellen, ob das Massenverhältnis von Elektron zu Proton und die elektromagnetische Feinstrukturkonstante sich *räumlich* verändern. Von diesen Größen hängen wesentlich der Aufbau der Atome und Moleküle ab. Damit hat man einen indirekten Zugang, ihre mögliche Veränderung zu studieren. Räumliche Unterschiede würden sich in einer ortsabhängigen

Gesamtenergie eines Materials ausdrücken, verschieden je nach chemischer Zusammensetzung. Das hätte zur Folge, daß verschiedene Körper im Schwerefeld der Erde verschieden schnell fallen würden. Durch Fallversuche, die im Prinzip von Galileo Galilei am schiefen Turm von Pisa angestellt wurden, konnte aber eine derartige Veränderung mit hoher Präzision ausgeschlossen werden.

Eine andere Konstante der Natur ist die Größe der elektrischen Ladung. Von Isotopenverteilungen in den chemischen Elementen auf der Erde weiß man, daß sich die elektrische Ladung in der irdischen Geschichte kaum verändert haben konnte. Sie hätten die elektrische Abstoßung zwischen Atomkernen und damit den Prozeß der Radioaktivität merklich beeinflußt. Eine veränderte Radioaktivität einiger Isotope hätte somit auch das Isotopengemisch eines Elementes je nach Alter abgeändert. Genau diesen Effekt hat man jedoch nicht gefunden. Die Analyse alten Felsgesteins drückt, wie Freeman J. Dyson bewies, die mögliche Änderung der elektrischen Elementarladung unterhalb ein Zehntausendstelmilliardstel (10^{-13}) ihres Wertes pro Jahr.

Ein weiterer Punkt betrifft die Gewichte (Massen) aller Elementarteilchen. Hatten sie sich im Laufe der kosmischen Geschichte verändert? Im Jahr 1974 stellte der amerikanische Physiker S. Malin Spekulationen über eine Zeitveränderung der Elementarteilchenmassen an. Zur Auswahl stellte er eine Zunahme oder eine Abnahme. Eine Abnahme konnten wir bereits ausschliessen. Und eine Zunahme? In diesem Fall hilft uns wieder die Erdgeschichte. Vor dreieinhalb Milliarden Jahren, als erstes Leben auf der Erde entstand, wäre im Fall einer Massenvergrößung die Erdtemperatur minus 130 Grad Celsius gewesen. Und noch vor siebenhundert Millionen Jahren, als sich bereits Korallen bildeten, hätte die Erdoberfläche statt dessen bei minus 10 Grad Celsius im Kälteschlaf gelegen (s. Kap. VII).

So können viele Spekulationen über die Veränderlichkeit der Naturgesetze zumindest stark eingeschränkt werden. Um so weiter zurück in der Zeit und hinaus in den Raum reichen die Konsequenzen, die wir aus dem anthropischen Prinzip ziehen können.

Der Endknall und das anthropische Prinzip

Ein geschlossenes Modell unseres Universums ist zwar gegenwärtig nicht von der Astronomie favorisiert, doch kann das noch kein endgültiges Verdikt sein. Zu oft haben sich die Interpretationen astronomischer Beobachtungen ferner Galaxien und Quasare im Zuge neuer Erkenntnisse als revisionsbedürftig erwiesen. Ein endliches Universum, also ein expandierendes und nach endlicher Zeit wieder kollabierendes, muß mit in die Betrachtung miteinbezogen bleiben; es soll am Ende dieses Kapitels im Licht des anthropischen Prinzips betrachtet werden.

Natürlich muß auch ein endlicher Kosmos insgesamt alt genug werden können, um wenigstens zwischendurch Leben ermöglichen, also zumindest mehrere Dutzend Milliarden Jahre. Andererseits könnte es sein, daß das gegenwärtige Alter des geschlossenen Universums bereits in die Nähe seiner Gesamtlebensdauer gerät. (Falls unser Universum geschlossen wäre, stünden wir etwa am Ende des ersten Drittels.) Das würde nicht nur die Position der Menschheit als notwendigerweise privilegiert herausheben, wie es das schwache anthropische Prinzip Dikkes tut. Es würde darüber hinaus eine fundamentale Eigenschaft des Universums erheblich einschränken, in diesem Fall seine Lebensdauer.

Zwei Fragen interessieren uns hier vor allen: Was passiert beim Zusammenschrumpfen des Universums zum Endknall? Und: Wie erginge es einer Lebensform in der kollabierenden Umgebung? Zuerst würde die Expansion noch ein Stück fortschreiten, dann zu einem Halt kommen; in der sich anschließenden Kontraktionsphase würden zuerst die Galaxienhaufen, dann die Galaxien selbst enger zusammenrücken. Wie wird sich der Kosmos nach dem Moment der Umkehr verändern? Vermutlich würden sich nach Beginn der Kontraktion zuerst die Nachbargalaxien auf uns zubewegen und ihr Licht würde allmählich vom roten in den blauen Spektralbereich verschoben. Weiter entfernte Galaxien würden sich noch einige Zeit mit rotverschobenem Licht von uns fortbewegen. Das Licht der fernen Objekte würde noch aus der vorhergehenden Expansionsphase unterwegs sein. Galaxienhaufen, die jetzt etwa ein Hundertstel des gesamten Weltraums einnehmen, würden ineinander aufgehen, wenn sich der Kosmos auf 20 Prozent seiner maximalen Ausdehnung zusammengezogen hätte. Einzelgalaxien, und in ihnen die Sterne, würden sich zunehmend schneller bewegen, wie Moleküle in einem Gas, das immer mehr aufgeheizt wird.

Statt wie jetzt mit rund 50 Kilometern pro Sekunde bewegten sich die Sterne dann im Mittel mit 3 000 Kilometern pro Sekunde.

Sterne würden dann zwar auch häufiger zusammenstoßen, aber was sie noch mehr »stören« würde, wäre die zunehmende Aufheizung der kosmischen Hintergrundstrahlung. Von ihrem heutigen Wert von 3 Grad Kelvin stiege sie auf mehrere tausend Grad, wenn der Kosmos bereits auf ein Promille seines bisherigen Volumens geschrumpft wäre.

Damit wäre dann der Nachthimmel kurz vor dem Endknall so hell und heiß wie die Oberfläche der Sterne selbst. Als Folge würden die Sterne schrittweise verdampfen und schließlich bei steigender kosmischer Außentemperatur in einer nuklearen Detonation verglühen. Der Endknall wäre gleich einem Feuerwerk inmitten einer lodernden Hölle, der kosmischen »Endsuppe«. Jedes Leben wäre schon zuvor zu Tode geröstet und verdampft. Trotzdem wurden Überlegungen angestellt, ob nicht eine hinreichend intelligente Lebensform in der endlichen Dauer eines geschlossenen Kosmos subjektiv ein unendlich langes Leben führen könnte. Die Idee – sie stammt von Frank Tipler (Universität von Texas, Austin) – geht folgendermaßen: Man fasse das Phänomen »Leben« einmal ganz abstrakt auf, als Systeme, die Informationen aufnehmen, speichern oder übertragen. Jeder Austauschvorgang einer Informationseinheit – eines »bits« – bedeutet dabei ein elementares Stück des Lebensprozesses, der eine bestimmte Zeit in Anspruch nimmt. Erhöht man das Lebenstempo des Metabolismus einer Lebensform, so würden die Individuen, subjektiv jedenfalls, länger leben. Für sie laufen dann ja pro Sekunde mehr elementare Lebensprozesse ab. Ist es denkbar, so fragte sich Tipler, daß eine Lebensform während der Annäherung an den Endknall ihr Lebenstempo so rasch erhöht, daß sie – wenn die kosmische Uhr abläuft – immer mehr, schließlich unendlich viele elementare Lebensvorgänge absolvieren kann, bevor die physikalischen Umstände eines heißer werdenden kosmischen Höllenfeuers jede Organisation zerstören?

Man sollte sich beim Spekulieren nicht zu früh die Zügel allzu engstirniger Plausibilität anlegen. Wer weiß schon wirklich, zu welcher Form sich eine hochentwickelte Rasse einmal entwickeln kann. Doch so lange biologische Systeme dabei eine grundlegende Rolle spielen werden – so wie für das irdische Leben –, so lange sind an solchen Visionen doch einige Zweifel angebracht. Biologisches Leben läßt sich sicherlich nicht beliebig beschleunigen. Gewisse Reaktionen der Energie- und Informationsverarbeitung – wie Ernährung, Lernen, Nachrichten austauschen – brauchen einfach eine gewisse Mindestzeit. Hier setzt die Biologie jeder Lebensform eine Grenze. »Die biologischen Uhren können niemals so schnell werden«, sagt Freeman J. Dyson, »um eine unendlich lange, subjektive Zeit in ein endliches Universum hineinzuquetschen.« Diese Situation ist natürlich grundlegend anders in einem ewigwährenden, unendlichen Universum.

V

Was uns Quasare über die Naturgesetze erzählen

Nachrichten vom Anfang der Welt

Um etwas über die Vergangenheit zu erfahren, muß man nur in die Ferne schauen. Das ist eine Binsenweisheit für jeden Astronomen. Da das Licht für eine Strecke von 300 000 Kilometern eine volle Sekunde braucht, dauert es oft recht lange, bis es von einer entlegenen Quelle im Kosmos zu uns gelangt und auf ein irdisches Teleskop trifft. Entsprechend entstammen weiter entfernte Quellen einer früheren kosmischen Epoche. Das fernste und damit auch älteste Objekt astronomischer Betrachtung ist eigentlich nicht zu lokalisieren; es ist ein »Ereignis« und hat überall stattgefunden: der Urknall. Die Wellen, die uns davon erreichen, kennen wir seit 1965 als kosmische Hintergrundstrahlung. Sie sind seit etwa zwanzig Milliarden Jahren unterwegs.

Aber schon auf Nummer zwei der Liste fernster Dinge im Kosmos stehen materielle astronomische Objekte, die lange Zeit – auf Himmelsfotografien – nur für gewöhnliche Sterne angesehen wurden. Erst als man auch ihre starke Radiostrahlung kennengelernt hatte, nannte man sie »Quasistellare Radioquellen«, englisch: Quasistellar Radio Sources, kurz Quasare. Sie sind mehrere Milliarden Lichtjahre von uns entfernt. Und wegen der kosmischen Expansion übertrifft ihre Fluchtgeschwindigkeit die aller bekannten Galaxien. Der fernste Quasar entfernt sich von uns mit über 90 Prozent der Lichtgeschwindigkeit – Fluchtbewegungen am Rand des sichtbaren Universums, Licht vom »Anfang der Welt«.

Da ferne Objekte so alt sind, wie ihr Licht braucht, um bis zur Erde zu gelangen, können wir sie direkt als Informationsquellen dafür gebrauchen, wie die Physik damals an jenem fernen Ort war. Wir können diese Informationen mit der Physik im irdischen Labor vergleichen und unsere Schlüsse ziehen. Astronomie als Astroarchäologie, aber nicht im Sinne von Erich von Däniken: Untersucht man die Naturgesetze in den fernen Objekten, so gleicht das der Tätigkeit irdischer Archäologen, die in Gesteinsformationen und in den Jahresringen von versteinerten Bäumen die Bedingungen auf der Erde vor Millionen und Milliarden von Jahren aufschlüsseln. In der Astronomie ist die Information in den Lichtwellen gespeichert, die einmal von einem Stern auf die Reise geschickt wurden. Da diese sich durch den Raum bewegen und dabei Zeit verstreicht, sind in der Astroarchäologie Entfernung und Vergangenheit untrennbar miteinander verbunden.

Mit dem anthropischen Prinzip soll festgestellt werden, wie eng die Existenz des Lebens mit der Struktur des Universums verwoben ist, wie sehr insbesondere die Naturgesetze, repräsentiert durch die Fundamentalkonstanten, anders hätten sein können. Deshalb gewinnt die Frage besondere Bedeutung, ob die Fundamentalkonstanten in der Vergangenheit einmal andere Werte hatten und wie sie sich gegebenenfalls seither veränderten. Aus dem Licht ferner astronomischer Objekte lassen sich die damaligen Zahlenwerte einiger dieser Konstanten ablesen; unter anderen derjenigen, die die Eigenschaften der Lichtwellen aus Quasaren prägten:

- Die Lichtwellen, die von den Elektronen der Atomhüllen chemischer Elemente erzeugt werden, erlauben den Rückschluß auf die elektromagnetische Feinstrukturkonstante (Alpha-E);
- Aus den Radiowellen, die vom Atomkern der Wasserstoffatome (dem Proton) ausgestrahlt werden, läßt sich eine Zahl ableiten, die von Alpha-E, der starken Kernkraft (Alpha-S) und vom Massenverhältnis von Elektron und Proton (m_e/m_p) abhängt.

Dazu vergleicht man die Radiowellen mit den Lichtwellen. Genauer: man betrachtet die 21-Zentimeter-Radiostrahlung des Wasserstoffs. Diese Linienstrahlung entsteht, wenn das Proton im Wasserstoffatom seinen Spin »umklappt«. Das geschieht im Mittel einige Milliarden Male pro Sekunde und erzeugt damit eine Radiowelle im Gigahertzbereich. (Eine Welle der Frequenz 1,4 Gigahertz hat eine Wellenlänge von 21 Zentimetern.) Diese Frequenz hängt naturgemäß von der Masse des ständig umklappenden Protons ab. Die optischen Quasarlinien, die von den Elektronen gewisser Atome erzeugt werden, sind dagegen von der Elektronenmasse beeinflußt. Das Verhältnis von Licht- und Radiowellen liefert damit einen Wert für das Massenverhältnis (m_e/m_p) zu einer Zeit, als die Strahlung ausgesandt wurde.

Die Idee, mit dem Licht astronomischer Quellen Naturkonstanten zu testen, wurde bereits sieben Jahre vor der Entdeckung der Quasare von dem Physiker M. P. Savedoff von der Universität von Rochester (US-Bundesstaat New York) im Jahre 1956 in einer kleinen Notiz im Wissenschaftsjournal *Nature* vorgeschlagen. Savedoff standen damals lediglich Licht- und Radiobeobachtungen der großen Radiogalaxie Cygnus A im Sternbild des Schwans zur Verfügung. In Cygnus A war damals gerade erstmals die Lichtquelle mit der zugehörigen Radioquelle identifiziert worden. Cygnus A ist – vergleicht man sie mit den Quasaren – relativ nahe bei uns, etwa dreihundert Millionen Lichtjahre. Das ist rund 150mal weiter als der Abstand zu unserem nächsten Galaxiennachbarn, dem Andromedanebel.

Savedoffs Auswertung ließ damals bereits den Schluß zu, daß wenigstens innerhalb einiger Promille Genauigkeit die Konstanten Alpha-E und (m_e/m_p) in Cygnus A und auf der Erde gleich sind – das heißt, in der Galaxie Cygnus A vor dreihundert Millionen Jahren und auf der Erde jetzt. Innerhalb des Raumbereichs Erde - Cygnus A und innerhalb der entsprechenden Zeitspanne hatten sich, so das Ergebnis, die Konstanten höchstens um einige Promille verändert.

Der Anfang war damit gemacht. Konnte man diese, für das Verständnis der Tiefen des Weltraums so wichtigen Fragen auf noch größere Bereiche von Raum und Zeit ausdehnen? Erst mit den Quasaren konnte dann weiter bis an die Grenzen des sichtbaren Universums vorgestoßen werden. Blenden wir zurück zu jenem denkwürdigen Tag im Februar 1963.

Die Quasarstory

Es war am Abend des 5. Februar 1963, als dem kalifornischen Astronomen Maarten Schmidt die Erleuchtung kam. Schmidt: »In jener Nacht ging ich im Gefühl des Zweifels nach Hause. Ich sagte zu meiner Frau, heute sei mir etwas Unglaubliches passiert.« Was Schmidt so Erstaunliches zugestoßen war, betraf ein mysteriöses Himmelsobjekt, das um diese Zeit entdeckt worden war; im dritten Katalog von Radioquellen der Cambridge University, 3C, war es als die starke Quelle 3C 273 eingetragen. Im Dezember 1962 hatte Schmidt das Licht des mit dieser Quelle identifizierten Sterns fotografiert und in seinem Spektrum sechs breite, helle Linien entdeckt, die aber zu keiner der bekannten Spektrallinien von Atomen, etwa des Wasserstoffs, zu passen schienen. An jenem 5. Februar gelang Schmidt schließlich der große Durchbruch zum Verständnis des Rätsels. Die Linien paßten genau zu denen des Wasserstoffs (und eine Linie zu einer des ionisierten Magnesiums), wenn Schmidt eine ungewöhnlich große Rotverschiebung der Linien zugrunde legte – ein Hinweis darauf, daß sich Objekt 3C 273 mit etwa 15 Prozent der Lichtgeschwindigkeit von uns fortbewegte! Schmidt hatte damit den ersten *Quasar* identifiziert, auch wenn der Name *Quasi-Stellares Objekt* für die sonderbaren Radiosterne erst 1964 von dem Astrophysiker H. Chiu aufgebracht wurde.

Heute weiß man: Die über 620 bisher bekannten Quasare zeigen zwar alle mehr oder weniger stark rotverschobene Spektrallinien, strahlen aber oft gar keine oder nur schwache Radiowellen aus. Trotzdem hat man die Bezeichnung »Quasare« auch für diese Objekte beibehalten.

Gemessen an der kurzen Vorgeschichte hatte Schmidt sehr schnell den wesentlichen Punkt richtig erkannt. In den Katalogen war schon länger eine Reihe starker Radioquellen aufgeführt worden, an deren Himmelsstelle sich, anders als bei den meisten Radioquellen, keine Galaxie auf den Fotoplatten fand, sondern höchstens eine Handvoll schwacher Sterne. Aus diesem Haufen den richtigen Stern herauszufischen – die Radioteleskope lieferten damals noch zu ungenaue Positionsangaben –, gelang erstmals 1962 australischen Radioastronomen

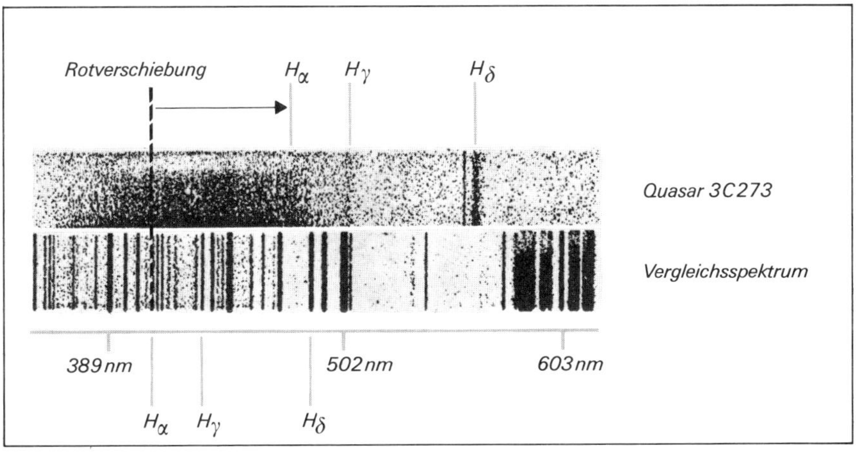

Die Rotverschiebung im Licht des Quasars 3C 273 zeigt sich, wenn man sein Spektrum mit einem Spektrum vergleicht, in dem die Linien des Wasserstoffs (H_α, H_γ, H_β) unverschoben sind. Die Rotverschiebung von $z = 0{,}158$ entspricht einer Fluchtgeschwindigkeit des Quasars von 45 000 Kilometern pro Sekunde.

mit Hilfe des Mondes: Wenn sich der Mond vor die Quelle schob, sie also verdeckte, ließ sich bei genauer Kenntnis der Mondbahn aus dem Moment des Verschwindens die Himmelsposition exakt festlegen. Im Fall von 3C 273 entpuppte sich der hellste der in Frage kommenden Sterne als der gesuchte Quasar; er blieb der lichtstärkste aller bis heute entdeckten Quasare.

So relativ harmlos sich die Quasar-Geschichte zunächst auch anließ – je mehr die Astronomen über sie herausfanden, desto härtere Nüsse gab sie desparaten Theoretikern zu knacken. Heute, knapp zwei Jahrzehnte nach Schmidts erstem Durchblick, glaubt man zwar den fundamentalen Mechanismus zu verstehen, der Quasare und ähnliche energiereiche Objekte antreibt, nämlich das Modell der supermassiven Schwarzen Löcher. Doch gleichzeitig wuchs auch die Zahl der ungelö-

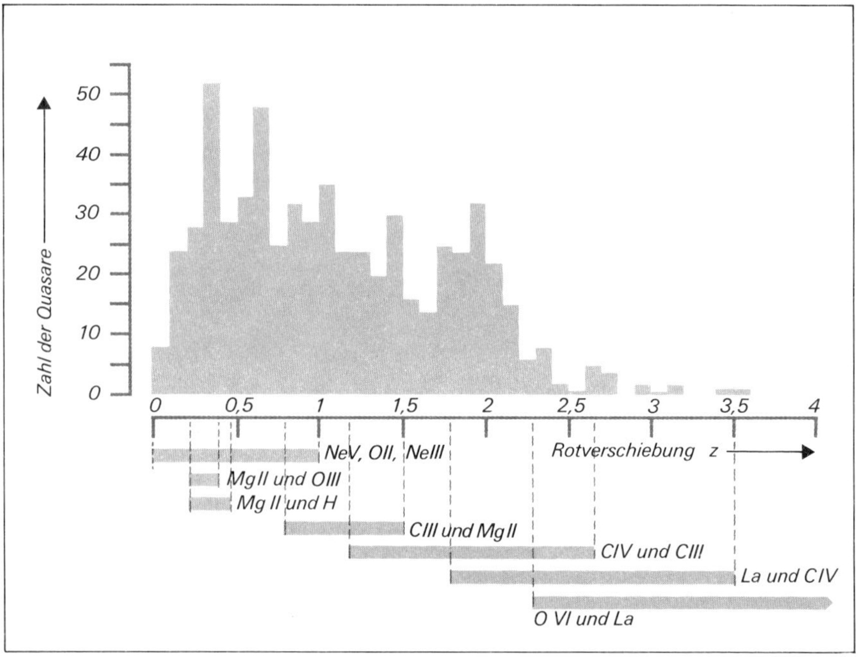

Nachrichten von den Randzonen des sichtbaren Universums senden uns die über 600 bisher bekannten Quasare. Aus ihrem Licht läßt sich ablesen, ob einige Naturgesetze in weiter Entfernung und kosmischer Vergangenheit von uns bekannten Naturgesetzen abwichen. Je nach Rotverschiebung werden andere Linien zu ihrer Bestimmung benutzt: Magnesium (Mg), Sauerstoff (O), Neon (Ne), Kohlenstoff (C) und Lanthan (La). Jenseits einer Rotverschiebung von z = 2,2 nimmt die Zahl der Quasare rapid ab.

sten Fragen, die erst noch in den Rahmen dieser Modellvorstellung eingepaßt werden müssen.

Was die Quasare zunächst so mysteriös machte, ist ihre starke Helligkeit, die zudem von einem extrem kleinen Raumgebiet ausgestrahlt wird. Der Quasar 3C 273 etwa strahlt fünftausend Milliarden Male stärker als die Sonne. Das entspricht der Gesamtstrahlung einer mittleren Galaxie, die typischerweise – wie die Spiralgalaxie Milchstraße – aus 100 Milliarden Einzelsternen besteht. Dazu kommt, daß Quasare oft innerhalb weniger Tage in ihrer Helligkeit schwanken. Das deutet darauf hin, daß ihre gesamte Strahlungsmenge aus einem Gebiet mit dem Durchmesser von nur wenigen Lichttagen stammen mußte, kaum größer als das Sonnensystem. Ein häufig Vielfaches der Strahlung einer ganzen Galaxie entströmte einem Gebiet mit nur einem Milliardstel ihrer Ausdehnung.

Fast so schnell wie Licht

»Ein erfolgreiches Modell muß die vielleicht energiereichste Maschine des Universums erklären und diese Maschine auch noch in ein Gehäuse von winzigen Dimensionen hineinzwängen.« So beschrieb Martin Rees das Quasar-Dilemma.

Die Rotverschiebung der Emissionslinien wird gewöhnlich mit dem Doppeleffekt erklärt: Die Strahlen eines Sterns werden auf der Erde zum Rotlicht hin verschoben empfangen, wenn der Stern sich von uns wegbewegt. Der Unterschied zwischen ausgestrahlter und empfangener Wellenlänge – die Rotverschiebung – mißt damit direkt die relative Fluchtgeschwindigkeit. (Bewegt sich ein Stern dagegen auf die Erde zu, so gibt es entsprechend eine Blauverschiebung.) Schmidts Quasar 3C 273 zeigte eine Rotverschiebung von $z = 0{,}158$, entsprechend 15 Prozent der Lichtgeschwindigkeit. Inzwischen kennt man Quasare mit einer relativen Fluchtgeschwindigkeit von über 90 Prozent der Lichtgeschwindigkeit.

Wenn diese Interpretation der Rotverschiebung zutrifft, dann sind die Quasare die schnellsten astronomischen Objekte, die wir im Universum kennen. Wie aber kommen Quasare zu diesen enormen Geschwindigkeiten? Zur Erklärung dieses Phänomens wird die Annahme herangezogen, daß diese Bewegung durch die Ausdehnung des Weltalls verursacht wird. Diese Annahme wird daher auch die »kosmologische Hypothese« genannt. Damit läßt sich eine Aussage über den Abstand zu den Quasaren herleiten.

Die Abschätzung der Entfernung der Quasare beruht auf der Annahme, daß sich das Universum (in alle Richtungen gleichmäßig) ausdehnt. Diese Expansion beobachten wir in der Bewegung ferner Galaxien, die sich von uns und auch relativ zueinander entfernen. Wie der britische Astronom Edwin P. Hubble in den zwanziger Jahren nachwies, wird die Fluchtgeschwindigkeit der Galaxien mit zunehmender Entfernung größer. Von der Rotverschiebung der Spektrallinien läßt sich über diese Gesetzmäßigkeit die Fluchtgeschwindigkeit und daraus wiederum die Entfernung ermitteln. Wegen ihrer großen Entfernung müssen die Quasare aber auch die erwähnte immense Leuchtkraft besitzen, damit wir sie überhaupt noch sehen können.

Das war für viele Astronomen hart zu schlucken, weshalb sie sich nach anderen Möglichkeiten umsahen, denn sie bezweifelten die kosmologische Hypothese. Alternativ besteht nämlich theoretisch die Möglichkeit, daß die Rotverschiebung nicht durch eine Relativbewegung, sondern durch Gravitationsfelder in den Quasaren verursacht wird: Licht, das erst gegen ein starkes Gravitationsfeld anlaufen muß, um zum Beobachter zu gelangen, verliert an Energie, was ebenfalls eine Rotverschiebung bewirkt. Gibt man die kosmologische Hypothese auf, so müßten Quasare nicht mehr notwendig die fernsten sichtbaren Objekte im Weltall sein. Sie könnten – so behauptet die »lokale Hypothese« über die Quasare – sogar der Milchstraße angehören. Entsprechend niedriger könnte dann auch die Leuchtkraft der Quasare sein. Dieser Deutung steht jedoch entgegen, daß bislang alle Versuche gescheitert sind, sich im Rahmen der lokalen Hypothese astrophysikalisch plausible Himmelskörper für die Quasare auszudenken. Obwohl noch gelegentlich umstritten, wird daher von den meisten Astrophysikern die kosmologische Interpretation der Rotverschiebung akzeptiert.

Bestätigt wurde sie allerdings erst durch Beobachtungen, die zeigten, daß der Quasar in eine Galaxie eingebettet ist, und daß die Sterne dieser Galaxie die gleiche Rotverschiebung besitzen wie der Quasar. Daß dies bei fernen Objekten noch nicht beobachtet wurde, ist andererseits nicht überraschend: Ein kosmisch ferner Quasar ist so hell, daß er schwache Sterne in seiner Umgebung total überstrahlt.

Lediglich bei sechs Quasaren mit relativ kleiner Rotverschiebung – und 1981 auch im Fall des 3C 273-Quasars – ließen sich in unmittelbarer Nachbarschaft Galaxien oder ganze Galaxienhaufen gleicher Rotverschiebung ausmachen. Für diese nahen Quasare wenigstens ist die Rotverschiebung als ein Maß für ihre Entfernung gesichert.

Hinweise auf die physikalischen Prozesse im Innern von Quasaren

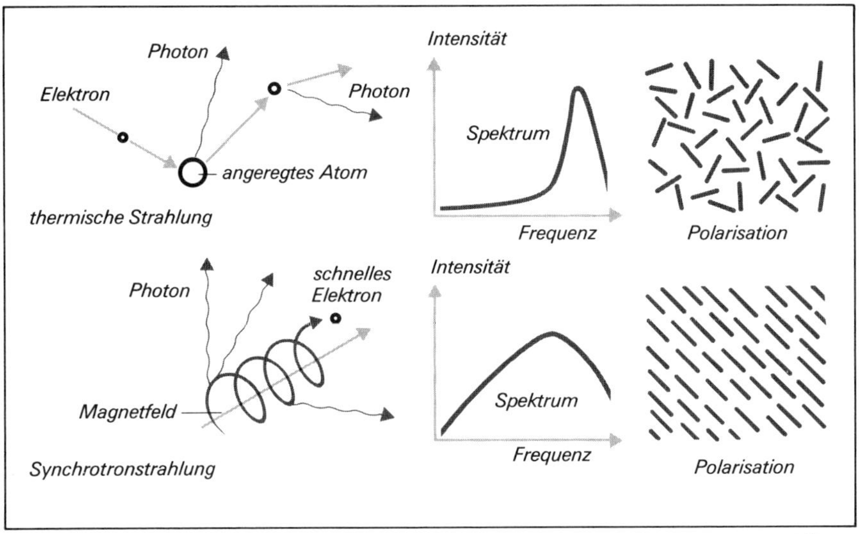

Elektromagnetische Wellen eines besonderen Typus werden von Elektronen abgegeben, wenn sie von einem Magnetfeld beschleunigt werden: Synchrotronstrahlung. Die Elektronen bewegen sich dabei in Spiralen längs den Linien des Magnetfeldes. Die Wellen sind dann bevorzugt senkrecht zum Feld ausgerichtet (polarisiert). Auch das Spektrum hat eine charakteristische Form, die sich von dem Fall unterscheidet, wenn die Elektronen ungeordnet, etwa im heißen Gas eines Sternes bewegt werden. Dann entsteht thermische Strahlung mit ungeordneten (unpolarisierten) Wellen.

glaubt man aus Eigenschaften der Emissionslinien ablesen zu können, mit denen die Rotverschiebung bestimmt wird. Es gibt zwei Arten von Spektrallinien: Emissionslinien, die von Atomen und Molekülen bei ganz bestimmten Wellenlängen ausgestrahlt werden und als helle, scharfe Linien im Spektrum in Erscheinung treten. Und Absorptionslinien, die – umgekehrt – dadurch entstehen, daß Atome und Moleküle Licht bestimmter Wellenlängen aus dem sonst praktisch weißen Licht herausfiltern und damit scharfe Lücken im Spektrum hinterlassen. Sie werden als dunkle Streifen im Spektrum sichtbar. Emissionslinien werden produziert, wenn ein Gas auf über 10 000 Grad Kelvin aufgeheizt wird. Bei diesen Temperaturen werden die Elektronen von ihren Atomen weggerissen, so daß das Gas dann ionisiert ist. Wenn sich nun ein Elektron und ein Atom wieder verbinden, »rekombinieren«, dann fällt das Elektron im Atom durch eine Reihe verschiedener Energiezustände. Bei jedem Übergang gibt das Elektron dabei eine ganz bestimmte Energie in Form elektromagnetischer Wellen ab, die für jede Atomsorte charakteristisch ist. Da Wasserstoff das häufigste Element im Kosmos ist, sind seine Rekombinationslinien gewöhnlich auch am stärksten. Deshalb senden die Gaswolken in einem Quasar bei bestimmten Wellenlängen zusätzlich Licht aus, wenn neutraler Wasserstoff entsteht. Umgekehrt absorbiert ein kühleres Gas Licht bei ganz bestimmten Wellenlängen, was zu den ebenfalls in rund 60 Quasaren entdeckten Absorptionslinien führt.

Die starke Rotverschiebung in den fernen Quasaren – bis zu einer Wellenlängenvergrößerung um den Faktor 3,6 – verhindert aber den direkten Vergleich zwischen nahen und fernen Quasaren. Für ferne Quasare geraten nämlich Spektrallinien aus dem ultravioletten in den sichtbaren Bereich; bei nahen Quasaren dagegen werden die beobachteten Linien auch schon im sichtbaren Bereich ausgestrahlt. Genau-

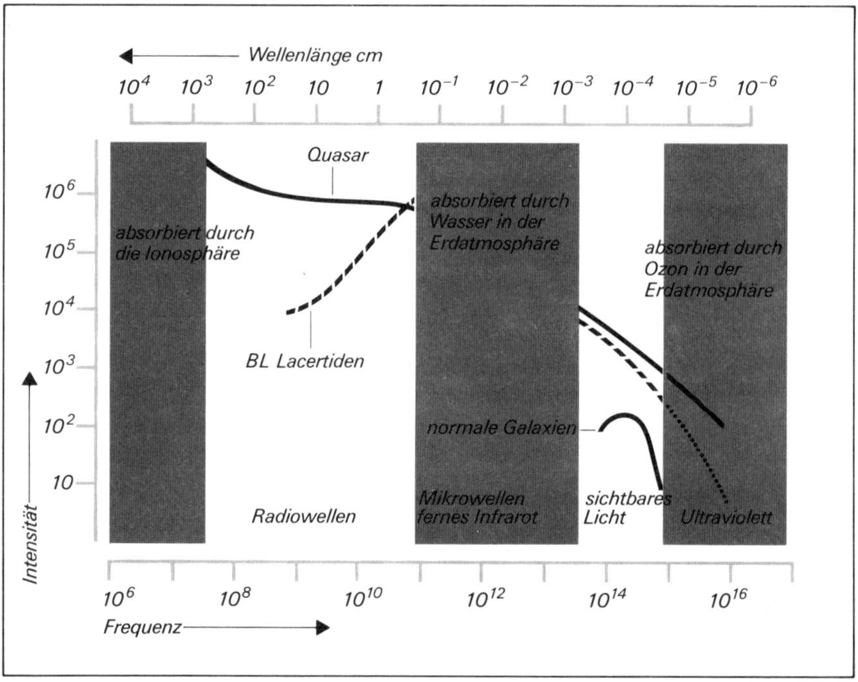

Normale Galaxien, wie die Milchstraße, geben thermische Strahlung ab, die sich hauptsächlich aus dem Licht ihrer Einzelsterne zusammensetzt. Ganz anders die Synchrotronstrahlung der Quasare und der ihnen verwandten BL Lacertiden. Sie übertrifft nicht nur im UV-Bereich die Helligkeit normaler Galaxien, sondern sie steigt im Radiobereich noch an.

genommen sieht man also jeweils Strahlung aus verschiedenen Emissionsprozessen im Quasar. Daher die Frage: Waren nahe und ferne Quasare wirklich Objekte derselben Art?

Im Frühjahr 1977 brachte eine Observation des (nahen) Quasar-Veteranen 3C 273 hier eine erste Klärung. Während eines Höhenraketenfluges richteten drei amerikanische Astronomen der John-Hopkins-Universität in Baltimore das größte je mit einer Rakete gestartete Teleskop auf 3C 273 und registrierten 4 Minuten lang dessen UV-Licht. Damit »sahen« sie Emissionslinien, die sonst nur bei den fernsten Quasaren gerade noch ins sichtbare Fenster rutschen. Ergebnis: Das ultraviolette Spektrum von 3C 273 ähnelt den ganz entfernten, stark rotverschobenen Quasaren – nahe und ferne Quasare sind also gleichartige Objekte. Woher beziehen nun Quasare ihre gewaltigen Energien? Obwohl auch dieser Punkt noch heftig umstritten ist, schält sich heute die Überzeugung heraus, daß thermonukleare Quellen völlig unzureichend sind und daß starke Gravitationsfelder der treibende Motor der Quasare sein müssen. Insgesamt erscheint uns heute ein Quasar als ein Himmelsobjekt, das

- sternartig in sichtbaren Bereichen oft auch als Radioobjekt identifiziert ist;
- Helligkeitsschwankungen innerhalb von Wochen und Tagen zeigen kann;
- starke ultraviolette Strahlung abgibt;
- breite Emissionslinien (und manchmal auch Absorptionslinien) im Spektrum aufweist, die außerdem
- stark rotverschoben sind.

Ein Lieferant für Quasarenergie: supermassive Schwarze Löcher

Diesen Wirrwarr von Einzelbeobachtungen in ein möglichst geschlossenes Modell zu bringen, versuchen die Theoretiker nun schon seit 1963 – mit unterschiedlichem Erfolg. Immerhin scheint sich inzwischen die Erkenntnis durchzusetzen, daß Quasare sich nicht wesentlich von Phänomenen unterscheiden, wie sie sich in den Zentralregionen aktiver Galaxien abspielen. Diese Vorstellung hat aus einigen frühen bizarren Ideen zu diesem Thema die Luft herausgelassen – etwa, daß in Quasaren Zerstrahlung von Materie mit Antimaterie stattfindet oder sie gar als Anzeichen für außerirdische Zivilisationen zu deuten seien. Die meisten Quasar-Modelle gehen heute davon aus, daß in einem sehr kleinen Raumbereich, höchstens ein oder zwei Lichtjahre im Durchmesser, große Materiemengen in verschiedener Form konzentriert sind, mit der Masse von einer Million bis zu einer Milliarde Sonnen. Bei den »verschiedenen Formen« denken die Theoretiker hauptsächlich an drei Möglichkeiten:

- dichte Sternhaufen;
- schnell rotierende Riesensterne, genannt »Spinare« oder »Magnetoide« und
- Materieeinsturz auf supermassive Schwarze Löcher.

In dichten Sternhaufen wären es vor allem Supernova-Explosionen, welche die ungeheuren Energiemengen des Quasars ausstoßen und wie die Lichter an einem amerikanischen Christbaum an- und ausgehen müßten. Bei rotierenden Sternriesen mit starken Magnetfeldern, den Magnetoiden, wäre der Energieausstoß dadurch beschränkt, daß sie – etwa durch eine zu rasche Rotation – instabil werden und auseinanderbrechen. Doch am meisten Strahlung erwartet man von Materie, die in ein oder mehrere große Schwarze Löcher stürzt. Ein Schwarzes Loch kann zum Beispiel dadurch entstehen, daß ein Stern all seine nuklearen Brennvorräte in seinem Innern durch Kernfusion verheizt hat. Ist die Sternmasse groß genug, dann bricht der Stern wegen der, alle Gegenkräfte dominierenden Schwerkraft in sich zusammen. Der kollabierte Sternrest wird danach von einem Raumbereich umgeben, in dem das Gravitationsfeld so stark ist, daß nicht einmal Licht daraus entweichen kann. Bei einer Sonnenmasse hätte dieser Raumbereich einen Durchmesser von 3 Kilometern.

Etwas anders verläuft die Bildung *supermassiver* Schwarzer Löcher: Ein ganzer Sternenhaufen mit mehreren Millionen Sonnenmassen und den Gasüberresten aus Supernova-Eruptionen schrumpft durch Reibungs- und Strahlungsphänomene unter der gegenseitigen Anziehung auf immer engeren Raum zusammen, um dann im Gravitationskollaps in sich zusammenzustürzen. Ein so gebildetes Schwarzes Loch von 10^6 Sonnenmassen hätte eine Ausdehnung von etwa dem vierfachen Sonnendurchmesser. Der Mittelpunkt einer Galaxie ist der natürliche Entstehungsort für solche Objekte.

Diese Entstehungsgeschichte deutet aber schon darauf hin, daß bei den Massenanhäufungen in Galaxienkernen durch dramatische Vorgänge fast immer als natürliches Endstadium der Evolution ein supermassives Schwarzes Loch entstehen kann. Als Zwischenstufen mögen daher die zuerst genannten Modelle die Geburt eines Quasars signali-

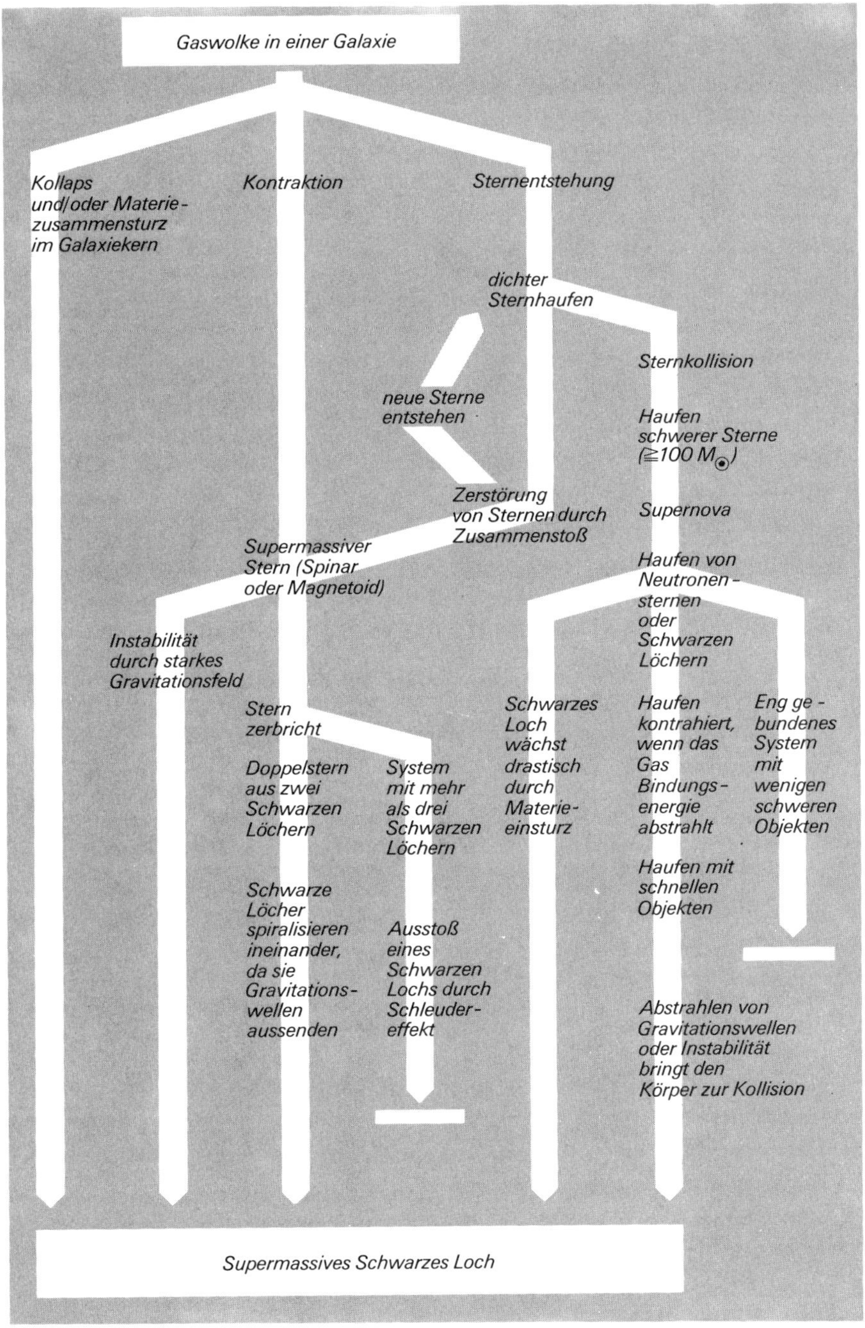

Wie sich das Zentrum einer Galaxie entwickeln kann.

sieren. Doch erst im Schwarzen-Loch-Stadium erblüht er zu vollem Leben und verwandelt sich in den effektivsten Energiekonverter des uns bekannten Universums. Das Schwarze-Loch-Modell für Quasare wird heute von Astrophysikern in Cambridge, Pasadena (Kalifornien) und des Max-Planck-Instituts für Physik und Astrophysik in München unterstützt. Als erster hat der Physiker Donald Lynden-Bell aus Cambridge im Jahr 1969 auf diese Möglichkeit hingewiesen.

Die beobachtete Strahlung der Quasare entsteht nach diesem Modell dann, wenn Gas und Sterne aus der Galaxie in das Schwarze Loch stürzen, es »füttern«, im Absturz vielleicht noch mit anderen Sternen zusammenstoßen oder selbst unter der Gezeitenwirkung des Schwerkraftfeldes auseinanderbrechen. Das Schwarze Loch wirkt dabei wie ein gigantischer Badewannenabfluß, in den das immer stärker beschleunigte, durch Kompression und Reibung aufgeheizte Material aus einer dicken, um das Loch rotierenden Scheibe hineinstürzt. Das Schwarze Loch rotiert dann um eine Achse, die senkrecht zu dieser Scheibe und damit wohl auch senkrecht zur Symmetrieebene der Galaxie steht. Starke Magnetfelder in der Scheibe, verstärkt durch turbulente Gasbewegungen, im Verein mit Stoßwellen, die durch das Gas jagen, bewirken, daß hochrelativistische Elektronen ihre Einsturzenergie als Synchronstrahlung abgeben.

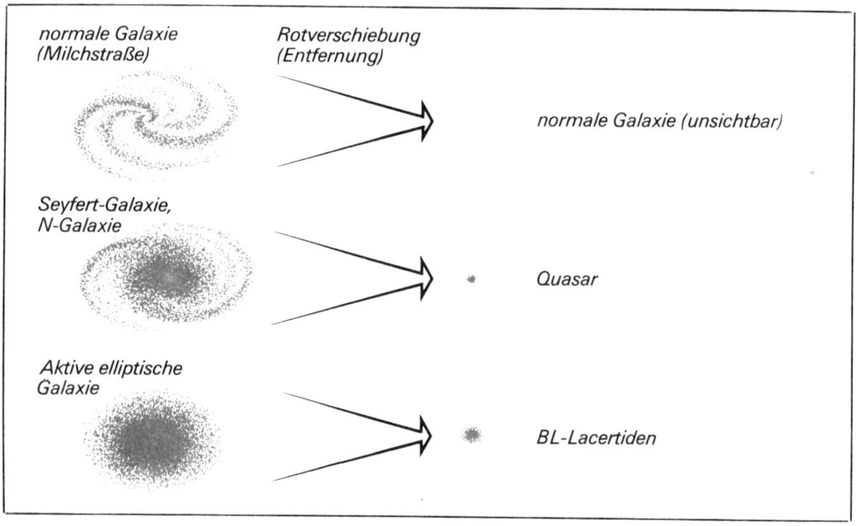

Quasare (und die mit ihnen verwandten BL Lacertiden) sind möglicherweise Frühstadien verschiedener Galaxientypen. Eine normale Galaxie wäre auf Quasar-Entfernung nicht mehr sichtbar.

Übersteigt die Menge des einströmenden Gases einen kritischen Wert, so kann es passieren, daß strahlenartige Fontänen schneller Teilchen aus der Einsturzzone herausgeschleudert werden. Zum Beispiel spekulierten Münchner Astrophysiker am Max-Planck-Institut für Physik und Astrophysik über das sogenannte Springbrunnenmodell. Danach wird zwar das meiste herauskatapultierte Gas durch umgebende Wolken wieder gestoppt, jedoch verlassen einzelne Gasstrahlen das Schwarze Loch entlang der Rotationsachse des galaktischen Kerns – ein Vorgang, der für die Entstehung der noch immer rätselhaften Radiodoppelquellen von Bedeutung wäre.

Stillt ein Schwarzes Loch von 10^6 Sonnenmassen seinen »Appetit« mit nur wenigen Sonnenmassen pro Jahr, so kann es schon die typische Quasar-Energie von 10^{46} Erg pro Sekunde – das 10^{13}fache der Sonnenleuchtkraft – ausstoßen. Auch die Emissionslinien lassen sich in diesem Modell gut unterbringen. Nach Berechnungen der Konstrukteure von Scheibenmodellen kann das Gas in und außerhalb der Scheibe unter diesen Umständen auf über 10 000 Grad Kelvin erhitzt werden. Starker Strahlungsdruck vermag die heißen Gaswolken dann mit Überschallgeschwindigkeit nach außen zu treiben, wobei die charakteristischen Emissionslinien frei werden. Die emittierenden Gaswolken überdecken dabei ein Gebiet mit dem Durchmesser von höchstens einigen Lichtwochen, so daß auch die beobachteten Helligkeitsschwankungen in Quasaren so verstanden werden können. Schwieriger sind vorläufig noch die Absorptionslinien einzuordnen. Bei einigen Quasaren scheinen sie direkt zum Quasar zu gehören – eine Hypothese, die von den Astrophysikern Judith Perry und Rudolf Kippenhahn am Münchner Max-Planck-Institut für Astrophysik untersucht wurde. Bei anderen unterscheidet sich die Rotverschiebung der Absorptionslinie so sehr von der Emissionslinie, daß es hier vielleicht naheliegt, kühleres Gas in Wolken oder Galaxien zwischen dem Quasar und der Erde für das Herausfiltern von Absorptionslinien aus dem Licht des dahinterliegenden Quasars verantwortlich zu machen.

Interessant ist auch, was mit den Quasaren nach ihrem »Absterben« geschieht – ihre Aktivität erlischt vermutlich nach etwa zehn bis hundert Millionen Jahren. Schon 1969 stellte sich Lynden-Bell ihr Ableben so vor, daß es nach der aktiven Quasarphase relativ still um die supermassiven Schwarzen Löcher in den galaktischen Zentren werde. Nach einer Schätzung von Lynden-Bell und seinem Kollegen Martin Rees

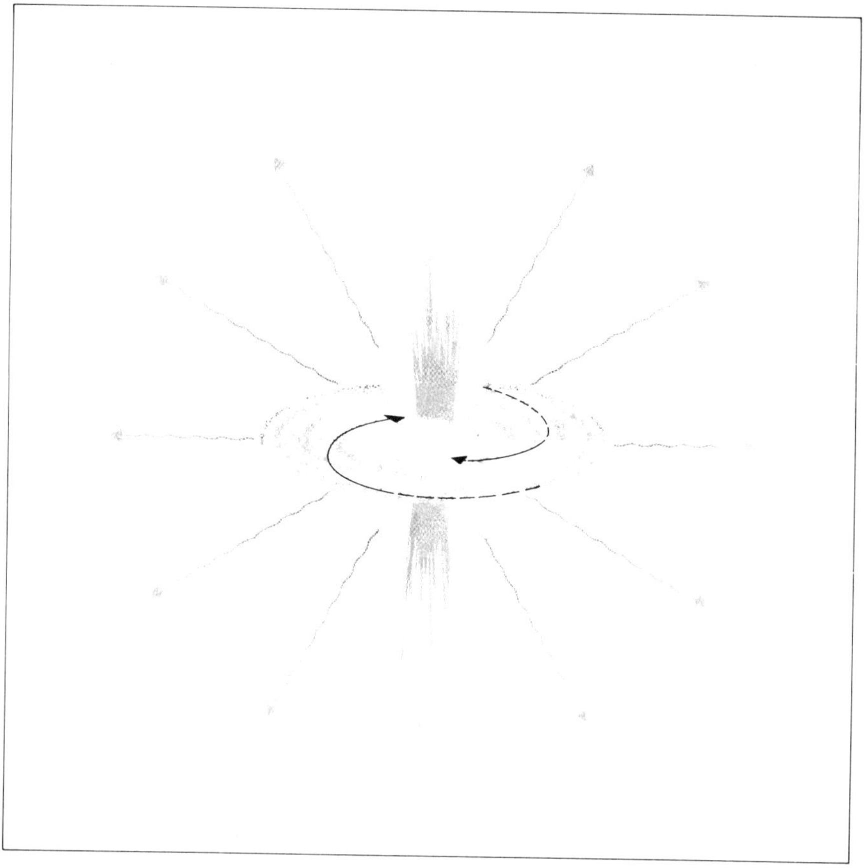

Einem Springbrunnen ähnelt eines der Modelle, mit denen Astrophysiker das Quasarphänomen erklären wollen. Danach strömt aus einer rotierenden Scheibe aus Gas und Sternen Materie in ein supermassives Schwarzes Loch. Wie in Fontänen werden Teilchen aus dem Einsturzgebiet geschleudert.

aus Cambridge gibt es heute vielleicht hunderttausendmal mehr »tote« als »lebende« Quasare. Sie glauben, daß in fast allen großen Galaxien ein inzwischen still gewordener Quasar sitzt. Ihre schwächere, aber trotzdem noch beobachtbare Aktivität stammt von dem in geringerem Maße fortdauernden Einströmen galaktischen Gases.

Dieser damals ausgesprochene Verdacht wird inzwischen durch einige astronomische Beobachtungen gestützt. In mindestens drei Galaxien fanden Astronomen innerhalb der letzten zwei Jahre Hinweise auf ein zentrales Schwarzes Superloch:

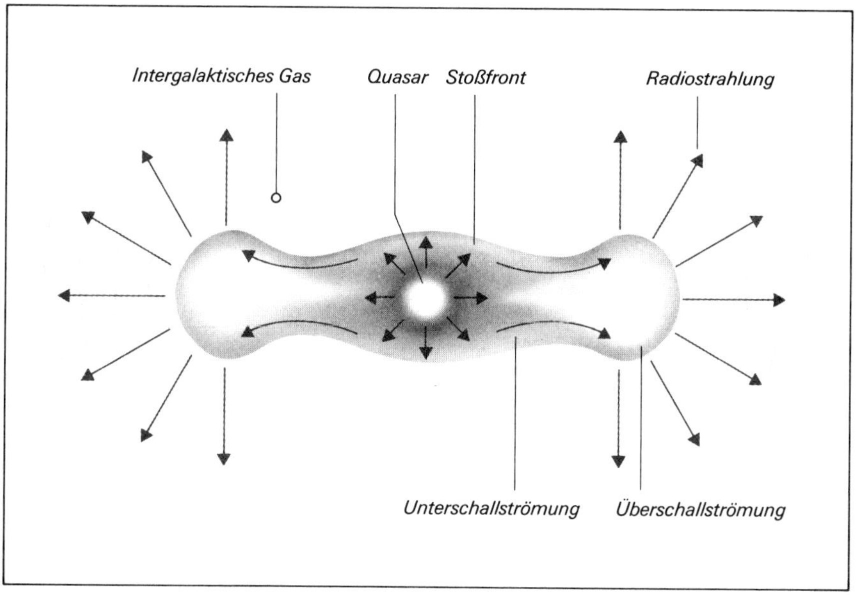

Manche Quasare sind möglicherweise das »Kraftwerk«, aus dem die sogenannten Radiodoppelquellen ihre Energie beziehen. Solche Radioquellen können bis zu 10 Millionen Lichtjahre ausgedehnt sein. Gas könnte – vom Zentrum aus – durch eine Art Doppelauspuff in zwei Richtungen ausgeschleudert werden, bis es mit dem intergalaktischen Gas zusammenstößt. Dort würden dann Radiowellen entstehen.

- Im Zentrum der Milchstraße entdeckte eine Arbeitsgruppe am National Radio Astronomy Observatory der Universität Pennsylvanien 1977 eine kompakte, fast punktförmige Radioquelle; geschätzte Masse des mutmaßlichen Schwarzen Lochs: sechs Millionen Sonnenmassen.
- In der Mitte der nächsten Radiogalaxie, Centaurus A, stieß man 1976 auf starke, lokalisierte Röntgenstrahlung. Sie weist auf ein supermassives Schwarzes Loch von etwa hundert Millionen Sonnenmassen hin;
- Eine Gruppe kalifornischer Astronomen bemerkte im letzten Jahr eine neue Besonderheit im Kerngebiet der uns am nächsten liegenden Galaxie, der elliptischen Riesengalaxie M 87, die etwa fünfzig Millionen Lichtjahre entfernt ist und schon lange durch spektakuläre Aktivitäten auffiel. Danach sind ihre Sterne stärker als üblich um den Galaxienkern gehäuft und zeigen ungewöhnliche Geschwindigkeiten.

Im Jahre 1979 traten Quasare erneut auf spektakuläre Weise in Erscheinung. Astronomen entdeckten einen Quasarzwilling, der nach dem bisherigen Stand der Diskussion das Doppelbild eines einzigen Quasars sein könnte. Die scheinbare Verdoppelung des Quasarlichts bewirke – so die Hypothese – eine »Linse«, die selbst so groß ist wie eine ganze Galaxie und die irgendwo zwischen dem Quasar und der Erde plaziert sein müsse.

Die beiden Quasare 0957 + 561 A und B wurden am 29. März 1979 mit dem 2,1-m-Teleskop des Kitt-Peak-Observatoriums im US-Bundesstaat Arizona entdeckt. Die Rotverschiebung der kosmischen Zwillinge liegt bei z = 1,414, das entspricht einer Fluchtgeschwindigkeit von 212 000 km/s. Das entspricht einer Entfernung von rund zehn Milliarden Lichtjahren. Das Objekt liegt damit am Rande des Weltalls. Als das heute beobachtete Licht den Weg von dort bis zu uns zur

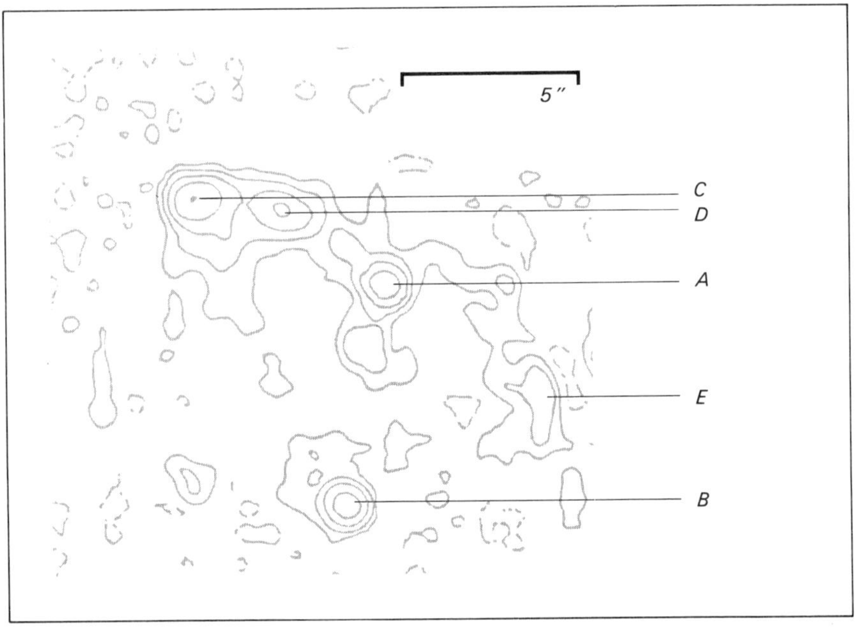

Hochpräzise Aufnahme der Radiostrahlung des Doppelquasars 0957+561 A, B im Sternbild des Großen Bären, die mit Hilfe der VLBI-Technik gewonnen wurde. Eine »Gravitationslinse« galaktischen Ausmaßes spiegelt vielleicht die Bilder A und B eines einzigen Quasars vor. Die Nebenzentren C, D und E können durch Unregelmäßigkeiten in der »Linse« entstehen.

Hälfte zurückgelegt hatte, entstand gerade unser Sonnensystem. Im Vergleich dazu ist der gegenseitige Abstand der beiden Quasare äußerst gering, er beträgt nur 220 000 Lichtjahre, der doppelte Durchmesser unserer eigenen Milchstraße.

Bereits nach der Entdeckung der eng beieinander stehenden Quasare hielt man sie für ein verdoppeltes Abbild eines einzelnen Objektes. Dieser Effekt könnte dadurch zustande kommen, daß zwischen Quasar und Erde eine galaxiengroße Masse liegt, die das Licht ablenkt und durch den »Gravitationslinsen-Effekt« verdoppelt. Der Grund: Die Komponenten A und B glichen sich in ihren optischen Eigenschaften zu sehr, um sie für zwei verschiedene Objekte zu halten: Die Rotverschiebung, die von den sogenannten Emissionslinien gewisser Ionen der Strahlungsquelle abgelesen wird, ist für beide die gleiche. Außerdem ähneln sich die Quasar-Zwillinge auch in den Rotverschiebungen ihrer diversen Absorptionslinien. Diese werden durch Gaswolken hervorgerufen, die zwischen Quasar und Erde liegen. Die dritte Übereinstimmung: Die Materieströme, die von den Quasaren selbst bis zu einer halben Million Lichtjahre weit in den Weltraum hineintreiben, haben bei beiden Objekten nahezu dieselbe Geschwindigkeit.

Diese Eigenschaften wurden fast gleichzeitig von Astronomen des Harvard-Smithsonian Astrophysical Observatory bestätigt, die sich auf Aufnahmen mit dem neuen Multi-Spiegel-Teleskop in Arizona stützen konnten. So viel Ähnlichkeit hatte es bei zwei verschiedenen Himmelskörpern bisher noch nie gegeben. Deswegen lag für die beiden britischen Astronomen Dennis Walsh und Robert Carswell sowie für ihren amerikanischen Kollegen Ray Weyman die Frage nahe, ob es sich um das gleiche Objekt handle. Die Verdoppelung könnte durch das Gravitationsfeld einer näheren Galaxie entstehen, die jedoch immer noch zu weit entfernt wäre, um entdeckt zu werden.

Schon 1936 hatte Albert Einstein gezeigt, daß so etwas möglich ist. Liegt eine punktförmige Lichtquelle genau hinter der »Gravitationslinse«, so würde sie als ein heller Ring erscheinen; bei Abweichungen von der Linie Erde-Gravitationslinse wären zwei verschieden helle Objekte sichtbar. Die größere Helligkeit von Quasar B läßt sich auch durch die Linsenwirkung erklären. Da das Licht dabei verschieden lange Wege zurückgelegt haben müßte, hätte dies auch eine Laufzeitverzögerung von mehreren Monaten verursacht. Eine Helligkeitsschwankung in Objekt A sollte also Monate später auch in Objekt B sichtbar werden.

Im Sommer 1979, als dann die ersten Radiomessungen aufkamen,

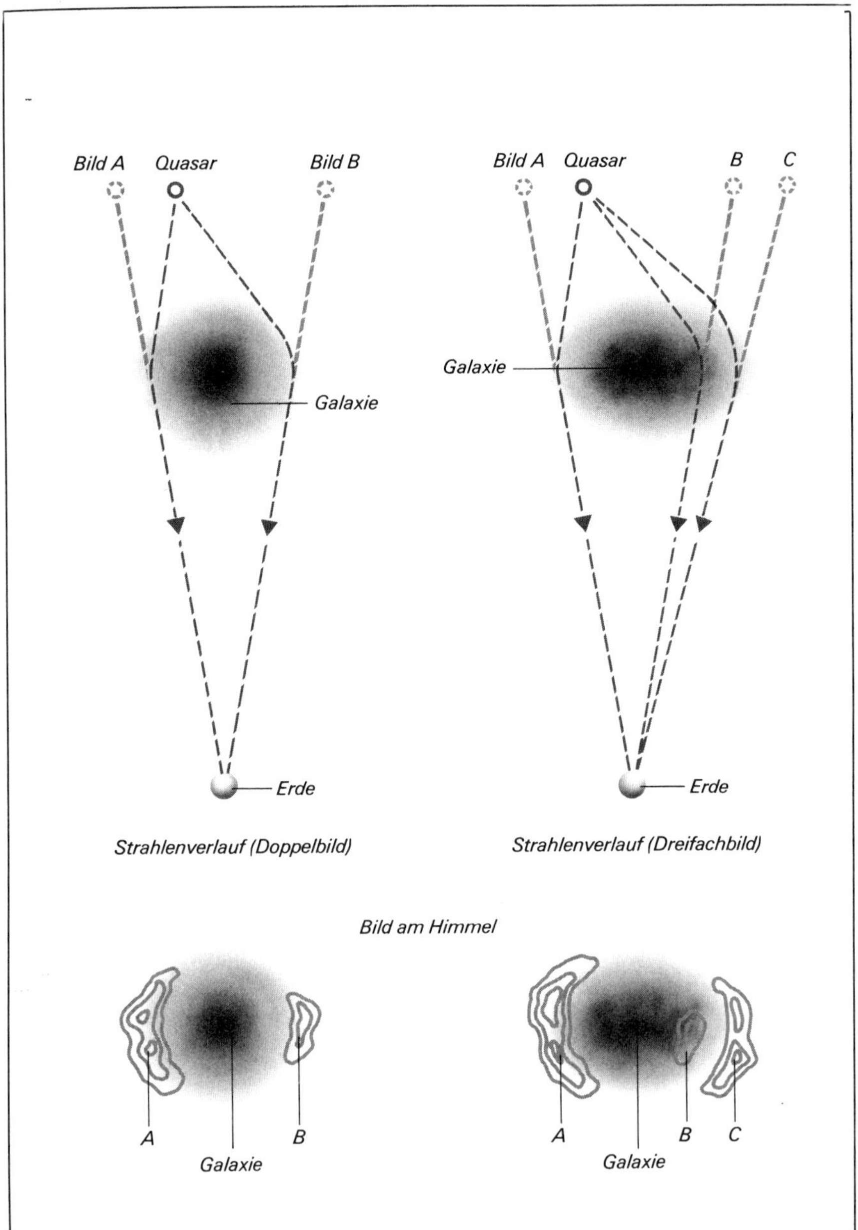

Wie eine Galaxie als »Gravitationslinse« aus dem Licht eines Quasars mehrere Abbilder auf den Himmel zaubern könnte, zeigt der Strahlenverlauf (oben) und die resultierende Lichtverteilung, die wir astronomisch wahrnehmen würden (unten).

gab es Zweifel an der »Linsenhypothese«. Die Radioteleskope des Very Large Array in Socorro (New Mexico) zeigten nämlich zusätzliche Strahlungszonen (C, D und E im Radiobild), wie sie nicht von einer gravitativen Punktlinse hervorgerufen werden konnten. Für einige Zeit dachte man, es müsse sich dann eben doch um zwei verschiedene Quasare handeln, die vielleicht nur einen gemeinsamen Ursprung hatten. Ende 1979 untersuchte dann eine Gruppe von US-Astronomen neue Fotografien mit dem Mount-Palomar-5-m-Spiegel. Sie fanden heraus, daß die Idee der Gravitationslinse doch beibehalten werden konnte, da zusätzlich zu einer Galaxie auch noch ein ganzer Galaxienhaufen (zu dem die Galaxie gehörte) die Linsenwirkung verstärkte. Mit der durch den Haufen komplizierter gestalteten Form der Linse konnten auch mehrfache scheinbare Bilder eines einzigen Quasars entstehen.

Seit 1980 noch ein ähnliches Objekt entdeckt wurde, bei dem drei optische Bilder eines Quasars ausgemacht wurden – also ein Tripel-Quasar –, erhielt Einsteins Idee der Gravitationslinse neue Unterstützung.

Quasare und die Veränderung der Naturkräfte

Die Frage der globalen Veränderlichkeit von Naturkonstanten konnte mit Hilfe der Quasare besonders wirksam angegriffen werden. Wenn – wie stets angenommen wird – die Rotverschiebung der Spektrallinien im Quasarlicht durch die kosmische Expansion verursacht wird, dann sollte das Verhältnis zweier Wellenlängen, die im Quasar beobachtet werden, genau so groß sein wie auf der Erde. Dies gilt aber nur, so lang sich die Konstanten in der Zwischenzeit nicht veränderten.

Wenn ein Atom Energie in Form von Licht aufnimmt oder ausstrahlt, dann hüpft ein Elektron von einer erlaubten Umlaufbahn der Atomhülle zu einer anderen. Für Spektrallinien, die beim Übergang nahe beisammen liegender Elektronenbahnen entstehen, ist die Wellenlänge abhängig von der elektromagnetischen Feinstrukturkonstante. Die Bezeichnung »Feinstrukturkonstante« stammt ja von der »Feinstruktur« im Spektrum, also von der Existenz eng benachbarter Linienstrahlung. Analoges passiert im Atomkern bei der 21-Zentimeter-Strahlung des Wasserstoffs. Auch ein Atomkern kann Energie aufnehmen und abgeben, indem er seine Orientierung relativ zur Atomhülle ruckartig verändert. Die Physik dieses Prozesses hängt von der Protonmasse, aber auch von der starken Kernkraft ab. Die abgegebene Radiostrahlung von 21 Zentimetern Wellenlänge ist selbst ein wichtiges Hilfsmittel bei der Erforschung der Wasserstoffverteilung im Kosmos, denn Wasserstoff ist das häufigste kosmische Element.

Das Verhältnis der 21-Zentimeter-Strahlung zu einer Linie im sichtbaren Licht hängt damit ab von

- der elektromagnetischen Feinstrukturkonstante;
- der starken Kernkraft und
- dem Verhältnis von Elektronen- zu Protonenmasse.

In den siebziger Jahren untersuchten US-Astronomen die Radio- und die sichtbare Strahlung von Quasaren in unterschiedlichen Himmelsrichtungen. Für jeden der betrachteten Quasare konnte gezeigt werden, daß der Quotient der beiden Wellenlängen innerhalb einer Genauigkeit von einem Zehntel Promille mit den Laborwerten auf der Erde übereinstimmt. Da es weniger wahrscheinlich erscheint, daß alle drei Größen sich genau so veränderten, daß sich die Veränderungen insgesamt wieder aufheben, müssen die Konstanten einzeln über die Entfernungen zu den Quasaren räumlich und entsprechend in die Vergangenheit konstant gewesen sein. Für die untersuchten Quasare macht das etwa dreizehn Milliarden Lichtjahre Abstand und dreizehn Milliarden Jahre in die Vergangenheit. In dieser kosmischen Urepoche entstanden gerade die ersten Sterne. Die Sonne bildete sich erst vor rund fünf Milliarden Jahren.

Mit einer eleganten Überlegung kann man aus diesen Meßwerten noch weiter reichende Schlüsse ziehen. Im März 1980 überlegten sich A. D. Tubbs vom National Radio Astronomy Observatory (Charlottesville) und A. M. Wolfe von der Universität Pittsburgh, daß die großen Abstände der beobachteten Quasare relativ zueinander noch mehr über die Naturkonstanten aussagten.

In einem expandierenden Universum mit einer endlichen Vergangenheit gibt es Objekte, die so weit voneinander entfernt sind, daß das Licht noch nicht von einem Objekt zum anderen gelangen konnte. Das liegt daran, daß sich der Kosmos in seiner Frühphase schneller als mit Lichtgeschwindigkeit ausdehnte – was *nicht* im Widerspruch zur Kausalität steht! Jede sich ausbreitende Lichtwelle konnte also nur einen Teil des Universums erreichen. Alle Gegenstände, die von einem Punkt aus beobachtet werden, liegen innerhalb des sogenannten *Horizontes* von dem Punkt. Der Horizont jedes Punktes ist der kausal erreichte Raumbereich, also der Raum innerhalb einer Kugel um den Punkt, deren Radius mit Lichtgeschwindigkeit anwächst.

In kosmologischen Theorien, in denen sich die Naturgesetze verändern, werden die Werte der Fundamentalkonstanten an einem Raum-Zeit-Punkt durch all die Materie innerhalb des Horizontes des Punktes festgelegt. Dahinter steht das Prinzip Machs, nach dem zumindest die Trägheit eines Teilchens durch die restliche Materie im Kosmos festgelegt wird. Wenn die Horizonte zweier, weit auseinanderliegender Punkte – zweier Quasare – sich nicht überlappen, die Konstanten aber in beiden Bereichen trotzdem den gleichen Zahlenwert zeigen, dann können diese Werte nicht allein durch die Materie innerhalb der jeweiligen Horizonte bestimmt werden. Dies würde auch die Machsche Idee widerlegen, zumindest in einer verallgemeinerten Form, nach der *alle* Fundamentalkonstanten – nicht nur die Massenträgheit – durch die Materie innerhalb des Horizontes festgelegt würden.

Stattdessen müßte die Gleichheit der Naturgesetze an zwei, kausal nicht zusammenhängenden Gebieten auf einen Vorgang unmittelbar im Urknall zurückgeführt werden. Tubbs und Wolfe wiesen darauf hin, daß sich die Horizonte der zwei am weitesten voneinander entfernten Quasare nur um 27 Prozent überlappen. Deshalb könnte auch der Großteil der Materie innerhalb des einen Horizontes nicht die Materie im anderen beeinflussen. So könnten sich auch die Werte der Fundamentalkonstanten in beiden Bereichen nicht gegenseitig beeinflußt haben. Das bedeutet für die elektromagnetische Feinstrukturkonstante, die starke Kernkraft und das Massenverhältnis von Elektron und Proton, daß diese Zahlenwerte schon sehr früh zu Beginn des Kosmos überall gleich waren und auch seither überall gleich geblieben sind.

VI
Sternexplosionen und intelligentes Leben

Schwere Elemente für die Biologie

Es ist leicht einzusehen, daß es ohne die Sonne kein Leben auf der Erde gäbe. Doch weit weniger evident ist es wohl, daß es ohne das Sterben der Sterne, ohne Supernovae also, kein Leben auf der Erde und anderswo geben könnte. Das liegt an der Notwendigkeit schwerer Elemente für das Leben. Beispiel Wasser: Eine wichtige Grundlage irdischen Lebens ist Wasser, eine chemische Verbindung aus Wasserstoff und Sauerstoff. Der Wasserstoff ist das häufigste und leichteste Element im Kosmos; seine Bestandteile – ein Proton und ein Elektron – bildeten sich bereits im Urknall. Die Kernfusionsprozesse im Urknall stoppten jedoch im wesentlichen schon nach dem nächstschwereren Element, dem Helium. Schon die Sauerstoffatome, die für eine chemische Verbindung wie das Wassermolekül notwendig waren, mußten später in den Sternen nachproduziert werden. Ähnlich steht es mit allen anderen Elementen, die noch schwerer sind als Wasserstoff und Helium.

Das galaktische Gas der Milchstraßen wurde erst im Laufe der Jahrmilliarden mit schweren Elementen angereichert. Es wurde zuerst in Sternen »verkocht« und dann durch das explosive Verglühen der Sterne dem interstellaren Medium zugeführt. Jedes schwere Atom in unserem menschlichen Körper – ob Kalium, Eisen oder Kalzium, ob Kohlenstoff, Sauerstoff oder Stickstoff – durchlief Hunderte, wenn nicht einige tausend Supernova-Kreisläufe, bevor es im solaren Urnebel kondensierte, aus dem vor 4,7 Milliarden Jahren Sonne und Erde

Rechts: Das Netzwerk zur Verarbeitung kosmischer Materie. Der Tod der Sterne – die Supernovae – spielt dabei eine zentrale Rolle.

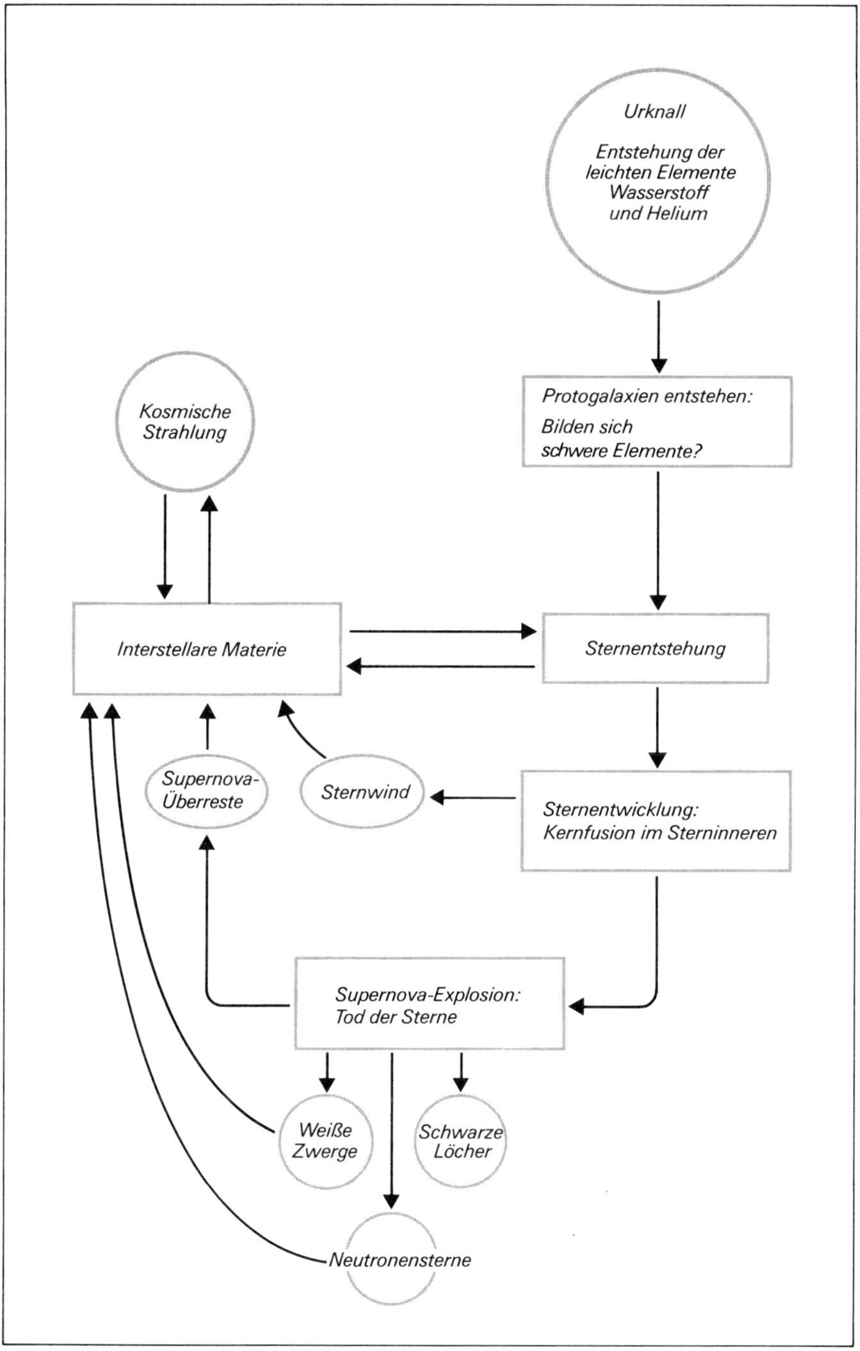
Urknall
Entstehung der leichten Elemente Wasserstoff und Helium
Protogalaxien entstehen:
Bilden sich schwere Elemente?
Kosmische Strahlung
Interstellare Materie
Sternentstehung
Supernova-Überreste
Sternwind
Sternentwicklung:
Kernfusion im Sterninneren
Supernova-Explosion:
Tod der Sterne
Weiße Zwerge
Schwarze Löcher
Neutronensterne

entstanden. Ein Gefühl enger Verbundenheit mit der kosmischen Vergangenheit der Milchstraße wäre deshalb durchaus angebracht.

Für die Existenz des Lebens würde es nicht ausreichen, wenn Sterne nur entstehen und in ihrem Inneren durch Kernfusion schwere Elemente erzeugen würden. Jeder neue Stern würde auch heute noch aus interstellaren Wolken des gleichen »jungfräulichen« Gemisches aus Wasserstoff und Helium entstehen, wie die ersten Sterne in den Urgalaxien vor über fünfzehn Milliarden Jahren. Nur wenn ein Stern seine langsam erbrüteten und angesammelten Vorräte an schweren Elementen wieder freigibt, kann das interstellare Gas durch sie angereichert werden. Der nächste Stern, der sich aus diesen Wolken bildet, wird dann auf den Produkten seiner Vorgänger aufbauen und mehr der schwereren Elemente fabrizieren!

Der interstellare Materiefleischwolf mußte sich so lange drehen, so viele Milliarden Jahre seine eigenen Produkte immer wieder durcheinandermischen und wieder selber verspeisen, bis die kosmische Elementhäufigkeit etwa den heutigen Stand erreicht hatte. Ein vollständiger Durchlauf der prozessierten Materie konnte dabei relativ rasch vonstatten gehen. Denn gerade die massereichen Sterne leben am kürzesten. Ein Stern von zehn Sonnenmassen braucht nur einige Millionen Jahre, bis er den Sternentod erleidet. Für die spätere Entstehung des Lebens jedenfalls war nur ein explodierender Stern ein »guter« Stern! Das Wesen der Supernova-Explosion zu verstehen, ist der Forschungsgegenstand vieler Wissenschaftlergruppen in der ganzen Welt. Doch sie scheinen damit ihre Probleme zu haben.

Das Dilemma der Supernova-Experten

Die Geschichte liest sich zwar spannend: »Supernova-Explosionen werden durch die Energie ausgelöst, die freigesetzt wird, wenn der Eisenkern eines Sterns implodiert und dabei ein Neutronenstern entsteht; oder bei einem massenreicheren Stern durch die Implosion seines Kerns zu einem Schwarzen Loch. Die äußeren Schichten des Sterns werden dabei in das umgebende interstellare Medium geschleudert, was die Materie für eine neue Generation von Sternen neu verteilt.«

Doch diese Beschreibung, die sich auch in neuesten Büchern zum Thema Sternexplosionen finden läßt, ist, soweit wir sie streng wissenschaftlich nachvollziehen können, irgendwo unvollständig oder falsch. Sie muß einen oder mehrere Fehler enthalten und kann daher vorläufig höchstens als plausibles Szenario gelten. Trotz aller Anstrengungen, das Phänomen des Sternzusammenbruches und der anschließenden Hüllensprengung auf dem Computer zu simulieren, scheint die Forschung gegenwärtig an eine unsichtbare Mauer zu stoßen. Der Grund: In der numerischen Simulation brechen die Sterne am Ende ihrer Entwicklung zwar »programmgemäß« in sich zusammen, aber sie explodieren nicht.

»Um so schlechter für die Natur«, sagte Albert Einstein einst, befragt um seine Reaktion, falls die Beobachtungen seinen mathematischen Gleichungen widersprochen hätten. Verschiedene Gebiete der Physik laufen in der Beschreibung einer Sternexplosion zusammen: Kernphysik, die Theorie der Kernfusion, Gravitationstheorie, Elementarteilchenphysik, Thermodynamik, Gasdynamik und sehr viel Astrophysik.

Nur bei massereichen Sternen kann eine Supernova überhaupt eintreten – die Sonne wird niemals »explodieren«. So gelten die folgenden Überlegungen nur für Sterne mit mehr als zehn Sonnenmassen. Drei Phasen sind es, die zum Supernova-Ereignis führen. *Phase 1:* Das »normale« Leben eines Sternes als sogenannter Hauptreihenstern und anschließend als Roter Riese. *Phase 2:* Der kollapsartige Zusammenbruch des Sterns von einer Implosion zur Explosion, bei der der größte Teil der Sternhülle in den interstellaren Raum katapultiert wird. Die Nachwirkungen der *Phase 3* beobachten die Astronomen, wie kürzlich in einer Nachbargalaxie oder wie Tycho de Brahe und Johannes Kepler in der Milchstraße: ein wochenlanges Aufleuchten mit Helligkeiten, die eine ganze Galaxie überstrahlen können. Außerdem sehen sie Supernova-Reste – auseinandertreibende Gaswolken, wie im Krebs- oder Vela-Nebel.

Die Zeitspannen der Phasen sind höchst unterschiedlich. Während ein massereicher Stern mehrere Millionen Jahre als »Normalstern« verbringt, kollabiert er schließlich in Sekundenbruchteilen (Phase 2) und explodiert in runden 10 Sekunden (auch wenn das Aufflammen der Strahlungsenergie noch monatelang danach zu sehen ist).

Wie die Sonne in ihrem gegenwärtigen Zustand »ernährt« sich auch ein schwerer Stern anfänglich von seinem Wasserstoff, den er in seinem Zentrum bei etwa 30 Millionen Grad zu Helium verbrennt. (Das geschieht über die zuerst von Bethe und von Weizsäcker entdeckten »Kohlenstoff-Stickstoff-Sauerstoff-Zyklen«.) Die dabei freigesetzte Energie in der Atomkernverschmelzung hält die Sternenkugel stabil bei einer bestimmten Größe: Der nach außen wirkende Druck von Strahlung und heißem Gas kompensiert die zum Zentrum drückende Schwerkraft.

Ist der Wasserstoff im Zentrum erschöpft und vollständig in Helium verwandelt, so zieht sich der Stern erst einmal zusammen. Denn plötzlich kühlt der Fusionsofen im Inneren ab, es wird dort weniger Energie nachgeliefert, als an der Oberfläche abgestrahlt wird. Damit zapft der Stern auf doppelte Weise Energiequellen an: Einmal setzt durch die Kompression nun in weiter außen liegenden Schalen der Sternhülle Wasserstoffbrennen ein; zum anderen kontrahiert Helium im Zentrum weiterhin so lange, bis es bei rund 200 Millionen Grad Kelvin die nächste nukleare Brennstufe, das Heliumbrennen, zündet. Bei der Verschmelzung von Heliumteilchen bildet sich über die instabile Zwischenstufe Beryllium Kohlenstoff. Sobald nun das Helium aufgebraucht ist – es liefert weit weniger Fusionsenergie als Wasserstoff – wiederholt sich der Kontraktionsvorgang. Nach Helium zündet Kohlenstoff, danach Sauerstoff und schließlich, bei Temperaturen oberhalb von 4 Milliarden Grad, auch Silizium. Beim Siliziumbrennen – der letzten nuklearen Brennstufe – werden die stabilsten aller Elemente erzeugt: die Atome der Eisengruppe, vor allem also Eisen, Nickel, Kobalt, aber auch Mangan, Chrom und Titan. War bei den vorhergehenden Brennstufen die Energieausbeute jeweils geringer, die Brennzeit damit jeweils kürzer geworden – beim Eisen ist damit Schluß. Die nukleare Verschmelzung von Eisenatomen setzt keine Energie mehr frei.

Gleichzeitig entstanden bei fortschreitender Kontraktion des Sternes weitere nukleare brennende Schalen im äußeren Bereich des Sterns, zuletzt und am Innersten eine siliziumbrennende Schicht. Im Sternenzentrum wächst aber inzwischen ein größerer Klumpen aus Eisen und Nickel heran, der aus der Siliziumschalenquelle weiter mit Metall versorgt wird. Seine Anziehung erreicht bei eineinhalb Sonnenmassen einen kritischen Wert, wo er seiner eigenen Schwerkraft nicht mehr standhalten kann. Nach dem gemächlichen, fast statischen Verbrennen nuklearen Brennstoffs wechselt der Stern plötzlich das Tempo. Die Phase 1 endet in dem Moment, in dem der Stern sein Gleichgewicht verliert. Dann beginnt Phase 2. Das Sternzentrum bricht in Bruchteilen einer Sekunde in sich zusammen. Der Stern schrumpft fast ruckartig mit anwachsender Geschwindigkeit. Von diesem Kollaps wird der ferne Beobachter optisch nichts wahrnehmen. Der sieht nur die spätere Explosion. Nur Gravitationswellen und Neutrinos, die beim Kollaps entstehen, könnten zukünftige Antennen für diese Wellenarten registrieren.

Der Kollaps setzt gravitative Bindungsenergie frei, von der etwa ein Zehntel innerhalb einer Sekunde nach Kollapsbeginn als Supernova-

Energie von 10^{51} erg, gleich 3×10^{37} kWh, in den Weltraum gejagt wird. Dazu muß jedoch zuerst einmal der Kollaps gestoppt werden. Dies gelingt, wenn die Materie so weit komprimiert ist, daß sie so dicht wie in einem Atomkern wird. In diesem Zustand baut sich ein Gegendruck auf, der die Einsturzbewegung abfängt. Wenn der Kollaps gestoppt wird, erreicht Phase 2 ihr Ende. Das Zwischenresultat: Im Innern des Sterns ist nun ein komprimierter Körper entstanden, eineinhalb Sonnenmassen schwer, Durchmesser 20 Kilometer; so dicht wie ein Atomkern, aber mit einem Volumen von 4 000 Kubikkilometern.

Die Sprengung eines Sternes

Sobald die zusammengestürzte Sternmaterie im Zentrum abrupt zum Halt kommt, könnte nun ihre Bewegungsenergie wieder nach außen reflektiert werden: durch eine nach außen laufende »hydrodynamische« Stoßwelle, die durch nachstürzende äußere Sternschichten hindurchläuft. Außerdem können auch Neutrinos, die in der letzten heißen Kollapsphase im Kern erzeugt werden, Energie nach außen in die Sternhülle tragen.

»Das Ergebnis ist eine Supernova-Explosion, bei der der größte Teil der Sternmasse mit Geschwindigkeiten von etwa 10 000 Kilometern pro Sekunde in den interstellaren Raum geschleudert wird«, resümierte vor kurzem der Supernova-Spezialist Wolfgang Hillebrandt am Max-Planck-Institut für Astrophysik in Garching bei München. Aber er gibt auch zu: »Es ist heute noch nicht vollständig geklärt, ob die geschilderten Prozesse in der Tat zu einer Supernova-Explosion führen.«

Seit Ende der sechziger Jahre bearbeiten theoretische Physiker aktiv dieses Problem, ohne bis jetzt eine schlüssige Antwort gefunden zu haben. In großen Computerprogrammen wird heute in vielen Wissenschaftszentren der Vorgang Kollaps simuliert, wird in mathematischen Gleichungen nachvollzogen, wie Hunderte von Kernsorten bei mehreren Milliarden Grad in rasch komprimierter Materie miteinander reagieren. Manchmal zeigt der Computer zwar eine echte Explosion – aber nur unter unphysikalischen Annahmen. Für realistische Ausgangszustände und Gesetze der Materie ist das Ergebnis: Im Sterninnern werden einige Schichten um den Eisen-Nickel-Neutronenstern durch »Core bounce« wieder nach außen geworfen, mit etwa 30 000 Kilometern pro Sekunde Geschwindigkeit. Allerdings nur ein Stück weit. Die Stoßwelle, die selbst mit rund 60 000 Kilometern pro Se-

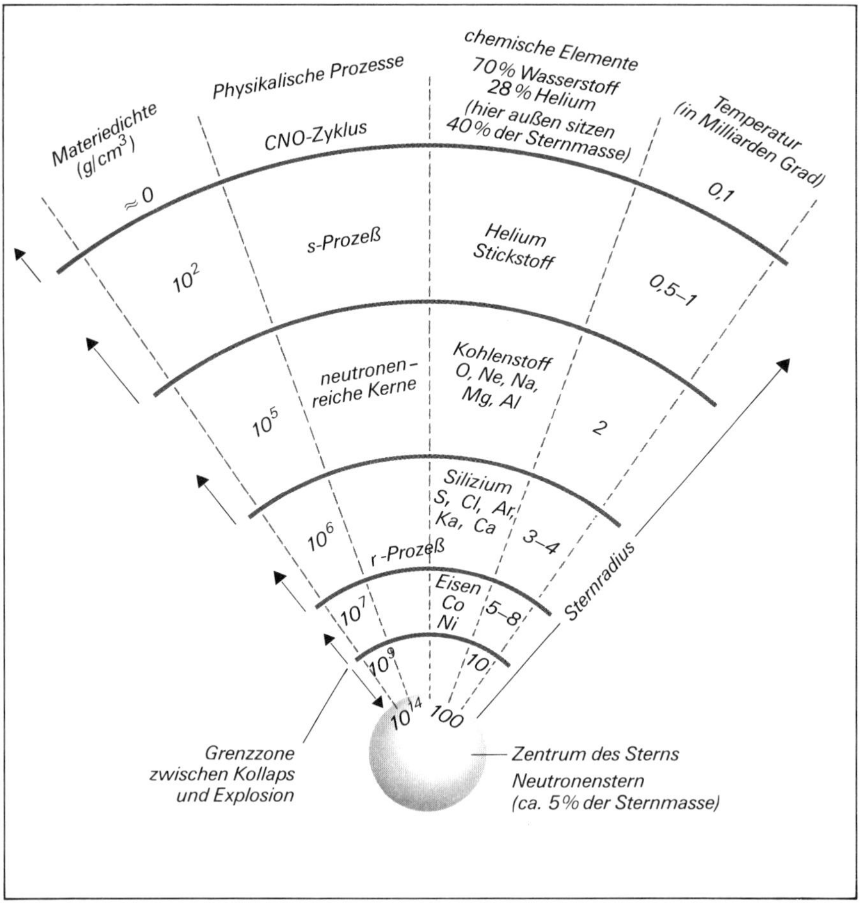

Erst durch Sternexplosionen können die lebenswichtigen Elemente in den Weltraum geschleudert werden, die im Innern der Sterne erbrütet werden.

kunde (= 20 Prozent der Lichtgeschwindigkeit) aus dem Innern nach außen rast und die Materie teilweise mitreißt, verebbt aber schon nach Sekundenbruchteilen: Die Atomkerne, die von der Welle erfaßt werden, verdampfen und entziehen ihr damit sehr rasch alle Energie. Noch bevor die Stoßwelle die Sternhülle erreicht, ist sie – und damit die nach außen gerichtete Materiebewegung – gestoppt. Im Computer gibt es bis jetzt noch keine Phase 3, keine Supernova.

Was übersehen die Physiker? Was machen sie falsch? Dazu gibt es mehrere Vermutungen. Doch vorher ist zu betonen, daß der »Fehler« im theoretischen Verständnis in der Zeit vor dem »Bounce« liegen muß, also in der Physik des Kollapses selbst. Denn was *danach* passiert, führt auf Ergebnisse, die wiederum verblüffend gut zu unseren Beobachtungen passen. So sind mindestens drei Supernova-Überreste bekannt, in denen ein Neutronenstern sitzt; der Krebs-Nebel, der Vela-Nebel und RCW 103. Nimmt man nämlich an, daß im Herzen des komplizierten Sterns – am Rand des Neutronensterns – eine Stoßwelle ausreichender Stärke entsteht und als kugelsymmetrische Explosionswelle nach außen läuft, so läßt sich weiter verfolgen, was passiert. In weniger als einer Zehntelsekunde durchquert dann die angenommene Stoßwelle die Innenzone, in einigen Stunden ist sie auch durch die Außenschichten des Sterns hindurch. Ihre Laufgeschwindigkeit erreicht dabei das Fünffache der lokalen Schallgeschwindigkeit, ein Schock mit Mach 5! So rast die Kugelwelle durch den Stern, erhöht in

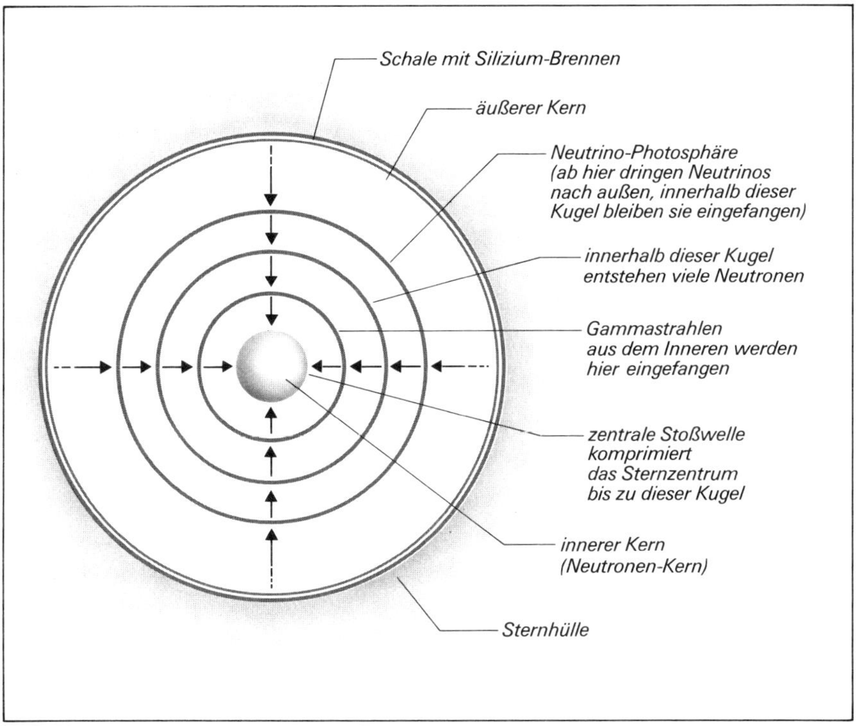

Eine Supernova-Explosion beginnt mit dem Kollaps eines Sternzentrums. Während außen noch Kernfusionsprozesse ablaufen (Silizium), entstehen in Millisekunden im Innern ein Neutronenkern und energiereiche Strahlung (Gammastrahlen, Neutrinos).

der Stoßfront Materiedichte und Temperatur auf das Vier- bis Sechsfache und zündet für Zehntelsekunden in den verschiedenen Sternschichten, die sie durcheilt, weitere Kernfusionen.

Schließlich wird die Sternhülle abgesprengt und damit die neu thermonuklear »verbrannten« Elemente in den Raum geschleudert. Aber, vergessen wir nicht: Um zu dieser Supernova-Explosion zu gelangen, muß eine Stoßwelle aus dem Innern angenommen werden, deren Wucht die Sternhülle wegsprengen konnte. Die Energie dieser Supernova (ungefähr 10^{51} erg) hat man vorher also »von Hand« in das Computerprogramm eingespeist. Aber die Elementzusammensetzung in der ausgestoßenen Materie entspricht derjenigen, die wir in der Sonne beobachten, jedenfalls bei den Elementen, die schwerer sind als Wasserstoff und Helium.

Steckt die Supernova-Forschung in einer Sackgasse?

Der »Fehler« liegt also davor. Liegt er im Kollaps? Im »Bounce«? In den Neutrinos? Es gibt mehrere mögliche Fehlerquellen und Unbekannte, da hier die Physik ständig in Bereiche vorstößt, in der kein Naturgesetz mehr durch irdische Laborphysik überprüfbar ist. Hilfe erwarten sich die Wissenschaftler vor allem in folgenden Punkten: Zunächst einmal vom Zustand der Materie bei extremer Komprimierung. Für die innerste Kollapszone muß dieses Gesetz über den bekannten Bereich der Dichte in Atomkernen hinaus extrapoliert werden. Dann von der Rotationsenergie des sterbenden Sterns; selbst ein langsam rotierender Praesupernova-Stern wird am Ende des Kollapses einen Kern aufbauen, der möglicherweise mehrere hundertmal pro Sekunde rotiert. Die Materieverteilung wird nicht mehr kugelsymmetrisch aufgebaut sein – eine Annahme, die bisher die Computermodelle stark vereinfacht hat. Ein weiterer potentieller Energielieferant ist das Magnetfeld; beim Kollaps vergrößert sich die Magnetfeldstärke möglicherweise bis auf das Milliarden-Millionenfache des Erdmagnetfeldes (entsprechend 10^{15} Gauß). Die Rotation wickelt dabei zusätzlich das Magnetfeld auf, was einen beträchtlichen Magnetfelddruck erzeugt. Dieser könnte die Materie zusätzlich nach außen drücken.

Letztlich richten sich die Blicke der Physiker auf den Neutrinotransport; für die Supernova-Theorie ist es entscheidend zu wissen, wo und wie die aus dem Kollapszentrum herausdringenden Neutrinos ihre Energie und Impulse an die Sternhülle abgeben, also an das Gas, das in der Detonation ausgestoßen werden soll. Um effektiv zu sein, müssen sie innerhalb Zehntelsekunden in der Sternhülle angekommen sein. Neutrinos, die gleich im Kern, innerhalb der Neutrinosphäre, abgefangen werden, kommen der abzusprengenden Hülle so wenig zugute, wie Neutrinos, die einfach – ohne Wechselwirkung – durch den Stern nach außen dringen.

Auch Gravitationswellen, die beim »Bounce« abgestrahlt werden, könnten kurzfristig in das Schicksal der Explosion eingreifen – und sie schwächen! Je stärker der Kollapskern von der Kugelgestalt abweicht und in Schwingung gerät, desto stärkere Pulse von Gravitationswellen werden frei, deren Energie den Stoßwellen entzogen würde.

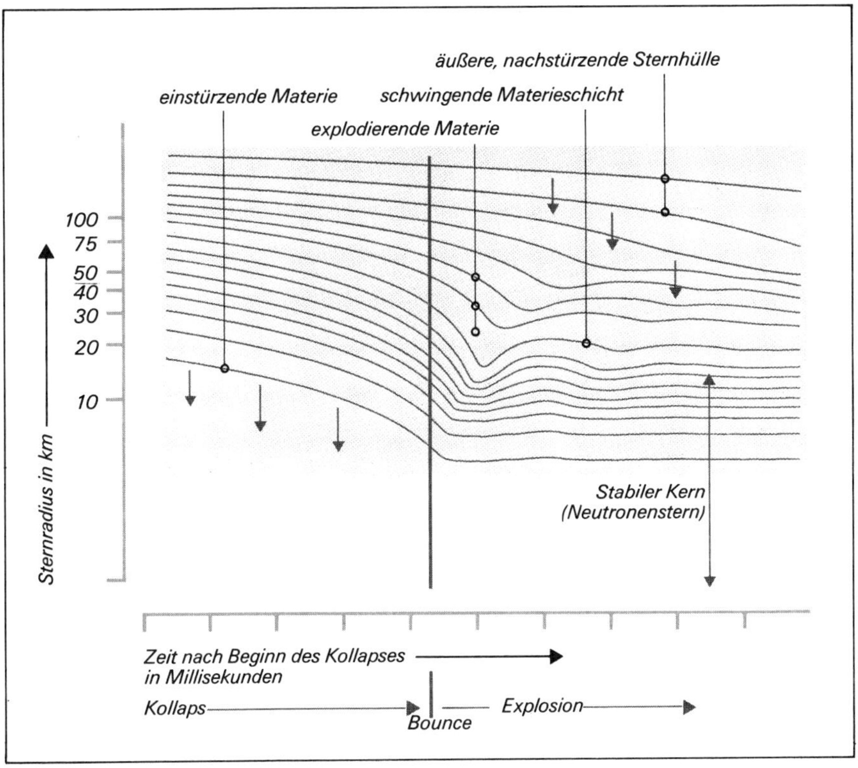

Die Computersimulation einer »Supernova« zeigt anfänglich Sternschichten, die kollabieren. Es entsteht ein stabiler Kern (ein Neutronenstern), an dem die nachstürzende Materie zurückprallt. Statt zu explodieren, schwingt sie jedoch nur einigemale auf und ab. Noch ist nicht wirklich geklärt, wie es zur Detonation des Sterns kommt.

Eine ganz andere, profanere Möglichkeit schwant den Wissenschaftlern aber außerdem. Vielleicht, so fragen sie sich, haben sie bisher zu Unrecht wie hypnotisiert nur auf den Rückprall der Materie gestarrt und von dort die Lösung des Supernova-Rätsels aus dieser ersten Zehntelsekunde nach dem »Bounce« erwartet. Vielleicht passiert die eigentliche Explosion in Wahrheit etwas später, und sie haben »nur« die Computerprogramme nicht lange genug laufen lassen.

Jedoch hier stößt man an die heutigen Grenzen der elektronischen Rechentechnik. Um nur die Supernova bis eine Zehntelsekunde nach dem »Bounce« auszurechnen – das entspricht 0,4 Sekunden seit Beginn des Sternkollapses – benötigt der heute schnellste Computer der Welt bereits 10 bis 15 Stunden Rechenzeit. Diese Maschine, die CRAY-1 am Max-Planck-Institut für Plasmaphysik in Garching bei München, würde für die Berechnung der nächsten halben Supernova-Sekunde etwa 1 500 Stunden benötigen – zuviel für einen wissenschaftlichen Benutzer eines Rechenzentrums.

Aber auch die anderen genannten Unsicherheitsfaktoren im Verständnis des Supernova-Phänomens beschäftigen natürlich die Wissenschaftler. Jedoch ist auf schnelle Abhilfe nicht zu rechnen. Fast jede genauere Behandlung würde die Kapazität bisheriger Computer sprengen. Ein Astrophysiker vom Enrico Fermi Institute der Universität von Chicago gab freimütig zu, wie die Sache augenblicklich steht: »Wenn wir Supernovae nicht sähen, so würden wir behaupten, daß es sie gar nicht geben kann.«

Supernovae und der Neutrinozünder

Für das irdische Leben ist es in diesem Zusammenhang die Hauptsache, daß der gealterte, ausgeglühte Stern am Ende seines Schicksals sich selber »in die Luft jagt« oder wenigstens seine Hülle absprengt. Das Problem ist dabei das große Gewicht der Sternhülle; es wird durch die Gravitationskonstante vorgegeben. Doch das Geheimnis des Absprengungsmechanismus ist noch nicht wirklich gelöst. Die Theoretiker basteln an mehreren Modellen, von den sich eines anbietet: Wesentlich für die Absprengung sind wahrscheinlich die Neutrinos, die während des Kollaps im heißen Sterninnern entstehen und bei der Detonation ihre Energie und Impulse an die Hülle abgeben.

In den Neutrinoteilchen liegt vermutlich der magische Schlüssel zum Supernova-Geheimnis. Auf ihre Sprengkraft bauen jedenfalls die

Astrophysiker. Was sind das für Teilchen? Neutrinos sind Teilchen der schwachen Kernkraft, masselos oder nur mit einer sehr kleinen Masse ausgestattet, jede Materie durchdringend. Es würde also von einer delikaten Balance zwischen Gravitationskraft und schwacher Kernkraft abhängen, ob eine Supernova-Explosion überhaupt zustande kommen kann. Wesentlich für das Gelingen der Detonation ist es, daß die Neutrinos rasch und stark genug mit der Materie der Hülle, mit allen ihren Atomkernen reagieren. Die impulsreichen Neutrinos dürfen daher einerseits nicht im Zentrum von der Materie eingefangen werden, weil sie dann gleich nach ihrer Ausstrahlung absorbiert werden und niemals in die äußeren Schichten des Sterns gelangen könnten. Andererseits dürfen die Neutrinos nicht zu leicht nach außen gelangen, weil sie dann einfach in den Weltraum abgestrahlt würden, ohne vorher die Materie der Sternhülle zu beeinflussen. In beiden Fällen würde die Hülle nicht abgesprengt.

Die »Balance« zwischen den Kräften muß gerade so sein, daß die Neutrinos innerhalb weniger Millisekunden und in ausreichender Stärke mit der Hülle reagieren können – für genau die Zeitspanne also, in der das Sternzentrum kollabiert. Wenn die typische Reaktionszeit der Neutrinos länger ist, in den entscheidenden Sekundenbruchteilen

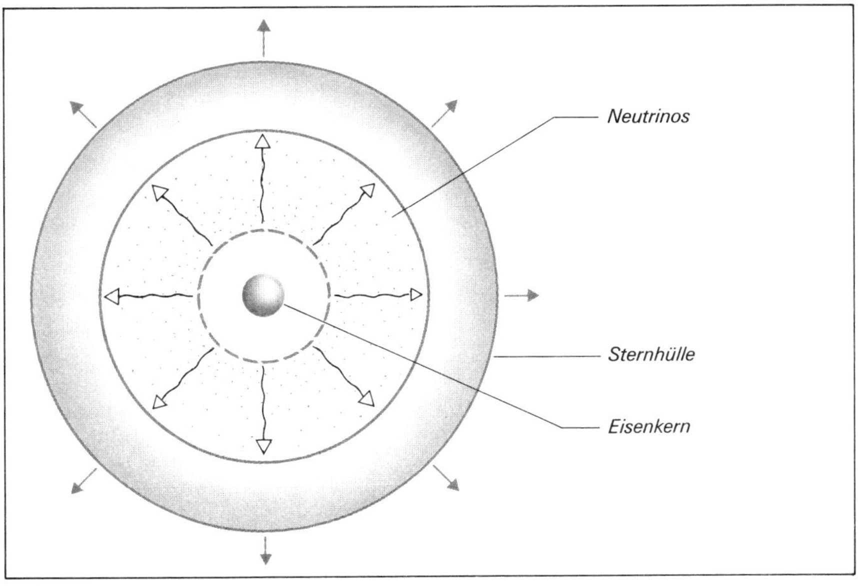

Die Hülle eines Sterns soll bei einer Supernova-Explosion durch Neutrinos abgesprengt werden, die im kollabierenden Zentrum entstehen.

also zu wenige Neutrinos mit den Atomkernen der Sternhülle zusammenstoßen, dann verlassen die Neutrinos den Stern, ohne die Materie der Hülle kräftig angestoßen zu haben. Umgekehrt: Wenn die Reaktionszeit sehr kurz ist, also in der ersten Millisekunde sehr viele Neutrinos mit Atomkernen zusammenstoßen, dann werden fast alle Neutrinos schon in der Nähe ihres Entstehungsorts, im kollabierenden Sternenzentrum, eingefangen. Sie würden dann gar nicht erst die äußeren, schwerkraftmäßig weniger stark gebundenen und damit zur Absprengung geeigneten Zonen des Sterns erreichen.

Der Vergleich der Kollapszeit mit der mittleren Stoßzeit der Neutrinos schreibt eine bestimmte Beziehung zwischen schwacher und gravitativer Kraft vor, nämlich (Alpha-G) $\sim$ $(\text{Alpha-W})^4$. Nur wenn diese Relation erfüllt ist, kommt es nach dem Modell zur Supernova. Dann erst, in der stellaren Eruption, gelangen die Elemente ins All, die auch der Rohstoff des irdischen Lebens sind. Die hier genannte Beziehung zwischen zwei Fundamentalkonstanten ist übrigens – Zufall? – die gleiche, die im Urknall die Umwandlung des Wasserstoffs in kosmisches Helium bestimmt (s. Kap. IV).

Die Supernova vom Jahr 1054

Da Supernovae nur einige Male pro Jahrhundert in der Milchstraße auftreten, sind direkte Beobachtungen von besonderem Wert, vor allem bei historischen Ereignissen, deren Zustand wir heute astronomisch weiterverfolgen können. Nur wenige Supernovae wurden in unserer Zeitrechnung registriert: von besonderer Bedeutung ist die Sichtung vom Jahr 1054. Lange Zeit wurde gerätselt, warum die Supernova, die am 4. Juli 1054 von chinesischen Hofastronomen aufgezeichnet und noch monatelang weiter beobachtet wurde, nicht auch in Europa oder Kleinasien gesehen wurde. Im 56. Kapitel der »Astronomischen Abhandlung« Sung-Shih wird berichtet: »Im ersten Jahr der Regierungszeit von Chih-ho, an einem Tage im fünften Monat, tauchte ein Gaststern einige Zentimeter südöstlich von Zeta Tau auf. Nach über einem Jahr verschwand er langsam.« Der »Gaststern« muß nach dieser Schilderung heller als alle Planeten, heller auch als unser Morgen- und Abendstern Venus, gewesen sein.

Heute sind die Überreste dieses Ereignisses im Krebs-Nebel zu besichtigen und stellen einen Gegenstand aktiver Forschung dar. Die Gasmassen des Krebs-Nebels treiben heute noch mit einer Geschwindigkeit von 1 100 Kilometern in der Sekunde auseinander und in seinem Zentrum ist ein rotierender Neutronenstern zu beobachten. Lange wurde nach einer Erklärung dafür gesucht, warum es keine europäischen oder arabischen Aufzeichnungen über dieses bemerkenswerte Ereignis gab. Vermutungen gab es viele: Monatelanges Schlechtwetter, Bewölkung und sogar bornierter Zeitgeist wurden den mittelalterlichen Zeitgenossen zugute gehalten. Doch alle Spekulationen waren falsch. 1978 konnten Kenneth Brecher vom Massachussets Institute of Technology (Cambridge/USA) und Mitarbeiter im Wissenschaftsmagazin *Nature* bekanntgeben: »Wir präsentieren hier zum erstenmal eine Quelle, die wir für einen nahöstlichen Augenzeugenbericht der 1054-Supernova-Explosion halten.«

Offenbar hatte damals im Jahr 1054 ein christlicher Arzt aus Bagdad die Supernova beobachtet und eine Notiz darüber gemacht. Ibn Butlan, so sein Name, der nach drei Jahren Aufenthalt in Kairo erst ab 1053 in Konstantinopel lebte, hatte seine Sternguckerei freilich nicht der Astronomie wegen getrieben, sondern er suchte nach himmlischen Ursachen für die Hungersnöte und Epidemien, die damals die Bevölkerung Kleinasiens dezimierten. Ibn Butlans Bericht, abgedruckt in einer 1242 zusammengestellten Sammlung von Ärztebiografien, liest sich folgendermaßen: »Eine der wohlbekannten Epidemien unserer Zeit ist diejenige, in der ein spektakulärer Stern im Sternbild der Zwillinge im Jahre 446 H. (12. April 1054 bis 1. April 1055 n. Chr.) auftauchte. Im Herbst dieses Jahres wurden 14 000 Menschen im [Friedhof der] Kirche [St.] Lukas begraben, nachdem alle [anderen] Friedhöfe in Konstantinopel gefüllt waren ... Als der spektakuläre Stern in den Zwillingen auftauchte, die der Aszendent Ägyptens sind, löste sie die Epidemie in Fustat [Alt-Kairo] bei niedrigem Nil aus ... Damit bewahrheitete sich eine Vorhersage des Ptolemäus: ›Wehe dem Volk der Ägypter, wenn einer der Kometen bedrohlich in den Zwillingen auftaucht!‹«

Wegen der sogenannten Präzession der Äquinoktien, einer langsamen Verschiebung des Frühlingspunktes und damit des Tierkreises, stand der Krebs-Nebel um das Jahr 1000 noch im Sternbild der Zwillinge; heute steht er im benachbarten Sternbild des Stiers, aber immer noch in der Nähe der Zwillinge. Die Datierung und auch die Himmelsposition von Ibn Butlans Beobachtung passen daher genau zu der chinesischen Sichtung vom 4. Juli 1054. Der Bericht des arabischen Arztes liefert zwar astronomisch nichts Neues, stärkt aber die Glaubwürdigkeit der Astronomie in der mittelalterlichen Welt des Islams.

In den letzten Jahren mehrten sich die Hinweise, daß junge Sterne die Ursache ihrer Entstehung einer Supernova verdanken. Auch bei unserem Sonnensystem scheint eine nahe Supernova, die im Abstand weniger Lichtjahre explodierte, das auslösende Moment gewesen zu sein, das den protosolaren Nebel zu einem Kollaps veranlaßte, aus dem dann die Sonne und ihre Planeten hervorgingen.

Wenn diese Theorie zutrifft, dann bekommen Supernovae möglicherweise – neben der Erzeugung und Verteilung schwerer Elemente – eine zweite Geburtshelferfunktion bei der Entstehung des Lebens. Es ist allgemein akzeptiert, daß Sterne (und ihre Planetensysteme) aus dem Kollaps interstellarer Wolken aus Gas und Staub entstehen. Unklar blieb jedoch stets, was den Kollaps einer Wolke konkret auslöste. Eine vereinzelte, sich selbst überlassene Wolke würde meist eher auseinanderfließen, als unter der eigenen Schwerkraft zusammenzuschrumpfen. Erst wenn eine äußere Kompressionskraft auf die Wolke einwirkt, erreicht sie schließlich auch den Punkt, wo ihre eigene Schwerkraft stark genug wird, um den Kollaps einzuleiten.

Schon länger waren *galaktische Dichtewellen* als ein möglicher Kompressionsfaktor diskutiert worden. Wenn eine Verdichtungswelle sich um ein galaktisches Zentrum bewegt, dann läuft ihr eine Schockwelle voraus, die die interstellaren Wolken auf die Größe des Sonnensystems zusammenpreßt. Die Entstehung vieler Sterne in den Spiralarmen wird so erklärt. Gas, explosionsartig von einer Supernova ausgeschleudert, hatte schon 1953 der Planetologe Opik als eine alternative Möglichkeit zur Kompression interstellarer Wolken vorgeschlagen.

Nach der Theorie der Supernova-Überreste expandiert eine von einer Supernova ausgestoßene Hülle neutralen Wasserstoffs zehn bis hunderttausend Jahre nach der Explosion noch mit einigen Dutzend Kilometern pro Sekunde. Die dabei durch Kollision mit einer interstellaren Wolke entstehende Schockwelle kann diese bis um das Zehnfache verdichten – genug, um die Bildung von Sternen auszulösen.

Für die Astronomen läßt sich dieser Prozeß direkt nur schwer beobachten. Dies US-Astrophysiker Nancy Morrison und David Morrison bemerkten dazu, daß »Supernova-Reste am leichtesten zu erkennen sind, wenn sie wesentlich jünger als 100 000 Jahre sind, während junge Sterne am besten erkennbar werden, wenn sie älter sind. Deshalb wird ein Supernova-Rest selten zusammen mit den jungen Sternen gesehen, die er auslöst.«

Dennoch gelang 1977 W. Herbst und G. E. Assonsa von der Carnegie Institution in Washington, DC, im Sternbild des Großen Hundes die Entdeckung eines Gebildes mit Namen Canis Major R1, das zu diesem Bild paßte. Ein Supernova-Rest, etwa 760 000 Jahre alt, bewegte sich mit 35 Kilometern pro Sekunde in einer Umgebung, die gefüllt war mit einer Reihe junger Sterne etwa gleichen Alters. Weitere vergleichbare Konstellationen wurden in den Sternbildern des Orion und Cepheus beobachtet.

Daß vermutlich auch das Sonnensystem einem Supernova-»Trigger« seine Existenz verdankt, ist das Ergebnis neuerer Meteoritenuntersuchungen. Den Aufschluß lieferte dabei die Elementzusammensetzung der Meteore. Schon länger hatte man sich über einige, von der normalen Statistik abweichenden Isotopenverteilungen in kleinen Einschlüssen einiger Meteoriten gewundert. Die vorgefundenen Isotope entsprechen den Endprodukten des radioaktiven Zerfalls von Isotopen, die wahrscheinlich in der Detonationsphase einer Supernova durch Atomkernverschmelzungen erzeugt wurden, die in Sternexplosionen ablaufen. Wie hätten nun die Einschlüsse von Supernova-Materie in die Meteoriten gelangen können? Vor etwa fünf Milliarden Jahren hätte ein massereicher Stern in unserer Nähe seinen Supernova-Tod erleiden können. Heißes Gas und schwere Elemente wie Stickstoff und Sauerstoff hätten auf eine interstellare Wolke treffen und sie verdichten können, die sich daraufhin zu einem Stern mit Planeten und anderen kleineren Körpern zusammenballte. Noch während der Entstehung hätten einzelne heiße Materieteile der Supernova in die kleinen Meteoriten eingeschlossen werden können, in denen sie bis auf den heutigen Tag unverändert aufbewahrt worden wären.

Die Gelben Zwerge und das anthropische Prinzip

Schwere Elemente und viele Sterne verdanken ihre Existenz dem Sterben schwerer Sterne, beides notwendige Voraussetzungen planetaren Lebens. Mindestens genauso wesentlich ist natürlich die langfristige Anwesenheit eines Sternes, der, – wie die Sonne – für viele Milliarden Jahre gleichmäßig seine Energie abstrahlt und damit auf einem nicht zu fernen Planeten tolerable Temperaturbedingungen schafft.

Die Sonne ist ein sogenannter Hauptreihenstern und gehört damit zur größten Gruppe aller Sterne. Rote Zwerge, Blaue Riesen und Weiße Zwerge sind Spätstadien dieser Hauptreihensterne, in die sich

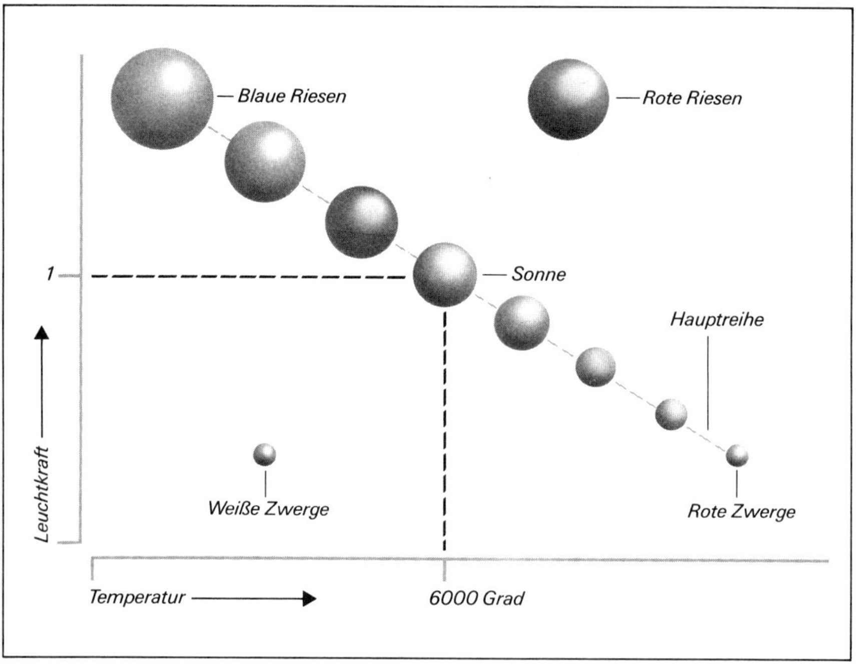

Die Sonne nimmt eine Mittelstellung ein zwischen den kühleren Roten Zwergen und den heißeren Blauen Riesen. Da Planetensysteme vermutlich vor allem bei Roten Zwergsternen auftreten, gehört die Sonne also zu den heißesten Sternen mit dieser Eigenschaft. Ein kühlerer Stern als die Sonne könnte die Energiespeicherung im Pflanzengrün (Chlorophyll) nicht in Gang setzen.

auch die Sonne einmal hineinentwickeln wird. Entlang der »Hauptreihe«, jener Gruppe der häufigsten Sterne, liegt unsere gelbe Sonne in der Mitte, zwischen den massearmen Roten Zwergen am einen und den massereichen Blauen Riesen am anderen Ende. Da die Sonne relativ massearm ist, zählt man sie auch zu den »Gelben Zwergen«.

Soweit die farbenfrohe Namensgebung der Astronomen. Wichtiger sind für unsere Diskussion die physikalischen Unterschiede zwischen Roten Zwergen und Blauen Riesen. Wie wir sehen werden, hängt die Existenz der Gelben Zwerge offenbar von einer bestimmten Beziehung zwischen zwei Fundamentalkonstanten ab.

Was Blaue Riesen von Roten Zwergen vor allem unterscheidet, ist die Art, wie sie die Energie, die sie in ihrem Inneren erzeugen, an die Sternoberfläche transportieren. Die Energie aller Sterne stammt aus der thermonuklearen Verschmelzung leichter Atomkerne, vorwiegend aus der nuklearen »Verbrennung« von Wasserstoff zu Helium. Bei höheren Temperaturen setzen aber auch Umwandlungen von Heliumatomkernen zu Kohlenstoff und Sauerstoff und noch schwereren Elementen ein. Das Ende der nuklearen Verbrennungskette ist mit Eisen erreicht. Es ist das stabilste chemische Element in der Natur, mit der größten Bindungsenergie. Kernfusion zu noch schwereren Elementen würde keine Energie mehr freisetzen, sondern Energie verbrauchen.

An die Sternoberfläche gelangt die Energie aus dem Sterninnern durch Strahlung (Photonen) oder durch Aufwärtsströmungen heißer Gasschichten, während gleichzeitig kältere Gasschichten absinken. Jeder, der vor dem Heizkörper einer Zentralheizung steht, spürt den Energietransport durch Infrarotstrahlung; die Aufwärtsströmung von Materialien – die sogenannte Konvektion – wird täglich in jedem Teekessel praktiziert. Als dritte Möglichkeit kann Energie noch durch Wärmeleitung transportiert werden, wie sie etwa bei der Erwärmung eines Metallstabs auftritt.

Die Blauen Riesen halten ihre hohen Temperaturen an ihrer Oberfläche durch die Energie aufrecht, die durch Strahlung aus dem Innern dorthin gelangt. Die chemischen Elemente des Sterngases bleiben daher fest in einer bestimmten Schicht der Sterne; chemisch betrachtet bildet der Stern dabei eine »Zwiebelschalenstruktur« aus. Je kleiner die Sterne entlang der Hauptreihe sind, je kühler sie also im Innern und an der Oberfläche werden, desto weniger Strahlung wird aber erzeugt und desto uneffektiver wird ihr Energietransport durch Strahlung. In den äußeren Schichten entwickelt sich daher zusätzlich eine »konvektive« Schicht, in der das Gas auf und abströmt und damit zusätzlich Energie zur Sternoberfläche schafft. Strahlung und Strömung halten in diesem Fall gemeinsam eine konstante Oberflächentemperatur aufrecht. Der Gelbe Zwergstern »Sonne« nimmt zwischen diesen Möglichkeiten eine Zwischenstellung ein. Er hat eine dünne Oberflächenschicht mit Konvektion, die etwa ein Zehntel des Sonnenradius stark ist. Die kühleren Roten Zwerge werden, als Hauptreihensterne mit der kleinsten Masse, vollständig durch Gasströmungen durchgemischt wie von einem Quirl; sie sind »vollkonvektiv«. Dadurch kann so ein Stern keinerlei Schalen in seinem Inneren aufbauen, sondern ist chemisch homogen.

Für die Entstehung des Lebens sind Supernovae so wichtig wie Planetensysteme. Deshalb sind für das anthropische Prinzip folgende zwei Sterntypen von Bedeutung:

- strahlungsdominierte Sterne (Blaue Riesen) bauen die Zwiebelschalenstruktur auf, wie sie Modelle für Sterne fordern, die kurz vor einer Supernova-Explosion stehen.
- Die Entstehung von Planetensystemen steht vermutlich im Zusammenhang mit (teilweise) konvektiven Sternen wie die Sonne.

Die letztere Aussage wird gestützt durch astronomische Beobachtungen, daß Rote (und Gelbe) Zwergsterne viel weniger Drehimpuls haben als Blaue Riesen. Bei ihnen konnte der in der Rotation gespeicherte Drehimpuls an ein Planetensystem abgegeben worden sein. Das Sonnensystem ist ein Beispiel dafür: Fast der gesamte Drehimpuls des Sonnensystems, über 99 Prozent, steckt in den Planeten. Die Sonne kennzeichnet die Grenzlinie zwischen den konvektiven Roten Zwergen und den strahlungsdominierten Blauen Riesen. Wie Brandon Carter erkannt hat, liegt die damit verknüpfte Grenzmasse tatsächlich in dem Bereich der langlebigen Gelben Zwerge, wenn elektromagnetische Strahlungskräfte und Schwerkraft in einer bestimmten Beziehung stehen. Die elektrische Kraft steuert die Intensität der erzeugten Strahlung, die Schwerkraft bestimmt die Gesamtmasse des Sternes. Elektromagnetische Feinstrukturkonstante und Gravitationskonstante müssen dafür die Beziehung (Alpha-G) $\sim$ (Alpha–E)^{20} erfüllen. Mit anderen Worten: Nur weil die Schwerkraft sehr viel schwächer ist als die elektromagnetische Kraft, kann es überhaupt teilweise konvektive Sterne mit Massen in der Größenordnung der Sonnenmasse geben.

Wenn wir die relative Stärke dieser zwei Fundamentalkräfte abändern, wird die Tragweite dieser Beziehung noch deutlicher. Wäre die Schwerkraft etwas größer, dann würden sich auf der Hauptreihe nur Blaue Sterne aufhalten. Zusätzlich zu den Blauen Riesensternen wären auch die Roten Zwergsterne in ihrem Inneren vom Strahlungsdruck aufrecht gehalten. Es gäbe also nur Blaue Sterne. Den gleichen Effekt hätte eine minimale Absenkung der elektromagnetischen Kraft. Insofern Planetensysteme tatsächlich zusammen mit voll oder teilweise konvektiven Sternen entstehen, würde eine derartige Veränderung der Kräfte die Evolution höherer Lebensformen ausschließen. Carter: »Dann wäre eine stärkere Gravitationskonstante unvereinbar mit der Planetenformation und daher möglicherweise auch mit Beobachtern.«

Eine Veränderung der Fundamentalkonstanten in die andere Richtung würde die Blauen Riesen und damit die supernova-fähigen Sterne aus der Natur entfernen. Mit einer kleineren Gravitationskonstante

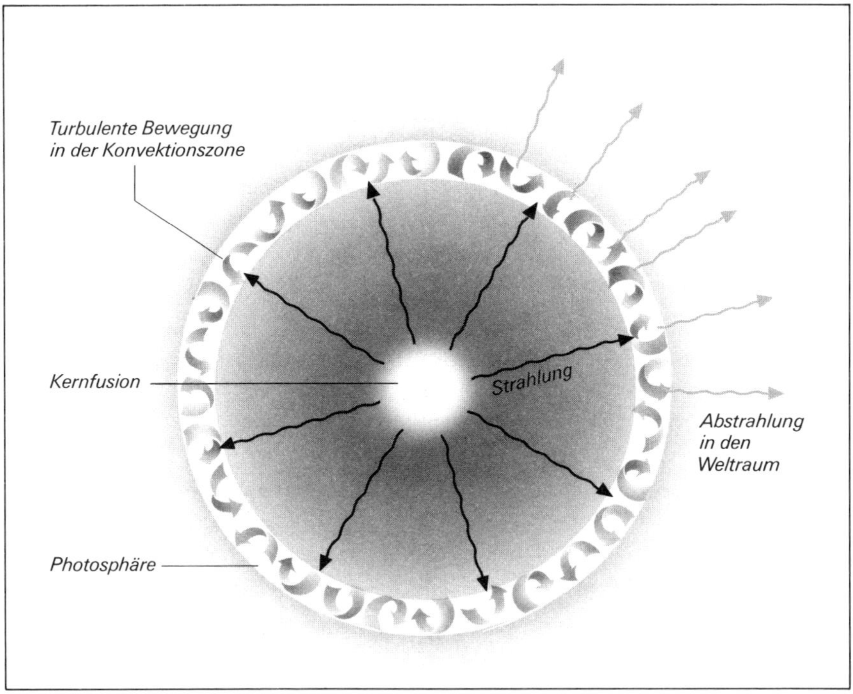

Die Sonne ist ein Stern, dessen äußere Hülle ständig durchgemischt wird. Vermutlich besitzen die meisten derartigen Sterne ein Planetensystem.

wären alle Hauptreihensterne voll konvektive Rote Sterne. Auch die größeren, massereicheren Blauen Riesen wären kühler und rot. Ihre Gasschichten würden ständig durchgemischt, sie wären chemisch homogen und könnten keine »Zwiebelschalen« verschiedener Elemente aufbauen. Es gäbe dann keine Supernova-Explosionen.

Die Leuchtkraft der Sonne und das anthropische Prinzip

Astrophysikalische Systeme, die durch die Schwerkraft dominiert werden, liefern die schärfsten Tests, um Hypothesen zur Veränderlichkeit der Gravitationskonstante zu überprüfen. Sie würde sich bemerkbar machen in der

- Entwicklung der Sterne, von Sternsystemen und Galaxien; ihren Leuchtkräften und Lebensdauern; in der

- Veränderung der Planetenbahnen, auch der Mondbahn um die Erde; in der
- thermischen Geschichte der Meteoriten; und in der
- Physik der Erde (s. Kap. VII).

Die Geschwindigkeit, mit der ein Stern thermonuklear seinen Wasserstoff zu Helium verbrennt, hängt von seiner Temperatur ab. Für den größten Teil der stellaren Lebensdauer läuft dieser Prozeß in einem Zustand des Gleichgewichts ab. Dabei halten sich das Gleichgewicht der Sternmaterie nach innen und der Druck des Gases und der Strahlung nach außen die Waage. Dieser Gleichgewichtszustand verschiebt sich, wenn man den Wert der Gravitationskonstanten abändert. Da dies jeweils auch die Temperatur im Stern verändert, wird je nach Stärke der Gravitation der Stern schneller oder langsamer seine nuklearen Vorräte aufbrauchen. Ein Test für die historische Abnahme der Gravitationskonstante ist damit zum Beispiel die Bedingung, daß wir die Sonne jetzt in ihrem heutigen Zustand der stellaren »Alterung« beobachten.

Größere Werte der Gravitationskonstanten zu früheren Zeiten hätten zur Folge gehabt, daß die Sonne früher heller geschienen hätte. Legt man Diracs Hypothese (der Abnahme von G umgekehrt proportional zur kosmischen Zeit) zugrunde, dann reagiert die Sonnenleuchtkraft, wie schon 1948 Edward Teller bemerkte, mit der 7. Potenz auf Änderungen in G. Dies ist ein krasser Effekt, der nicht ohne Folgen für das Erdklima wäre. Er legt nahe, die Geschichte des Erdklimas als Test für eine Abnahme der Gravitationskonstante zu nehmen. Leider gibt es, trotz einiger Computermodelle, noch kein wirklich zuverlässiges Klimamodell, das über Milliarden Jahre zuverlässig wäre. Zu viele Unbekannte in Biologie, Meteorologie und Geophysik machen diesen Test noch von zu vielen Annahmen abhängig.

Erfreulicherweise kennen wir die Sonne in vielen Eigenschaften wesentlich besser als unsere Erde. So lassen sich die Auswirkungen einer zeitveränderlichen Schwerkraft leichter am Schicksal der Sonne selbst ablesen. 1964 führten zwei amerikanische Astrophysiker, P. Pochoda und Martin Schwarzschild, und 1967 George Gamov, eine Studie der Sonnenentwicklung unter diesem Gesichtspunkt durch. Ihre Ergebnisse waren bemerkenswert. Wenn Diracs Hypothese gelte, dann müsse das Universum wenigstens dreizehn Milliarden Jahre alt sein. Sonst hätte die Sonne dann nicht für 4,5 Milliarden Jahre existieren und bei ihrer heutigen Leuchtkraft ankommen können. 1964 schätzte man das Universum noch wesentlich jünger ein als heute. Mit der gegenwärtigen Annahme von knapp zwanzig Milliarden Jahren für das Alter des Kosmos geriete man nicht in besonders großen Konflikt mit Diracs Hypothese. Eine Wiederholung der Berechnung wäre angebracht.

Es wurde auch versucht, direkt zu messen, ob sich die Sonnenleuchtkraft in der jüngeren Geschichte irgendwie veränderte. Die erste Messung der solaren Gesamtenergie wurde 1837 von dem Franzosen Claude Pouillet durchgeführt. Er prägte auch die Bezeichnung »Solarkonstante« für die Energiemenge von 1,79 Kalorien, die pro Sekunde und Quadratzentimeter von der Sonne auf die Erde fällt. Mit der Erfindung des Bolometers – eine Art Thermometer – durch Samuel Langley am Smithonian Astrophysical Observatory in Washington wurden 1881 die Messungen verfeinert. Und Charles Greely Abbot, Nachfolger Langleys, führte schließlich die ersten systematischen, täglichen Messungen der Solarkonstanten an mehreren Plätzen auf der Welt durch. Sie zeigen, daß zwischen 1923 und 1950 jede Langzeitschwankung höchstens 0,17 Prozent betragen konnte. Neueste Ergebnisse aus den Jahren 1975 bis 1979 vom Kitt Peak Observatorium durch Bill Livingston und Mitarbeiter lassen eine Langzeitabnahme der Solarkonstanten von maximal 0,6 Prozent zu. Diese Ergebnisse mit Veränderungen der Gravitationskonstante in Zusammenhang zu bringen, ist aber noch nicht gelungen.

Veränderungen in G müßten auch Pulsare beeinflussen. Die rotierenden Neutronsterne, die in Abständen von Millisekunden ihre Radiostrahlen nach Art von Leuchttürmen ausstrahlen, müßten sich in ihrer Drehgeschwindigkeit zusätzlich verlangsamen. Dies sollte dann auch die Zahl der langsam rotierenden Pulsare erhöhen. Eine Auswertung durch den Astronomen V.N. Mansfield ergab einen Wert für die Zeitabnahme der Schwerkraft, der vorläufig nicht im Widerspruch zu den Messungen durch Thomas Van Flandern steht.

Aussageträchtig sind auch die Meteoriten. An ihrem Innenaufbau läßt sich die Temperaturgeschichte des jungen Sonnensystems ablesen. Sie hätten früher wärmer sein müssen, wenn die Sonne damals stärker auf sie eingestrahlt hätte. Das hätte eine raschere Vergasung bestimmter Elementisotope zur Folge gehabt und damit unterschiedliche Zusammensetzungen von gasförmigen und festen Isotopengemischen.

Auf die geophysikalischen Auswirkungen einer zeitveränderlichen Gravitationskonstante gehen wir im nächsten Kapitel ein.

VII
Erde und Kosmos: Geophysik und anthropisches Prinzip

Die Erde und die variable Schwerkraft

Wenn Form und Aufbau eines Systems hauptsächlich durch die Schwerkraft bestimmt werden, wie es für alle großen Körper zutrifft, dann verändert sich diese Form auch, wenn die Gravitationskonstante variiert wird. Speziell für die Erde wären die Folgen bemerkenswert. Vielleicht waren sie es schon; die Frage ist nur, ob wir die zahlreichen Veränderungen der Erde und speziell der Erdoberfläche auch eindeutig auf eine variable, zeitlich abklingende Stärke der Gravitation zurückführen können.

Die Abstände der Planeten von der Sonne wären direkt davon betroffen. Je stärker die Gravitation, desto enger würden die Planeten ihre Bahnen um die Sonne ziehen. Gleiches gilt auch für das System Erde – Mond. Nach Diracs Hypothese würde sich der Abstand Erde – Sonne pro Jahr um rund 10 Meter vergrößern. Die Erde würde sich also auf einer sehr engen Spirale langsam von der Sonne entfernen. Für den Mond würde die Spirale entsprechend enger ausfallen: Sein Abstand von der Erde würde sich pro Jahr um nur 2 Zentimeter vergrößern. Messungen des Abstandes Erde – Mond mit Laserstrahlen, die zum Mond geschickt und dort von einem bei *Apollo*-Flügen aufgestellten Spiegel zurückgeworfen wurden, haben bisher eine Ungenauigkeit von knapp einem halben Meter. Direkt ist dieser Beitrag zu »Mondflucht« als nicht meßbar. Leider stehen die Chancen dafür auch in der Zukunft nicht besser. Durch die Gezeitenwirkung von Flut und Ebbe und die ihr entsprechende innere Reibung entfernt sich der Mond pro Jahr um ein wesentlich größeres Stück von der Erde. Die Gezeiteneffekte entziehen sich aber wegen ihrer Kompliziertheit genauer Beobachtung wie auch exakter Berechnung. Ein so kleiner Effekt von 2 Zentimetern pro

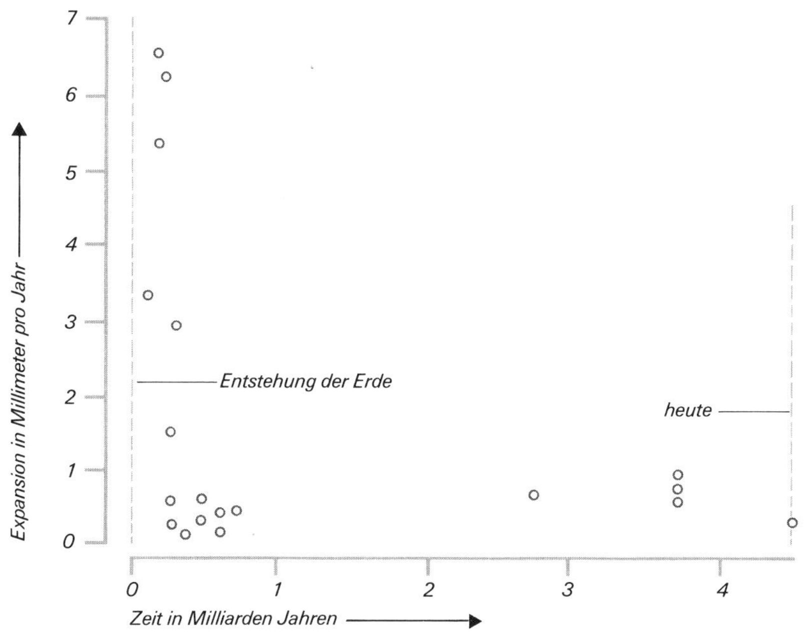

Nach Messungen ist nicht auszuschließen, daß sich die Erde jedes Jahr um Bruchteile eines Millimeters ausdehnt. Ob dies durch eine abnehmende Gravitationskonstante verursacht wird, ist fraglich.

Jahr ist da kaum zuverlässig herauszufiltern. Mit Radarmessungen der Abstände der anderen Planeten von der Sonne durch Shapiro steht es nicht besser. Sie zeigen Ungenauigkeiten von etwa einem Kilometer. Dies liegt vor allem an der unbekannten Topografie dieser Planeten.

Zurück zu Erde und Mond. Die ständige Bewegung durch Ebbe und Flut bremst die Erdrotation durch Reibung. Deshalb dreht sich die Erde zunehmend langsamer. Auf die ständige Abnahme der Erddrehung war bereits Anfang des 18. Jahrhunderts der englische Astronom Edmond Halley gestoßen. Ihm war zuerst aufgefallen, daß ein Vergleich der Daten mit Sonnenfinsternissen, die vor über 2 500 Jahren durch die Babylonier und Ägypter aufgezeichnet wurden, einen systematischen Zeitfehler aufwiesen. Den Fehler konnte Halley durch die Annahme korrigieren, daß sich die Erde früher einmal schneller drehte. Einen zweiten Vergleich gestatteten im Prinzip Fossilien bestimmter

Schnecken und Korallen. Ihr Wachstum ist abhängig vom Tages- und Nachtrhythmus. Ihre Kalkschalen zeigen Tagesringe ähnlich wie Bäume Jahresringe ansetzen. Doch gibt es, wie jüngere Forschungen zeigten, da noch Probleme der Interpretation: »Obwohl die Wachstumsringe in Fossilien versprachen, eine wertvolle Informationsquelle zu werden, ergaben sich neuerdings Interpretationsschwierigkeiten, so daß quantitative Schlüsse noch nicht gezogen werden können« (Canuto). Ein drittes Indiz liefern Vergleiche zwischen der Mondbewegung und der »Atomzeit«, einem Zeitmaß, das nicht durch Schwerkraft, sondern durch Elektronenschwingungen in der Atomhülle ausgewählter Atome (z. B. Krypton) festgelegt wird.

Zusammengenommen weisen die Daten darauf hin, daß sich der Erdentag um 2 Millisekunden im Jahrhundert verlängert. Alle Erklärungsversuche dieser Veränderung sind jedoch nicht frei von theoretischen Modellen und Annahmen. Einer kosmologischen Abnahme der Gravitationskraft widersprechen sie daher nicht.

Die Expansion der Erde

Deutlicher würde sich eine zeitliche Abschwächung der Gravitationskonstante in einer Ausdehnung der Erde zeigen. Das Material der Erde würde mit zunehmender Zeit schwächer zusammengebunden – die Erde würde expandieren und der Erdradius also zunehmen. Voraussagen für die Expansionsraten auf der Basis von Diracs Hypothese und ähnlicher Modelle schwanken zwischen zwei Hundertstel Millimeter und drei Zehntel Millimetern pro Jahr. Dem stehen eine Reihe von geophysikalischer Messungen gegenüber, die nahelegen, daß die Erde pro Jahr um einen halben Millimeter anwächst. Diese Zahl soll eine mittlere Wachstumsrate für die ganze Geschichte der Erde darstellen.

Die Hypothese von der Ausdehnung der Erde ist lang und heiß umstritten. Pascual Jordan hatte sie im Rahmen seiner Gravitationstheorie, die ebenfalls eine Abnahme der Gravitationskonstante vorhersagte, dazu benutzt, um die Bewegung der Kontinente mit einer Ausdehnung der Erde in Zusammenhang zu bringen. Auch der NASA-Wissenschaftler V. M. Canuto und Mitarbeiter befassen sich seit Jahren intensiv mit dieser Hypothese. Wenn die Erde tatsächlich expandiert, dann übertrifft der möglicherweise beobachtete Meßwert deutlich die theoretischen Vorhersagen. Trotzdem wäre die Expansionsgeschwindigkeit der Erde noch so klein, daß sie auf einen kosmologischen Ursprung

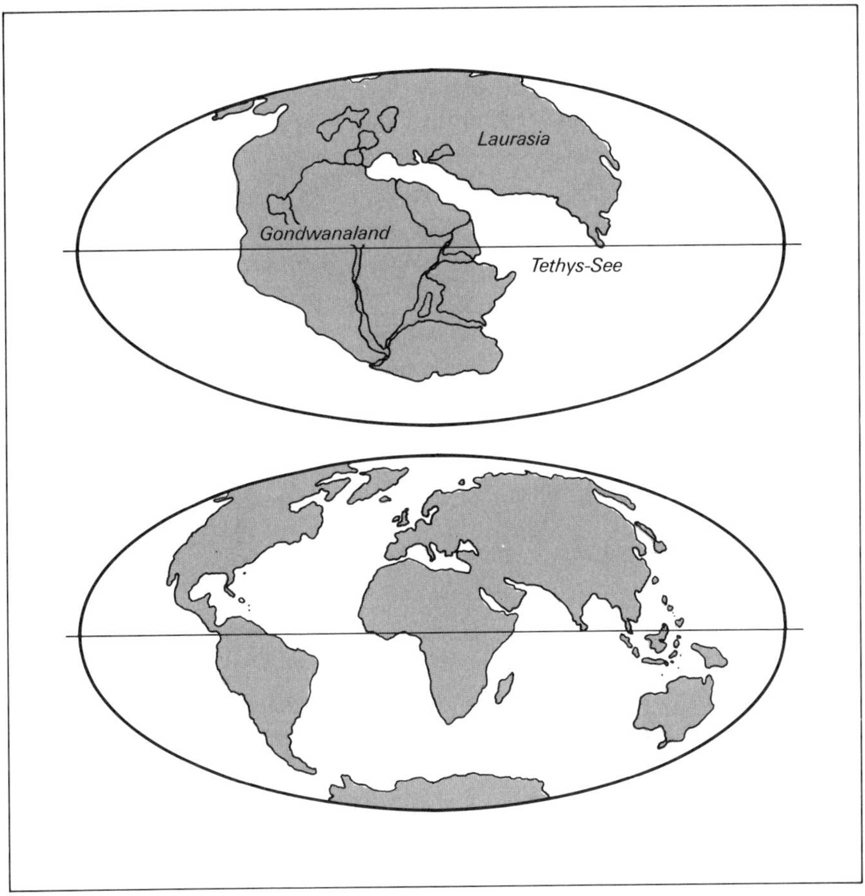

Als »Beweis« für die Expansion der Erde verweisen manche Geologen auf die Verteilung der Kontinente vor 250 Millionen Jahren. Die Landmassen waren damals noch in dem Superkontinent Pangea zusammengedrängt. Hätte die Schwerkraft mit der Zeit abgenommen, hätte dies zur Erdexpansion und damit zur Kontinentaldrift beitragen können.

hindeuten könnte. Allerdings sind die Gravitationstheorie Jordans und die ihr verwandten Theorien von Carl Brans und Robert H. Dicke – beide Theorien sind Erweiterungen von Einsteins Allgemeiner Relativitätstheorie – inzwischen schon praktisch aus dem Wettbewerb der gültigen Gravitationstheorien ausgeschieden.

Unabhängig von einzelnen Schwerkrafttheorien geht die Diskussion um die Expansion der Erde bei einigen Geologen weiter. Als Beleg für ihre Expansionsthese dient ihnen vor allem die Kontinentaldrift – jene Auseinanderbewegung aller Kontinente, die aus einem einzigen Urkontinent »Pangea« hervorgegangen sind, der noch bis vor zweihundertfünfzig Millionen Jahren existiert hatte. Will man die Bewegung von Kontinentalschollen auf dem weicheren Erdmantel durch eine Expansion der Erde erklären, so muß man zwangsläufig fordern, daß sie sich um über 20 Prozent in den letzten zweihundert Millionen Jahren vergrößerte. Das macht im Schnitt 5 Zentimeter pro Jahr. Dann würde der große Urkontinent damals die gesamte jüngere Erde bedeckt haben.

Gegen so krause Vorstellungen spricht leider fast alles, was man inzwischen über die Erde und andere Planeten weiß. Einmal gab es im Urkontinent Pangea eine »Lücke«, einen Urozean namens »Tethys«, dessen Existenz von Expansionisten aber bestritten wird. Zum andern haben andere Planeten im Sonnensystem – Mond, Mars und Merkur – sich in der Geschichte des Sonnensystems sicherlich nicht ausgedehnt. Schließlich konnte bisher auch kein überzeugender Mechanismus für ein so rapides Anschwellen der Erde angegeben werden. Eine veränderliche Schwerkraftkonstante könnte bestenfalls für Bruchteile eines Millimeters im Jahr herhalten. Der Rest wird darauf zurückgeführt, daß bei hohen Temperaturen und Drucken im Erdinnern neue Materie entstehe – dies sei aber nur auf der Erde geschehen. Diese Spekulationen wurden, wohl zu Recht, als »Geomystizismus« abgetan.

Insgesamt läßt sich sagen, daß die Kontinentalverschiebung, verursacht durch Bewegungen im Erdmantel (Konvektion), am besten zu den Beobachtungen paßt. Eine kleine Expansion der Erde würde völlig untergehen in den Effekten, die durch die Konvektion im Erdmantel ausgelöst werden. Bei tektonisch toten Planeten, wie Mond und Merkur, bewegt sich der Planetenmantel selber nicht. Jede Expansion könnte dort also deutlicher hervortreten – ist aber nicht beobachtet worden.

Die Abkühlung der Erde

Auch die Temperatur der Erdoberfläche würde variieren, wenn die Gravitationskonstante eine Funktion der kosmischen Zeit wäre. Trotz der genannten Probleme bei der Berechnung eines exakten Klimaverlaufs, lassen sich wenigstens einige plausible Trends feststellen. Eine stärkere Gravitation in früheren kosmischen Epochen hätte einmal die

Erde etwas näher an die Sonne gerückt, zum anderen hätte die Sonne auch deutlich mehr Energie zur Erde gestrahlt. Beides zusammengenommen würde eine Erhöhung der mittleren Temperatur der Erdoberfläche in der Vergangenheit nahelegen.

Die Schwierigkeit einer genaueren Abschätzung der Erdtemperatur in der Vergangenheit liegt hier in der Frage, wieviel von der eingestrahlten Sonnenenergie von der Lufthülle direkt gleich wieder in den Weltraum zurückreflektiert wird. Der Reflexionsgrad einer Oberfläche wird als ihr »Albedo« bezeichnet. Eine durchgängig geschlossene, sehr helle Wolkendecke würde der Erde einen sehr hohen Albedo verleihen, zwischen 90 und 100 Prozent. An wolkenlosen Tagen über dunklen Landmassen ist der Albedo dagegen sehr gering. Als 1948 Edward Teller erstmals den Einfluß der Gravitation auf die Oberflächentemperatur der Erde untersuchte, nahm er der Einfachheit halber einen konstanten Albedo für die ganze Erdgeschichte an.

Seine zweite Annahme betraf das Alter des Universums: Je jünger das Universum, desto drastischer bei einer Veränderung der Schwerkraft die Erhitzung der Erde in der Vergangenheit. 1948 schätzte man es noch auf 1,9 Milliarden Jahre. Ausgehend von einer heutigen Durchschnittstemperatur auf der Erde von 17 Grad Celsius, kann man mit Hilfe der Dirac-Hypothese zurückrechnen, daß schon vor 2,1 Millionen Jahren die Erdoberfläche gekocht haben müßte – im ziemlich klaren Widerspruch zur Erdgeschichte. Vor zwei Millionen Jahren gab es auf den Erdkontinenten schon Amphibien und Pflanzenwuchs, was bei 100 Grad Celsius natürlich nicht möglich gewesen wäre.

Mehr als dreißig Jahre nach Tellers Berechnung hält man aber eher zwanzig Milliarden Jahre für das wahrscheinliche Alter des Kosmos. Trotzdem bleibt Tellers Argument bestehen, wenn weiterhin ein konstanter Albedo der Erde vorausgesetzt wird. Die Temperatur stieg dann durch eine veränderliche Gravitationskonstante in der Vergangenheit eben etwas langsamer an: im Kambrium bis auf 38 Grad Celsius, und der kritische Siedepunkt (100 Grad Celsius) wurde erst vor 2,2 Milliarden Jahren überschritten.

Dieser Wert steht jedoch noch immer im Widerspruch zu Temperaturen, die sich geochemisch aus der Analyse von Feuerstein aus der Zeit vor dreieinhalb Milliarden Jahren, dem Präkambrium, errechnen lassen; damals war es nämlich, so zeigen die Gesteinsanalysen, nicht heißer als 60 bis 97 Grad Celsius. Auch gab es im Präkambrium schon primitive Lebensformen, die sich bei 60 bis 95 Grad Celsius eingerichtet hatten. Die ältesten dieser Lebensformen, vor allem die Blaugrünalgen, hat man in Gesteinsschichten im südafrikanischen Onverwacht gefunden. Diracs Hypothese ist angesichts dieser Widersprüche nur zu retten, wie die Bochumer Astronomen W. Eichendorf und M. Reinhardt schlußfolgern, wenn man annimmt, die Lufthülle hätte das Leben auf der Erde früher vor Überhitzung geschützt. Die archaische Lufthülle hätte, mit einem sehr viel größeren Albedo, wie ein Kühlschrank wirken und somit die tödliche Aufheizung der Erdoberfläche verhindern müssen. Das ist aber recht unwahrscheinlich. Einige Computersimulationen durch den US-Physiker Michael H. Hart und andere Daten weisen darauf hin, daß die Uratmosphäre höhere Anteile von Kohlendioxid, Methan und Ammoniak enthalten hat als heute. Diese Gase würden jedoch einen Treibhauseffekt auslösen, der die Oberflächentemperatur zusätzlich erhöht, statt erniedrigt. So muß Diracs Hypothese einer zeitlich veränderlichen Gravitationskonstante vor allem durch die Ergebnisse der Geochemie der Urerde als reichlich unwahrscheinlich angesehen werden.

Versuche, die Abkühlung der Erde mathematisch genauer in den Griff zu bekommen, sind bis jetzt noch nicht so weit gediehen, um daran etwa schon mögliche Einflüsse einer schwächer werdenden Schwerkraft untersuchen zu können. Die Erde gibt heute Wärme ab mit einer mittleren Leistung von 40 Millionen Megawatt, das entspricht der Leistung von 20 000 Kernkraftwerken vom Typ Biblis. Damit liegt die Erdabstrahlung, wie die Geophysiker Henry Pollack und D. Sprague ermittelten, etwas unter dem Mittelwert der letzten 180 Millionen Jahre, nämlich 43 Millionen Megawatt. Doch schwankte die Gesamtabstrahlung in dem gesamten Zeitraum stets zwischen 39 und 52 Millionen Megawatt.

Obwohl ein Teil dieser Energien aus dem, mehrere tausend Grad heißen Erdinnern an die Oberfläche gelangt, scheint doch ein noch größerer Anteil aus der wärmenden Kraft atomarer Zerfallsprozesse innerhalb der Erdkruste zu stammen. Radioaktive Elemente, vor allem Isotope von Uran, Thorium und Kalium, lagerten sich bevorzugt in der Erdkruste ab. Sie alle sind nukleare »Dauerbrenner«, denn sie haben Halbwertszeiten zwischen 0,7 und 14 Milliarden Jahren. Die mathematischen Modelle der Erdabkühlung lassen aber immerhin einige Rückschlüsse auf die Chemie der Urerde zu. Sie weisen darauf hin, daß ein Teil der heute noch abgegebenen Wärmeenergie aus der Entstehungsphase des Planeten Erde stammt. Unklar ist nur, wie groß dieser Anteil ist. Als gesichert gelten folgende Erkenntnisse:

– Die Erde kühlt sich, auch jetzt noch, sehr langsam ab; alle zehn

Millionen Jahre um maximal 1 Grad Celsius, entsprechend einem Zehnmillionstel Grad pro Jahr. Das mache, notierte Sydney Pollack, die Erde zur »denkbar besten Energiespeicheranlage«.
- Mit der Abkühlung verhärtete sich der Erdmantel, und Strömungen im Erdinnern verlangsamten sich.

Weder die Expansion noch die Abkühlung der Erde – das sei betont – lassen auf ein langsames Abklingen der Schwerkraft schließen. Eher neigt sich durch geochemische Daten der jungen Erdoberfläche das Pendel gegen diese Hypothese. Daß die Widerlegung nicht perfekt ist, liegt an der Komplexität der Erde als System. Daraus ein grundlegendes physikalisches Gesetz à la Dirac abzuleiten, wäre waghalsig. Davon unberührt ist die Tatsache, daß eine veränderliche Gravitationskonstante nach wie vor wesentliche Vorgänge in und auf der Erde beeinflussen könnte: Wärmeabstrahlung, Expansion, Magnetfeld, Klima und Lebensentstehung.

Radioaktive Elemente und die starke Wechselwirkung

Radioaktive Elemente heizen seit Milliarden Jahren die Erdoberfläche. Verglichen mit der Sonneneinstrahlung liefert die Erde jedoch nur einen verschwindend kleinen Beitrag zur Erwärmung der Erdoberfläche. Wenn sie auch nicht gerade die Wiege des Lebens für uns warmgehalten haben, so sind radioaktive Elemente trotzdem in einer interessanten Weise mit der Existenz des Lebens gekoppelt, genauer: daß Atomkerne ab einer bestimmten Größe von selbst auseinanderbrechen. Chemische Elemente werden radioaktiv, wenn sich ihre Atomkerne in andere Atomkerne umwandeln, bzw. wenn sie zerfallen. Bei dem Umwandlungsprozeß entstehen Elemente mit leichteren Atomkernen und Strahlung. Das Phänomen der radioaktiven Strahlung am Element Uran hat 1896 Henri Becquerel entdeckt. Nur die schwersten Elemente zerfallen von selbst. In der Natur sind davon alle Kerne mit mehr als 93 Protonen betroffen. Bei Uran (mit 91 Protonen im Atomkern) und einer Reihe von leichteren Elementen hängt es von den, neben den Protonen im Kern vorhandenen Neutronen ab, ob sie zerfallen und radioaktiv werden. Bei mehr als etwa 240 Nukleonen im Kern, wie etwa beim Uran-235, brechen alle Kernkonfigurationen einmal auseinander.

Zwei Kräfte kontrollieren Zusammenhalt und Größe der Atomkerne: die starke und die elektromagnetische Wechselwirkung. Beide wirken einander entgegen; denn die gleichartig geladenen Protonen stoßen sich elektrisch (Alpha-E) ab, während die starke Kernkraft (Alpha-S) diese Abstoßung – allerdings nur über extrem kurze Distanz – überwindet, um Protonen und Neutronen aneinanderzuschmieden. Auch in der Kernphysik gibt es »Zufälle«, die jedoch unerläßlich sind für die Existenz des Lebens und die deshalb von anthropischer Bedeutung sind. Diese »Zufälle« betreffen die Größenverhältnisse einiger Teilchenmassen und ihre Beziehung zwischen elektrischen und starken Kräften: Die wichtigsten Phänome in der Kernphysik hängen, wie 1970 Brandon Carter bemerkte, von folgenden vier »Zufällen« – kernphysikalischen Koinzidenzen – ab:

$$(\text{Alpha-S})^2 \approx 2\,\frac{(\text{Neutronmasse})}{(\text{Pionmasse})}$$

$$\frac{(\text{Neutronenmasse}) - (\text{Protonenmasse})}{(\text{Elektronenmasse})} \approx 2,$$

$$(\text{Alpha-E}) \approx \frac{(\text{Neutronenmasse}) - (\text{Protonenmasse})}{(\text{Pionmasse})},$$

$$(\text{Alpha-S})^2 \approx 1/(9\ \text{Alpha-E}).$$

Mit Hilfe der Tabellen im Anhang lassen sich diese »Zufälle« leicht nachrechnen. Diese Beziehungen werden durch keine physikalische Theorie »erzwungen«, und doch sind sie notwendige Voraussetzungen für die Existenz aller chemischen Elemente, die das Leben braucht. So, wie unsere Lebensform schwere Elemente braucht, um zu existieren, so sind wir auch abhängig von den Gesetzen der Mikrophysik, die diese Elemente »machen«. Wichtige Eigenschaften der Atomkerne hängen von diesen vier Koinzidenzen der Kernphysik ab, insbesondere von der Stärke der starken Wechselwirkung (Alpha-S). Obwohl die starke Wechselwirkung ihren Namen zu Recht trägt und in der Tat die stärkste der vier Wechselwirkungen in der Natur ist, reicht ihre Kraft nur knapp dafür aus, um die elektrische Abstoßung zwischen den Protonen zu überwinden und die Kernteilchen in Atomkernen zusammenzuhalten.

Wäre sie nur etwas schwächer, Alpha-S also etwas kleiner, könnte sie nicht einmal zwei Protonen in einem simplen Heliumatomkern zusammenhalten. Um so weniger könnten die schwereren Elemente existieren, es gäbe nur ein einziges Element im Kosmos, das einfachste Element mit einem Proton im Kern – den Wasserstoff. Ohne die schwereren Elemente aber gäbe es kein Leben.

Und wie sähe die Welt aus, wenn ein stärkeres Alpha-S die Welt in ihrem Innersten zusammenhielte? Es gäbe sicherlich noch viel größere Atomkerne als Uran und die Trans-Urane: vielleicht fast beliebig große. Damit gäbe es auch nicht das Phänomen der Radioaktivität, so wie wir es kennen. Wenn Alpha-S nur um wenige Prozent größer wäre, so hätte das auch entscheidenden Einfluß auf die Heliumproduktion im Urknall: Aller Wasserstoff würde gleich zu Beginn zu Helium verwandelt. Damit hätte es jedenfalls in diesem Universum niemals Wasser gegeben.

Doch kehren wir zur Erde zurück – dem einzigen uns bekannten Träger einer intelligenten Spezies. Ob und wie ihre Existenz von speziellen Evolutionsbedingungen abhängt, insbesondere von kosmischen Katastrophen, soll im Folgenden betrachtet werden.

Himmlisches Chaos und irdische Katastrophen

Die Entwicklung des Lebens wurde möglicherweise von Katastrophen gefördert – etwa durch die Eiszeiten. Wurden die Eiszeiten durch interstellare Wolken ausgelöst? Starben die Dinosaurier, weil ein riesiger Komet die Erde traf? Wurde die biologische Evolution durch gewaltsame astronomische Kurzzeitereignisse beeinflußt? Insoweit wesentlich für die Evolution der Intelligenz, mußten auch solche Ereignisse im Spiel der Naturgesetze mit enthalten sein.

Wir haben schon beschrieben, wie sehr auch unsere aktuelle irdische Existenz vom »Wohlverhalten« des Kosmos abhängt. Die kosmische Hintergrundstrahlung mußte, und muß auch heute noch hinreichend kühl sein; die Sonne hatte tunlichst von der friedlichsten Art unter den Sternen zu sein, wie es die Hauptreihensterne sind. Dennoch wurde die Erde immer wieder von himmlischen Katastrophen heimgesucht, die vor allem in das irdische Klima eingriffen und damit die irdischen Lebensbedingungen radikal veränderten.

In vielen Spekulationen werden immer wieder die Einflüsse ungewöhnlicher astronomischer Ereignisse auf die Entwicklung des irdischen Lebens diskutiert. Unabhängig aber von Endzeitphantasien, die sich etwa um Kometen rankten (Komet Halley 1910), haben nachweislich eine Reihe von himmlischen Katastrophen den Lauf der irdischen Ereignisse verändert. Inwieweit sie auch Auslöser evolutionärer Entwicklungsschübe waren, ist noch nicht untersucht; trotzdem läßt sich vermuten, daß etwa die Eiszeiten die zivilisatorische Entwicklung des Menschen in eine bestimmte Richtung drängten; einem derartigen

Druck wären sie in einem tropischen Dauerklima nicht ausgesetzt gewesen. Der Übergang zu einer technologischen Zivilisation wurde womöglich dadurch gefördert.

Katastrophen wurden schon vor Darwin als evolutionsbestimmend angesehen. Georges Cuvier glaubte, daß die Evolution *allein* durch eine Serie von Katastrophen ausgelöst werde, in denen jeweils viele Arten ausgelöscht wurden, was andere Arten förderte. Darwins Evolutionstheorie von der natürlichen Auslese – das Überleben der jeweils Bestangepaßten – überrollte Cuviers Thesen; doch ist heute zu vermerken, daß partiell – in einer Art »Neo-Katastrophismus« – Cuviers Ideen wieder zu Ehren kommen, ohne dabei etwa Darwin zu widersprechen. Daran sind z. T. auch die Dinosaurier schuld. Es ist nun einmal unbestreitbar, daß einige Tierarten, wie die Dinosaurier, innerhalb relativ kurzer Zeit womöglich durch eine Katastrophe aus der Welt gejagt wurden. Es ist nicht ausgeschlossen, daß entscheidende Evolutionsvorgänge durch Katastrophen erst in Gang gesetzt wurden. Dies steht nicht im Widerspruch zu den gewöhnlich dominierenden Faktoren von Mutation und Selektion. Wenn schlagartig eine Reihe von Lebewesen ausstirbt, dann können andere, überlebende Spezies in den frei werdenden »Lebensraum« hinein expandieren. Wenn irdische Katastrophen, mit welcher Ursache auch immer, die Weiterentwicklung des Lebens fördern oder sie gar erst ermöglichen, dann sind sie ein Beispiel dafür, daß zwei Dinge im Universum zusammenspielen müssen: einmal die Naturgesetze mit all ihren anthropischen »Zufällen«; zum anderen ein ganz besonderer Evolutionsablauf.

In den letzten paar Millionen Jahren gab es öfters, mindestens sechsmal, ein Massensterben unter den biologischen Arten. Die Dinosaurier stellen dafür nur das jüngste und bekannteste Beispiel dar. Was ihre Auslöschung verursachte, ist bis heute umstritten, doch gibt es mehrere Kandidaten:

- die Dinosaurier wurden durch irdische Ursachen zum Aussterben gebracht: verändertes Klima und Temperaturschwankungen, erhöhter Vulkanismus, Absenkung der Meeresküsten; die folglich veränderte Nahrung ließ die Kalkschalen der Eier stärker und fester werden – die Jungen konnten nicht mehr aus

Rechts: Das Leben auf der Erde und seine Evolution hängt in komplexer Weise von innerirdischen wie außerirdischen Einflüssen ab. Auch kosmische Katastrophen können entscheidend zur Entstehung der intelligenten Lebensform auf der Erde beigetragen haben.

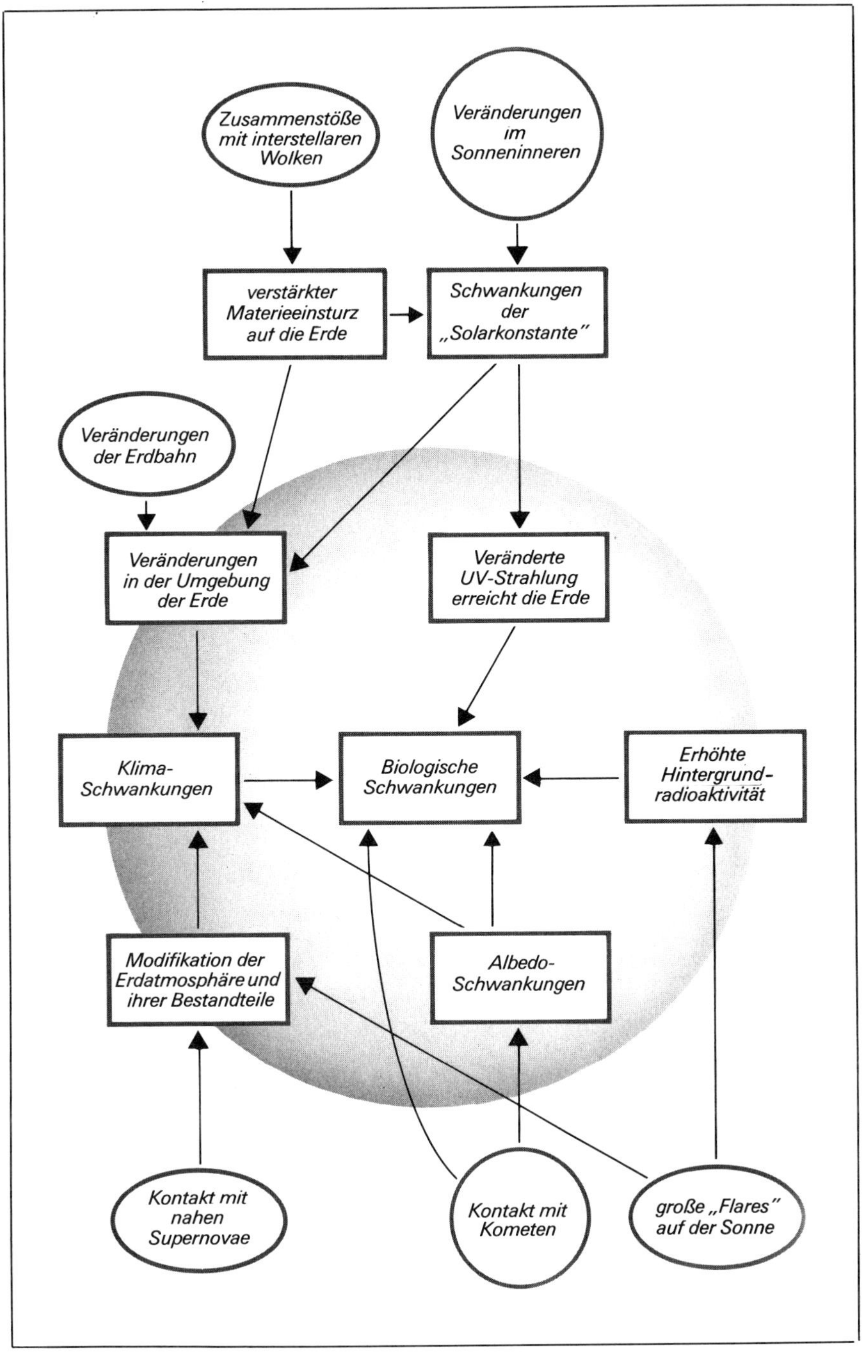

Zusammenstöße mit interstellaren Wolken
Veränderungen im Sonneninneren
verstärkter Materieeinsturz auf die Erde
Schwankungen der „Solarkonstante"
Veränderungen der Erdbahn
Veränderungen in der Umgebung der Erde
Veränderte UV-Strahlung erreicht die Erde
Klima-Schwankungen
Biologische Schwankungen
Erhöhte Hintergrund-radioaktivität
Modifikation der Erdatmosphäre und ihrer Bestandteile
Albedo-Schwankungen
Kontakt mit nahen Supernovae
Kontakt mit Kometen
große „Flares" auf der Sonne

ihrem zu harten Eierschalengefängnis ausbrechen;
- die Auslöschung hatte eine außerirdische Ursache: ein Komet, ein Meteorit oder Asteroid, ein Strahlenausbruch der Sonne oder der Durchmarsch der Sonne durch eine interstellare Wolke; eine nahe Supernova löste einen Klimasturz aus (mit Folgen ähnlich wie oben).

Was wirklich vor fünfundsechzig Millionen Jahren, am Übergang von der Kreidezeit zum Tertiär geschah, läßt sich nur indirekt erschließen. Gesichert ist nur, daß die Dinosaurier, geohistorisch gesehen, »blitzschnell« von der Erdoberfläche verschwanden, obwohl sie damals in einer Vielzahl von Arten die wichtigsten Pflanzenfresser einer Fauna waren, wie sie heute noch im Südosten Asiens zu finden ist. Paläomagnetische Vermessungen der dünnen geologischen Schicht mit Dinosaurierfossilien legen nahe, daß innerhalb von nur eintausend Jahren alles vorbei war. Und ausgeräumt werden sollte auch das Mißverständnis, daß die Dinosaurier ausstarben, weil sie schlecht an ihre Umwelt angepaßte, hypertrophierte »Sackgassen der Evolution« gewesen wäre. Einige Dinosaurier hatten Gehirne vergleichbar heutigen Tieren und Vögeln. Der kleine Strauß-Dinosaurier, *Dromiceiominus,* »war vermutlich die intelligenteste Lebensform dieser Zeit auf unserem Planeten«, schreibt Wallace Tucker vom Harvard Smithonian Center. Diese Tierart wog etwa einen Zentner, hatte ein großes Gehirn und war wahrscheinlich ein schnellerer Läufer als der heutige Straußenvogel: »Kaum ein Kandidat für Auslöschung« (Tucker). Und doch verschwand auch diese Art genauso wie zwei Drittel aller anderen, damals existierenden Tierrassen.

Dramatische, kurzfristige Veränderungen im Erdklima – plausibler Auslöser globalen Artensterbens – können freilich sowohl irdische als auch außerirdische Ursachen haben. Komplizierte Austauschvorgänge zwischen Land-, Wasser- und Eisoberflächen sind ebenfalls Ursache von Klimaschwankungen. Durch erhöhte Vulkanaktivitäten etwa können große Mengen an Asche und Staub in die obere Erdatmosphäre verteilt werden; dadurch würde die Sonneneinstrahlung zurückgehalten. Über längere Zeiten hängt das Klima natürlich auch von der Bewegung der Kontinente, Ausdehnung der Ozeane, der Eisdecke und von der Größe der Landmassen ab. Auch die periodischen Schwankungen in der normalerweise fast kreisförmigen Erdbahn haben vermutlich die Eiszeiten der jüngeren Erdgeschichte mitverursacht. Doch verändert sich durch alle diese Einflüsse das Klima nur sehr langsam.

Auch Vulkanausbrüche der letzten zwei Millionen Jahre haben kein dem Dinosaurierende vergleichbares Tiersterben ausgelöst. Rein irdische Ursachen für das Verschwinden der Dinosaurier werden dadurch weniger wahrscheinlich. Es können katastrophenähnliche, kurzfristige astronomische Einflüsse mit biochemischen Faktoren auf der Erde zum Nachteil der Dinosaurier zusammengewirkt haben.

Kosmische Strahlen und die biologische Evolution

Für extraterrestrische Einflüsse katastrophalen Ausmaßes sprechen mehrere Indizien. 1980 stellten der Physiker Louis Alvarez und Mitarbeiter fest, daß ausgerechnet in der geologischen Schicht, die mit dem Aussterben der Dinosaurier zusammenfällt, ein seltenes Element angereichert ist, das sonst in der Erdkruste kaum vorkommt, nämlich das Element Iridium. Iridium tritt bevorzugt in außerirdischer (Meteoriten-)Materie auf, und zwar rund 1 000mal häufiger als auf der Erde. Diese Beobachtung legt nahe, daß vor fünfundsechzig Millionen Jahren große Mengen außerirdischer Materie innerhalb kurzer Zeit auf die Erde stürzten. Alvarez vermutete, daß die Ursache für diese Iridiumanhäufung in der Kollision der Erde mit einem Asteroiden von vielleicht 10 Kilometern Durchmesser liegt.

Ein so großer Körper hätte aber einen Krater von mindestens 175 Kilometern Durchmesser schlagen müssen; dadurch wäre zwar genug Staub in die Stratosphäre gelangt, um ausreichend Sonnenlicht zu absorbieren, die Photosynthese der Pflanzen zu reduzieren und damit die Nahrungskette für die Tiere zu unterbrechen. Doch das Problem mit dieser Hypothese ist nur, daß die größten, auf der Erde bekannten Krater einen Durchmesser von höchstens 100 Kilometern haben. Keiner der uns bekannten Einschläge korrespondiert außerdem zeitlich mit einem Massensterben, obwohl sie sich alle innerhalb der letzten zweihundert Millionen Jahre ereigneten.

Plausibler erscheinen hier besondere außerirdische Einwirkungen, denen die Erde ausgesetzt ist, wenn das Sonnensystem in einen der Spiralarme gerät, aus denen die Milchstraße – eine Spiralgalaxie – aufgebaut ist. In den wasserstoffgasreichen Spiralarmen entstehen laufend neue, massenreiche Sterne, die wesentlich rascher altern als die Sonne und daher schnell als Supernova detonieren. Die Rotationsgeschwindigkeit der Spiralarme der Milchstraße ist wohlbekannt, sie brauchen zweihundertfünfzig Millionen Jahre für eine volle Drehung. Die Sonne bewegt sich dagegen wesentlich langsamer um das galaktische Zen-

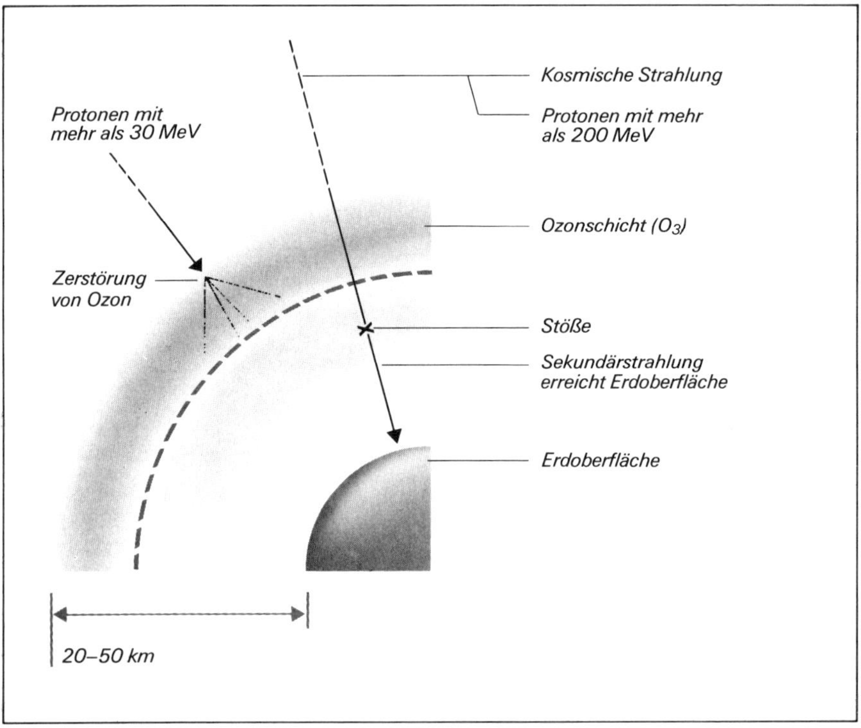

Der Abbau der Ozonschicht durch kosmische Strahlung, vor allem schnelle Protonen und Gammastrahlen, also energiereiche Lichtquanten. Protonen mit mehr als 30 Millionen Elektronenvolt (MeV) erreichen den Ozongürtel; mit einer Energie von über 200 MeV stößt deren Sekundärstrahlung bis zur Erdoberfläche vor; Ozon wird abgebaut und dafür werden Stickstoffoxide erzeugt.

trum; außerdem schwankt sie periodisch um eine mittlere Position nahe der galaktischen Ebene, und zwar mit einer Periode von fünfzig Millionen Jahren. Durch ihre Eigenbewegung treibt die Sonne in regelmäßigen Abständen durch die verschiedenen galaktischen Spiralarme.

Wenn eine Supernova innerhalb von dreißig Lichtjahren Entfernung von der Erde auftritt, können die Auswirkungen katastrophal für sie sein. Ausbrüche energiereicher (Gamma- und Röntgen-) Strahlung sowie schnelle Teilchen (die kosmische Strahlung) würden noch Jahrtausende nach der Explosion über die Erde hinwegfegen. Hätten die fast lichtschnellen Teilchen der kosmischen Strahlung eine tausendfach höhere Intensität als heute, so würden sie die Ozonschicht der Lufthülle zerstören und sie gleichzeitig mit Stickstoffoxiden anreichern. Die wenigen verbliebenen Ozonmoleküle könnten die solaren ultravioletten Wellen nicht mehr wirksam wegfiltern – UV-Licht würde verstärkt auf die ungeschützte Erde treffen und dort die Mutationsrate steigern; gleichzeitig würden die angereicherten Stickstoffoxide der oberen Atmosphäre mehr sichtbares Licht absorbieren. Temperaturstürze, weniger Niederschläge und große Dürren wären die Konsequenz.

Ein tausendfach erhöhter Strom kosmischer Strahlung würde eine Strahlungsdosis von 30 Röntgen pro Jahr abgeben. (Heutige Belastung: 35 Milli-Röntgen pro Jahr.) Die tödliche Dosis für Lebewesen liegt zwar zwischen 200 und 700 Röntgen, doch eine über Jahrzehnte akkumulierte Dosis könnte sehr wohl auch tödliche Folgen haben, vor allem, wenn parallel dazu eine Verschlechterung der allgemeinen Umweltbedingungen aufträte.

Wie oft also könnte die Sonne dichter als dreißig Lichtjahre an eine Supernova geraten? Die Antwort der Astronomen: Alle fünfzig bis einhundert Millionen Jahre gerät die Sonne in einen der Spiralarme und treibt dann für etwa zehn Millionen Jahre durch diesen hindurch. Die Chancen stehen dann etwa 50:50, daß die Sonne dabei in bedrohliche

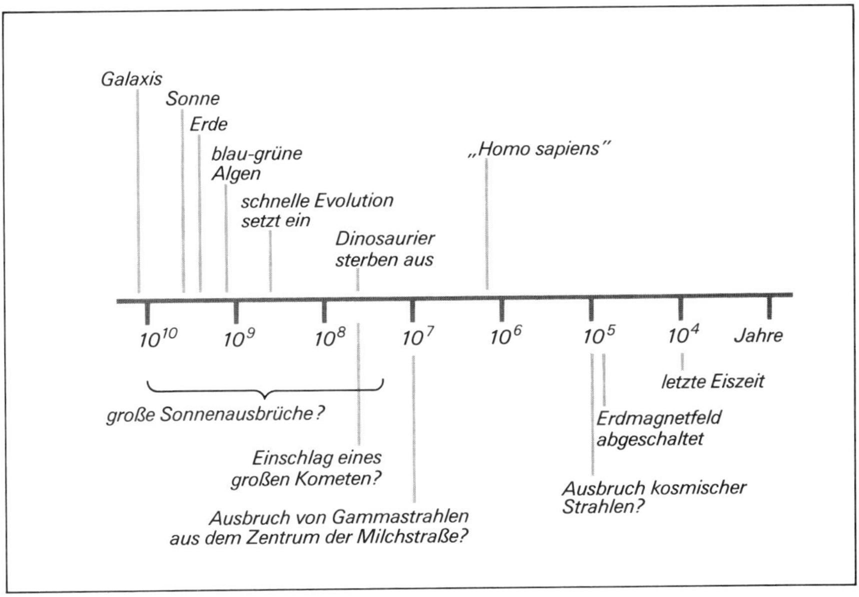

Haben himmlische Katastrophen die Evolution auf der Erde beeinflußt? Die Grafik zeigt einige Ereignisse der Erdgeschichte.

Nähe einer Supernova gerät. Wahrscheinlich war die Sonne, und mit ihr die Erde, schon öfter in ihrer Geschichte von solch einem Ereignis betroffen. Zu allererst wahrscheinlich schon einmal bei ihrer »Geburt«, als eine nahe Supernova den solaren Urnebel so stark zusammenpreßte, daß er kollabierte und die Sonne mit ihren Planeten entstehen ließ.

Eine Explosion, die sogar noch den Effekt von Supernova-Explosionen in den Schatten stellen würde, könnte vor etwa einhundertvierzig Millionen Jahren im Zentrum der Milchstraße stattgefunden haben. Manche Astronomen nehmen an, daß damals ein Stoß energetischer Gammastrahlen die Erde getroffen hat. Er würde ebenfalls die Ozonschicht der Lufthülle beschädigt haben.

Der Zusammenbruch des Erdmagnetfeldes

Die Gefahr muß aber nicht immer aus den »Tiefen des Alls« drohen. Auch innerhalb des Sonnensystems, durch die Sonne selbst, kann die irdische Biosphäre beschädigt werden. Im »Normalbetrieb« gelangt ein konstanter, unschädlicher Strom kosmischer Strahlung aus der Milchstraße – von fernen Supernovae und Pulsaren – auf die Erde. Daß es nicht mehr ist, liegt am Erdmagnetfeld, einem Schutzschirm, den die Erde um sich errichtet hat. Die Magnetfeldlinien lenken die geladenen Teilchen zu den magnetischen Polen, sofern sie überhaupt schnell genug waren, um den Ozongürtel zu durchdringen. Sie gelangen deshalb erst oberhalb des 70. Grades nördlicher und südlicher Breite auf die Erdoberfläche. Alle elf Jahre, wenn die Sonne in ihrem Zyklus Sonnenflecken anhäuft, verringert sich der auf der Erde eintreffende Strom kosmischer Teilchen. Der Grund: Wenn die Sonne aktiv wird, schleppt der Sonnenwind Magnetfelder mit sich, die die Erde zusätzlich gegen die niederenergetischen Teilchen abschirmen.

Zwei Arten von Ereignissen können diesen Normalbetrieb in katastrophale Unordnung stürzen. Einmal, wenn die Sonne aus den Fugen gerät und ihre »Ausbrüche« bekommt; zum anderen, wenn das Magnetfeld der Erde selbst zusammenbricht. In beiden Fällen fällt der magnetische Schutzschirm der Erde aus – mit Folgen für irdisches Leben und Evolution. In den Ausbrüchen der Sonne (englisch »Flares«), die meist gleichzeitig mit großer Sonnenfleckenaktivität auftreten, wird die Erde für kurze Zeit mit vielen, niederenergetischen Protonen überschüttet. Doch sind sie in der Regel nicht schnell genug, um bis zur Ozonschicht durchzudringen und diese ernsthaft anzugreifen. Nur gelegentlich ist ein Sonnenausbruch energiereich genug, um bis zur Erdoberfläche durchzuschlagen; das geschieht im Mittel siebenmal pro Sonnenzyklus. Ob die Sonne zu solchen Ausbrüchen tatsächlich in der Lage ist, die auf der Erde ein Massenaussterben im Stil der Dinosaurier oder andere Evolutionskatastrophen auszulösen vermögen, ist nicht gesichert. Von anderen Sternen, den sogenannten M- und K-Sternen, ist bekannt, daß sie »Flares« vom hundertfachen der typischen Sonnenausbrüche ausstoßen.

Doch auch die mäßigeren Sonnenausbrüche können erheblichen Schaden anrichten, wenn *gleichzeitig* das Erdmagnetfeld abgeschaltet ist. Das Magnetfeld der Erde gerät relativ häufig, durchschnittlich alle paar hunderttausend Jahre in größere Unordnung, innerhalb der letzten 2,5 Millionen Jahre geschah dies genau zehnmal. Der Abschaltvorgang stellt dabei eigentlich nur eine Übergangsphase dar, bei der das Magnetfeld der Erde seine Richtung umkehrt und in der die Magnetfeldstärke für einige tausend Jahre auf einen niedrigen Wert absinkt. In dieser Zeit gelangen auch die schwächerenergetischen Protonen zur Erde; ebenso können dann die Protonen aus großen Sonnenausbrüchen die ungeschützte Erde gefährden. »Interessanterweise zeigten kürzliche japanische Arbeiten über (Magnet-) Feldumkehr durch Analysen von Tiefseebohrungen, daß vor etwa über einer Million Jahren das Magnetfeld [der Erde] für die ungewöhnlich lange Phase von 10 bis 20 000 Jahren praktisch ganz abgeschaltet war. Die Tatsache, daß die Evolution den Menschen etwa zu jener Zeit hervorbrachte, macht dies zu einem interessanten Zufall!« (Arnold Wolfendale).

Wenn in einer derartigen Phase Protonen, wie sie in der kosmischen Strahlung auftreten, aus einem Sonnenausbruch mit großen Energie auf die Erde treffen, würde durch die Stöße in der Lufthülle eine »Sekundärstrahlung« von 1 000 Röntgen produziert. »Sehr wahrscheinlich«, bemerkt Wolfendale, »hätte eine Dosis dieser Größenordnung zu jeder Zeit innerhalb der letzten eintausend Millionen Jahre einen bemerkenswerten Effekt auf die Evolution.« Die Bewohner der Erde sind das Ergebnis von Evolution und natürlich auch aller kosmischen Einwirkungen, insbesondere aller durch sie ausgelösten irdischen Katastrophen. Vielleicht waren die Katastrophen »unentbehrlich«, weil sie der Evolution entscheidende Anstösse versetzten; dann mußten sie freilich gut dosiert sein, um das Leben nicht gleich gänzlich auszulöschen. Dieses »fast« zieht der zulässigen Evolutionsgeschichte recht präzise Grenzen. Das Konstruktionsgerüst der Natur mit seinen anthropischen Querverbindungen ist nur ein Teil der Grundlage unserer Existenz.

Eine andere, offenbar ebenso notwendige Rolle spielt ein Evolutionsfahrplan – eine recht raffinierte Mischung aus quasi-statischer Evolution und Katastrophe –, der den *homo sapiens* als Beobachter des Universums hervorbrachte.

Die Natur in Potenzen der Zahl N = 10^{80}

Der Aufbau der physikalischen Welt macht sich auf den verschiedensten Ebenen bemerkbar, von Atomen, über Zellen, Organismen, Planeten, Sternen, Galaxien zum Universum. Nur die allerkleinsten Bestandteile, Quarks und Leptonen, scheinen keine weitere Unterstruktur mehr zu enthalten (manche Physiker denken inzwischen freilich auch schon kräftig über »Unterquarks« nach!); und nur das allergrößte, das Universum, ordnet sich keiner weiteren, noch größeren Einheit unter. Jeder einzelne Teilbereich, jede Ebene, wird durch eine andere physikalische Theorie beschrieben, und »es wird nicht immer bemerkt«, sagen Bernie Carr und Martin Rees, »wie eng sie zusammenhängen.« Zwar hängen viele Aspekte der Natur, die für die Entwicklung des Lebens notwendig waren, auf delikate Weise von bestimmten »Zufällen« unter den fundamentalen Naturkonstanten ab. Andererseits aber ist es ebenso bemerkenswert, wieviele grundlegende Eigenschaften der Welt durch die Schwerkraft und einige wenige mikrophysikalische Konstanten bestimmt sind – *nicht* als Zufall, sondern als Konsequenz aus einfachen physikalischen Argumenten folgen.« Gerade weil es die Absicht dieses Buches ist, »Zufälle« im Aufbau der physikalischen Welt als Vorbedingungen für die Existenz jeder Lebensform zu erkennen, müssen sie umgekehrt von denjenigen Eigenschaften getrennt werden, die *nicht* zufällig sind. Denn viele Beziehungen stellen physikalische Notwendigkeiten dar, unabhängig davon, ob es Leben gibt oder nicht.

Größe und Gewicht eines Gegenstands sind typische Eigenschaften, die durch physikalische Gesetze festgelegt sind. Es sind die »Skalen« der natürlichen Objekte, gemessen mit Maßstäben, die der Natur angemessen sind: ihre Größe, gemessen mit dem Radius Atomdurchmesser; ihre Masse, ausgedrückt mit der Atommasse (Masse des Protons). Ein Beispiel ist die Größe der irdischen Lebewesen. Wie groß kann ein Lebewesen sein, das auf der Oberfläche eines Planeten lebt? Seine Körpergröße stellt einen Kompromiß dar zwischen der Festigkeit seines Körperbaus und der Schwerkraft, die auf ihn wirkt. Beide Phänomene stehen mit bestimmten Naturkonstanten im Zusammenhang. Einerseits läßt sich der physische Zusammenhalt eines biologischen Gewebes durch die elektromagnetische Feinstrukturkonstante ausdrücken. Andererseits wird die typische Größe eines Körpers durch die Oberflächenschwerkraft des Planeten festgelegt. Fordert man vernünftigerweise, daß planetare Lebewesen nicht zerbrechen dürfen, wenn sie hinfallen, dann läßt sich daraus bereits die maximale Größe abschätzen, die etwa ein Mensch haben kann, um einigermaßen sicher über den Planeten Erde zu wandeln.

Dies ist nur *ein* Argument, wie die Skalen in der Natur festgelegt

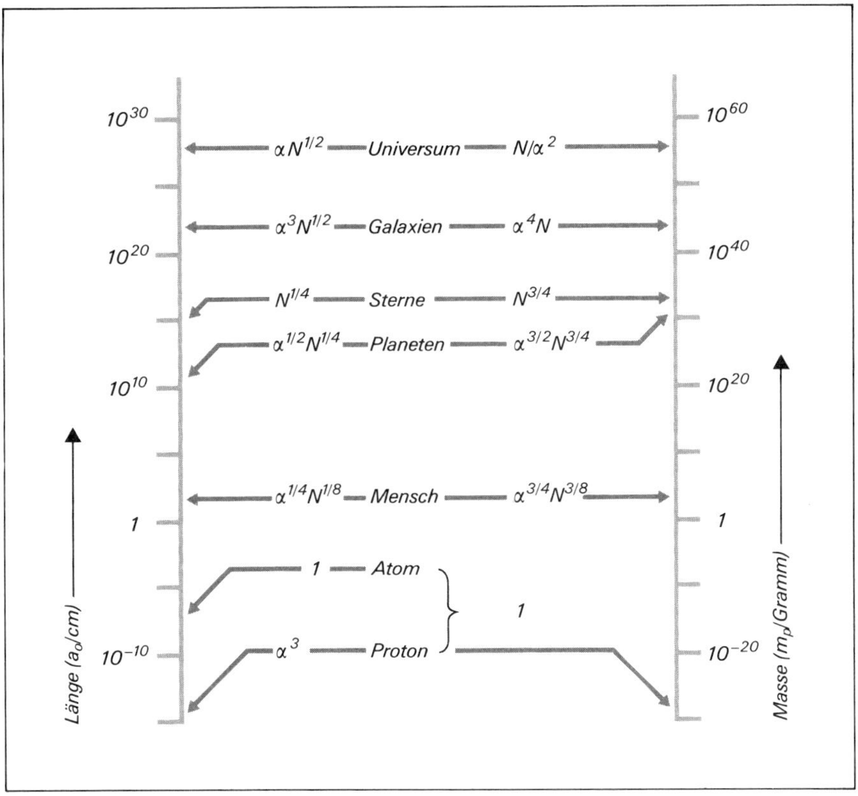

Der Mensch nimmt in der Natur eine Durchschnittsposition ein; er liegt in der »goldenen Mitte« zwischen Mikro- und Makrokosmos. Dies betrifft aber nur seine äußeren Eigenschaften: seine Größe (linke Skala) und sein Gewicht (rechte Skala). Als Maßstabseinheit dienen Durchmesser und Masse eines Atoms, a_o und m_p. Es ist bemerkenswert, daß alle Dimensionen sich durch elektrische (Alpha-E) und Gravitationskräfte (Alpha-G) ausdrücken lassen. [Für die Teilchenzahl im Universum, N, gilt $N = 1/(\text{Alpha-G})^2$.] (Tabelle nach Carr & Rees, 1979.)

sind. Es würde zu weit führen, sich in andere zu vertiefen. Es genügt, als Ergebnis festzuhalten, daß sich alle Skalen durch die Konstanten der Schwerkraft (Alpha-G) und der elektromagnetischen Kraft charakterisieren lassen. Sie sind in der Grafik zusammengefaßt. [Dort ist Alpha-G durch die Zahl $N = 10^{80}$ ersetzt, eine simple Umrechnung mit Hilfe der Beziehung $N = 1/(\text{Alpha-G})^2$].

Einige »amüsante Verknüpfungen« (Carr und Rees) lassen sich aus dem Diagramm der wichtigsten Größen und Massen herleiten. So lassen sich Größe und Masse des Menschen als »geometrisches Mittel« (die Wurzel aus dem Produkt) je zweier anderer charakteristischer Größen und Massen ausdrücken. So liegt ein Planet seiner Größe nach in der Mitte zwischen Atom und Universum; der Mensch nimmt nach Größe und Gewicht eine Mittelstellung zwischen Atom und Planet ein. Genau gilt für die Längendimension

$$\text{Planet} \sim \sqrt{\text{Universum} \times \text{Atom}}\,,$$
$$\text{Mensch} \sim \sqrt{\text{Planet} \times \text{Atom}}\,,$$

und für die Masse

$$\text{Mensch} \sim \sqrt{\text{Planet} \times \text{Proton}}\,.$$

Diese Beziehungen können *nicht* als Koinzidenzen angesehen werden, da sie aufgrund der uns bekannten Gesetze und Eigenschaften der Objekte erwartet werden können. Planeten, Sterne und Galaxien erfüllen sozusagen die Erwartungen, wenn man sie mit den Gesetzen von Schwerkraft und Elektromagnetismus untersucht. Auch der Mensch ist, wie gezeigt, in diesem Zusammenhang nur ein von der Schwere seines Körpers belastetes und von Zerbrechlichkeit bedrohtes Objekt.

VIII
Die Eindeutigkeit des Lebens: Biologie und anthropisches Prinzip

Intelligente Lebewesen und die physikalischen Gesetze

Es ist eine der bemerkenswerten Eigenschaften dieses Universums, daß es in ihm intelligente Lebewesen gibt, die zudem Instrumente entwikkelt haben, mit denen sie wiederum das Universum beobachten. Von den fundamentalen Konstanten, die in den physikalischen Gesetzen auftreten, wird die Existenz des Lebens auf zweierlei Arten mehr oder weniger direkt »beeinflußt«. Über das Zusammenspiel der fundamentalen Naturkräfte sorgen sie für geeignete materielle und planetare Umgebungen; sie stellen die rechten Zutaten bereit, die das Leben zu seiner Entwicklung braucht; und sie beeinflussen letztlich auch die evolutionären Abläufe, die dem Auftritt des *homo sapiens* auf der kosmischen Bühne vorangingen und ihn ermöglichten.

Bis jetzt haben wir vor allem die Umweltbedingungen und materiellen Zutaten betrachtet, die in einem Universum fortfielen, in dem die Fundamentalkonstanten andere Werte hätten. Der Einfluß spezieller, äußerer und globaler Ereignisse auf Evolutionsabläufe – Einwirkungen durch kosmische Katastrophen etwa –, auf die Entstehung komplexer Lebensformen wurde im letzten Kapitel diskutiert. Wie der Aufbau genetischer und biologischer Systeme und ihre evolutionäre Entwicklung von den Naturkonstanten abhängen, soll den Schlußstein unserer Betrachtungen um das anthropische Prinzip bilden. »Insoweit man zeigen kann, daß Veränderungen in diesen Konstanten die Existenz höherer Lebensformen verhindern, kann dies illustrieren, warum Konstanten in sich erkennenden Universen ganz bestimmte Werte haben. Wenn solche Veränderungen Leben oft noch nicht verhindern, dann implizieren sie doch höchstwahrscheinlich Veränderungen im Detail einer Lebensform.« Sie könnten auch darüber hinaus »evolutionäre

Veränderungen in existierenden Lebensformen erzwingen«, bemerkten G. R. F. Ellis und J. Kreuzer von der Universität Kapstadt. Das Phänomen Evolution ist zu trennen von den Mechanismen der Evolution. Darwin schrieb lediglich der natürlichen Selektion eine Hauptrolle im evolutionären Geschehen zu. Aber eben auch Katastrophen aller Art und, wenn dem so ist, eine Veränderung der Naturkonstanten können natürlich die Entwicklung der Arten vorantreiben. Bei der Diskussion des anthropischen Prinzips hatten wir bisher darauf verzichtet, genauer zu definieren, was denn »Leben« oder eine »intelligente Lebensform« genau sei.

Das Phänomen »Leben« läßt sich – die jahrzehntelange Diskussion zeigt es – schwer gegen die unbelebte Materie abgrenzen – hauptsächlich deshalb, weil der Übergang zwischen belebter und unbelebter Materie fließend ist. Um sich hier nicht mit allerlei virusartigen, quasikristallinen Übergangsformen befassen zu müssen, reicht es in unserem Zusammenhang, nur intelligente, biologische Lebensformen zu betrachten, die sich u. a. komplexer technischer Werkzeuge bedienen. Damit dürfte jeweils eindeutig zu entscheiden sein, was »Leben« ist und was nicht. Wie Lebensformen rein *strukturell* erfaßt werden können, als »verallgemeinerte lebende Systeme«, werden wir im nächsten Abschnitt betrachten. Der Punkt, der hier in Verbindung mit dem anthropischen Prinzip von Bedeutung ist, betrifft die Stellen, an denen biologische Funktion mit physikalischen Gesetzen in Zusammenhang gebracht werden kann; und zwar nicht in irgendeinen beliebigen, sondern in einen möglichst direkten Zusammenhang. Die Verbindung zwischen biologischer Funktion und Naturkonstanten wird vor allem in folgenden Punkten besonders deutlich:

- in der Rolle des Wassers für die Existenz des Lebens;
- in der Natur der chemischen Bindungen für das genetische Material;
- in der Funktion der lebenswichtigen Nährstoffe, den Spurenelementen, darunter einigen sehr seltenen Elementen und
- in der Wirkung der etwa 2 000 Enzyme (Eiweißstoffe, die als Biokatalysatoren wirken) in den genetischen Reaktionen.

Lebende Systeme – eine 7 mal 19 Matrix?

Unbemerkt von der Öffentlichkeit hat in den letzten Jahren die sogenannte Systemtheorie wichtige Eigenschaften lebender Systeme erkannt, und ihre Wesenszüge auf verschiedenen Ebenen herauskristalliert.

Ein Wesenzug biologischer Evolution ist es, daß die Systeme im Laufe ihrer Entwicklung zunehmend komplexer werden. Biologische Systeme steuern sich selbst und optimieren dabei bestimmte Funktionen. In dem Hang zur größeren Komplexität drückt sich unter anderem die Tatsache aus, daß lebende Systeme einen Nichtgleichgewichtszustand darstellen, der durch eine ständige Zufuhr an (freier) Energie von außen gegen die destruktiven Einflüsse der Umwelt aufrechterhalten werden muß. Dabei gibt es zu jedem Zeitpunkt eine Vielfalt von Lebewesen, vom einfachsten bis zum komplexesten, die alle gleichzeitig lebensfähig sind. Ein Ergebnis der Systemtheorie: So sehr sich verschiedene Ebenen des Lebendigen in ihrer Komplexität unterscheiden, so erfüllen sie alle praktisch denselben Leistungskatalog bestimmter Funktionen. Sie sind äußerst hilfreich bei der Unterscheidung zwischen belebter und unbelebter Materie!

Jedes Lebewesen, so zeigt sich, baut sich aus mehreren, hierarchisch gestaffelten Ebenen auf. Diese regulieren sich jeweils so weit als möglich selbst, stehen aber auch durch Befehle von unten nach oben und umgekehrt in Verbindung. Jede Ebene aber sorgt in gewissem Umfang für sich selbst, reguliert ihren Energiebedarf und beschützt sich in irgendeiner Form gegen die Umwelt. Der amerikanische Systemtheoretiker James G. Miller identifizierte insgesamt sieben Ebenen, die von der mikroskopischen bis zur gesellschaftlich-politischen Stufe reichen, die hierarchisch übereinander stehen und gleichzeitig ineinander eingebettet sind: Zelle, Organ, Organismus, Gruppe, Organisation, Gesellschaft und übernationale Systeme.

Was die einzelnen Ebenen voneinander unterscheidet, ist – neben der Größe ihrer Systeme – der Umstand, daß in jeder nächsthöheren Ebene auch neue Charakteristika, neue »Strukturen« auftauchen. Das ergibt einen organisatorischen Vorteil: »Damit sind (die Systeme) in der Lage«, so Miller, »mit Belastungen durch Mangel und Überschuß fertigzuwerden, welche die Anpassungsfähigkeiten der Systeme niedrigerer Ebenen überfordern würden, diese Charakteristika führen auch in jeder Stufe zu einer größeren strukturellen Komplexität.« Die neuen Fähigkeiten jeder Systemebene sind wesentlich das Ergebnis der Kooperation vieler Elemente einer niedrigeren Stufe. »Auf der Ebene der Zelle ist es die Tatsache des Lebens selbst, die auftaucht – eine neue Art der Organisation aus Materie und Energie, die eine Insel mit niedriger Entropie und hoher Stabilität in einer Umwelt aufrechterhält, de-

Ebene der Hierarchie	Ursprung (Jahre vor)	Größe
Zelle	≧3 Milliarden	0,001 mm
Organ	5 x 10^8 (?)	1 mm
Organismus	5 x 10^8	1 cm
Gruppe	5 x 10^8 (?)	1 cm
Organisation	11000	100 m
Gesellschaft	7000	1000 km
übernationales System	4500	5000 km

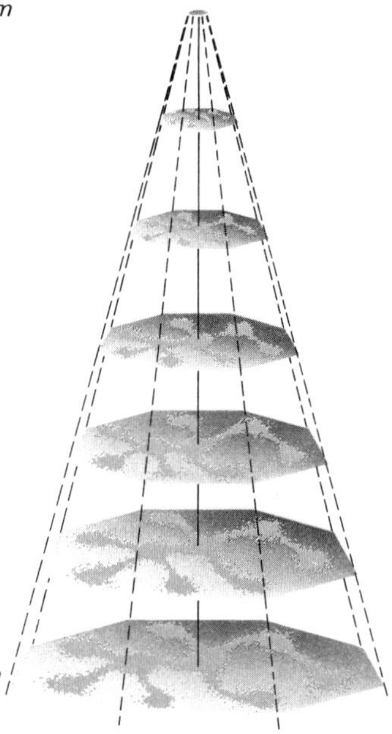

Die sieben, einander übergeordneten Ebenen lebender Systeme zeigen innerhalb jeder Ebene die gleiche Selbstorganisation. Das unterscheidet sie von unbelebten Systemen.

ren Stabilität geringer und deren Entropie größer ist.« Auf der Ebene der Organe, jener »Systemebene« zwischen Zelle und Organismus, steigt zum Beispiel, verglichen mit den Zellen, die Lebensdauer: »Die Fähigkeit einer organisierten Menge von Zellen, Einzelzellen nach deren Tod auszuwechseln, taucht auf der Ebene der Organe auf. Als Konsequenz leben viele Organtypen länger als die Einzelzellen, aus denen sie bestehen.« Neue Formen kooperativer Tätigkeiten und Eigenschaften treten auch in den Ebenen sozialer Gruppen und Organisationen hinzu: Sprache, Schrift, Geldverkehr, persönlicher Status, Bürokratie usw.

Nur die untersten drei Systemebenen – Zelle, Organ und Organismus – fallen ausschließlich in das Reich der Biologie. Von ihnen ist zu sagen, daß schon die Zelle in hohem Maß für sich selbst sorgt, als tierischer Einzeller (Protozoon) auch allein existenzfähig ist. Könnten Zellen sich nicht selbst versorgen, müßten die übergeordneten Organe des Körpers diese Aufgabe übernehmen, die natürlich selbst auch aus Zellen bestehen, die der Versorgung bedürften. Die Selbstregulierung von Einheiten schon auf der untersten Organisationsebene ist also wesentlich. Dies setzt sich fort in der nächsten Ebene, wo Zellen innerhalb der Organe so zusammengeschlossen sind, daß sich auch die Organe in großem Maß selbst regulieren. In der nächsthöheren Systemebene, dem Organismus, steuern verschiedene Einheiten (Gehirn) die Rolle der einzelnen Organe (Gliedmaßen, Sinne). Umgekehrt können niedrigere Ebenen des Gesamtsystems Informationen über Bedürfnisse (Hunger, Durst, Ermüdung usw.) in die höheren Ebenen, etwa zum Gehirn, schicken. In einer Bürokratie entspräche dies dem Vorgang, Entscheidungen auf der jeweils niedrigsten Stufe treffen zu lassen, auf der sie überhaupt gefällt werden kann. Nur wenn ein Problem in einer Ebene nicht gelöst werden kann, wird es »nach oben« weitergereicht. Systeme mit möglichst großer Selbständigkeit der einzelnen Ebenen innerhalb einer Hierarchie bildeten offenbar einen wesentlichen Grundzug zum Aufbau eines so komplizierten Organismus wie ihn der Mensch darstellt. Dabei war schon, wie George G. Simpson in seinem Buch *Die Bedeutung der Evolution* ausführt, der erste Schritt zur Zelle ein entscheidender Schritt: »Oberhalb der molekularen Ebene ist bereits die einfachste, voll lebensfähige Einheit fast unglaublich komplex . . . alle wesentlichen Probleme des Lebens sind schon bei einzelligen Protozoen gelöst . . . der Übergang von dem sich selbst reproduzierenden Molekül zum Protozoon war vermutlich der komplexeste, der in der Evolution auftrat.«

Selbststeuerung und hierarchische Kontrolle

Die größtmögliche Selbstverwaltung aller Systemebenen ermöglichte schließlich die Bildung eines Organismus, bestehend aus 60 Millionen Millionen (gleich 60 000 Milliarden = 6×10^{13}) Einzelzellen, von höchster Ebene aus gesteuert, vom Gehirn, dessen Kontrollfunktion wir bis jetzt nur in Ansätzen begreifen. An dieser Stelle bietet sich die Gelegenheit, ein populäres Mißverständnis auszuräumen. Häufig werden Planeten, Sterne und Galaxien und Haufen von Galaxien ebenfalls als eine Art »Organismus«, als Lebewesen eigener Art angesehen, gewissermaßen als kosmische Fortsetzung der biologischen Hierarchien auf der Erde. Ja man scheut nicht, gar den ganzen Kosmos als ein Lebewesen besonderer Dimension anzusprechen, das auch noch im Kontakt steht mit gleichartigen Kosmoslebewesen – was immer so ein Wortgeplänkel bedeuten mag (s. etwa W. Bargatzky *Der Kosmos lebt* und auch andere Bücher ähnlichen »Niveaus«). Von dem verbreiteten verbalen Unsinn in diesem Zusammenhang einmal abgesehen, liegt dem ein grundlegendes Mißverständis zugrunde, das mit der systemtheoretischen Betrachtung beseitigt werden kann. Die in biologischen

---

Die Hierarchie lebender Systeme: eine 7 mal 19 Matrix in Beispielen

Jede Form des Lebens hält ihre Funktion mit Hilfe von 19 Untersystemen aufrecht – so zeigt es die Systemtheorie. Sie sind in allen lebenden Systemen zu finden und sind in den 19 Reihen der Tabelle wiedergegeben. Die sieben verschiedenen Ebenen lebender Systeme finden sich in den sieben Spalten. In jedem Kästchen ist allerdings nur ein Beispiel für ein Untersystem der jeweiligen Systemebene angegeben. In drei Kästchen ist der Prozeß wahrscheinlich auf eine andere Ebene verteilt. Die meisten »Unbekannten« treten bei den Gedächtnis- und Verknüpfer-Untersystemen auf, obwohl die entsprechenden

---

Tabelle 1

Untersysteme, die Materie (Energie) und Information verbreiten

Ebene / Untersystem	Zelle	Organ	Organismus
Reproduktionssystem	Chromosom	keines (wird von Zellen besorgt)	Geschlechtsorgane
Begrenzer	Zellmembran	Viscus-Kapsel	Haut

Systemen wirksame hierarchische Kontrolle ist völlig anders als die Hierarchien, mit denen sich Materie in großen, schwerkraftdominierten Gebilden in verschiedenen Ebenen anordnet. Die kosmischen Materiegebilde sind aber nicht nur um Größenordnungen simpler (und nur deshalb überhaupt mathematisch-physikalisch genauer zu erfassen), ihnen fehlt auch genau jenes hierarchisch abgestufte Kontrollsystem, das so wesentlich ein biologisches System kennzeichnet. In der (nach Größe) aufsteigenden Folge von Ebenen – Elementarteilchen, Atome, Moleküle, Kristalle und Organellen, Viren, Zellen, Organe,

---

Funktionen offensichtlich ausgeführt werden. Dies betrifft hauptsächlich die Informationsverarbeitung bei Zelle, Organ und Organismus (Tabelle nach J. G. Miller),

Zwei Untersysteme verarbeiten sowohl Materie (Energie) als auch Information (Tabelle 1)
Acht Untersysteme verarbeiten nur Materie (Energie) (Tabelle 2)
Neun Untersysteme verarbeiten nur Information (Tabelle 3)

Gruppe	Organisation	Gesellschaft	Übernationales System (ÜS)
Zweierbeziehung	Gruppe, die einen Plan für eine Organisation entwirft	Gesetzgebende Versammlung	ÜS, das ein weiters ÜS gründet (UNO)
Offizier in Waffen	Wachmann der Organisation	Organisation der Grenztruppe	Übernationale Grenztruppen (UNO-Friedenstruppe)

Organismen, Gruppen, Organisationen, Gesellschaften, übernationale Systeme, ökologische Systeme, Planeten, Sterne, Galaxien, Galaxienhaufen, Superhaufen, Kosmos – nehmen die sieben lebenden Systeme eine Sonderstellung ein.

Jede dieser Systemebenen, so zeigte Miller, betreibt ihre Selbstregulierung mit Hilfe einer Reihe von Untersystemen. Um die minimal zum Überleben notwendigen Prozesse durchzuführen, ist jede Ebene auf eine Reihe »kritischer« Untersysteme angewiesen, wenigstens 19 an der Zahl. Sie betreffen Funktionen: von der Aufnahme, Verteilung und Speicherung von Energie bis zur Verarbeitung von Information (Gehirn!) und Ausscheidung von Abfallstoffen. Jedes Untersystem führt einen bestimmten Prozeß für sein System aus und hält damit eine oder mehrere seiner Funktionen aufrecht.

Die Aufgabe der Untersysteme einer bestimmten Ebene ist es, Materie und andere Energieformen aufzunehmen, zu speichern oder zu verarbeiten, auf Informationszuflüsse adäquat zu reagieren und selbst wieder Informationssignale abzugeben. Unter den 19 kritischen Subsystemen befassen sich genau zwei mit Materie- *und* Informationsverarbeitung – das Reproduktionssystem und die Begrenzung des Systems. Das *Reproduktionssystem* sorgt dafür, daß weitere Systeme der eigenen Art entstehen. Das geschieht am Elementarsten in den Zellen – Ei- und Samenzellen – durch Zellteilung. Durch Reproduktion wird sowohl der Bauplan des Zellsystems – enthalten in der DNS der Chromosomen – weitergereicht, als auch Materie für den Aufbau des neuen Lebenssystems organisiert. Das »Tochter«-System wird so lange betreut und versorgt, bis es selbständig wird und sich selbst versorgen kann. Die *Begrenzung* des Systems schützt vor schädlichen Umwelteinflüssen und kontrolliert den Zufluß ausgewählter Materie, Energie und Information.

Eine Reihe anderer Untersysteme besorgt ausschließlich die Verarbeitung der Materie bzw. Energie. Das *Aufnahmesystem* gehört dazu; es schafft Materialien aus der Umwelt über die Systemgrenze. Danach transportiert ein *Verteiler* das von außen eingebrachte Material (den »Input«) oder Stoffe von anderen Subsystemen zu Komponenten im ganzen System. Miller: »Ein Schwamm hat seine Komponenten so arrangiert, daß sie Kanäle bilden, in die und aus dem das Meerwasser frei fließen kann. Das ist sein Verteiler . . . Gruppen ernennen oft ein Mitglied, das sich um Lebensmittel oder anderes kümmert. In höheren Organisationssystemen sind es spezielle Gruppen, die – mit Hilfe von Hilfsmitteln wie Straßen, Lastwagen, Eisenbahnen und Flugzeugen –

dieses Untersystem darstellen.« Wenn einige Input-Stoffe aufbereitet werden müssen, um in speziellen Prozessen des Systems Verwendung finden zu können, tritt der *Umwandler* in Aktion. Was die Enzyme für die Zelle sind, besorgen Gedärme im Organismus, der Koch in der Familie und die Fabrik in der Gesellschaft. Der *Produzent* stellt Stoffe her, die für Wachstum, Reparatur oder Ersatz benötigt werden. In der Zelle entspricht dies der chemischen Synthese, im Organismus den Funktionen von Leber, Knochenmark usw., in der Gesellschaft etwa der Funktion der Pharma-Industrie. Der *Materie-(Energie-)Speicher* konserviert Stoffe auf Zeit, nach der sie diese dem System wieder zur Verfügung stellt und bevor sie, nach Gebrauch, vom *Ausscheider* als Abfall vom System ausgestoßen werden. *Motor* und *Unterstützer* schließlich sorgen für die räumliche Beweglichkeit eines Systems bezüglich der Umwelt, aber auch, um sich nicht selbst durch Überlastung (Überbevölkerung) in Gefahr zu bringen (Emigration).

Die Bürokratie der Systeme wird gewissermaßen durch die dritte Gruppe der kritischen Untersysteme repräsentiert. Sie verarbeiten ausschließlich Informationen und sorgen für sinnvolle Reaktionen auf Reize der Um- und Innenwelt, die für Überleben und Stabilität notwendig sind. In ihre Funktionen fließen alle Begriffe ein, wie sie die Informations-, Übertragungskanaltheorie und Kybernetik beschreiben; sie umfassen die Vorgänge des Lernens, sich Erinnerns, Vergessens, Anpassens, Ignorierens, Agierens und Flüchtens.

Das Erstaunliche ist, daß in jeder der sieben Systemebenen fast durchwegs alle kritischen Untersysteme, mit identischen Aufgaben, anzutreffen sind. Gelegentlich ist eine der Funktionen auf einer tieferen Systemebene verlagert, und manchmal ist sie auch noch unbekannt (s. Tabelle). Den kosmischen, unbelebten Gebilden ab Planet aufwärts, fehlt sowohl eine vergleichbare Selbstregulierung als auch die Kontrollhierarchie *zwischen* den einzelnen Ebenen der Organisationen.

Um nun die Verbindung vom biologischen System zu den Fundamentalkonstanten zu schlagen, müssen wir die biochemische Grundlage aller Lebewesen identifizieren. Alle der so immens komplizierten biologischen Systeme werden letzen Endes von einem bestimmten Molekül gesteuert, das in der Erbsubstanz in den Zellen enthalten ist: der Desoxyribonukleinsäure (DNS). Es sind die physikalischen Eigenschaften dieses, wie ein spiralenförmiger Doppelstrang aufgebauten Erbmoleküls, in denen wir das Wirken der physikalischen Gesetze erkennen können. Sie legen die Art der chemischen Bindung zwischen Einzelatomen in der DNS fest und damit auch die möglichen räumli-

Tabelle 2

Untersysteme, die Materie (Energie) verarbeiten

Untersystem \ Ebene	Zelle	Organ	Organismus
Aufnehmer	Lücke in der Zellmembran	Aufnahmearterie des Organismus	Mund
Verteiler	Endoplasmatisches Retikulum	Blutgefäße	Blutgefäßsystem
Umwandler	Enzyme	Parenchymale Zellen	Oberer Verdauungstrakt
Produzent	Enzyme	Parenchymale Zelle	unbekannt
Materie (Energie)-Speicher	ATP (Adenosin-Triphosphat)	Zwischenzellenflüssigkeit	Fettgewebe
Ausscheider	Lücke in Zellmembran	Abflußader des Organs	Harnröhre
Motor	Mikroröhrchen	Muskelgewebe	Beinmuskeln
Unterstützer	Mikroröhrchen	Bindegewebe	Skelett

Gruppe	Organisation	Gesellschaft	Übernationales System (ÜS)
Mundschenk	Aufnahmeabteilung	Importgesellschaft	ÜS-Vertreter, die internationale Häfen betreiben
Mutter, die Essen an die Familie verteilt	Fahrer	Transportgesellschaft	UN-Kinderfond (UNICEF), der Lebensmittel an hungernde Kinder verteilt
Metzger	Gesellschaft für Ölverarbeitung (BP, Esso . . .)	Ölraffinerie	Europäische Atomenergie (EURATOM), die sich mit Atomenergie befaßt
Koch	Produktionseinheit einer Fabrik	Fabrik	Weltgesundheitsorganisation (WHO)
Familienmitglied, das Nahrung aufbewahrt	Lagerhalter	Kaufhausgesellschaft	Int. Rotes Kreuz, das Hilfsgüter speichert
Reinigungsperson	Versandabteilung	Exportgesellschaft	Abt. der Int. Atomenergiekommission, die nukleare Endlagerung besorgt
keine: verteilt auf Gruppenmitglieder	Busfahrer	Lastwagenfirma	Transportabteilung der NATO
Träger in Gruppe	Bauabteilung	Ministerium für öffentliche Bauten	UN-Verteter, die UN-Gebäude und Landbesitz betreuen

Tabelle 3

Untersysteme, die Informationen verarbeiten

Ebene / Untersystem	Zelle	Organ	Organismus
Kanäle & Netzwerke	Zellmembran	Nervennetz	Neurales Netzwerk
Entschlüsseler	Molekulare Bindung	Rezeptorzelle	Zellen im Sinnesapparat
Verknüpfer	unbekannt	unbekannt	unbekannt
Gedächtnisspeicher	unbekannt	unbekannt	unbekannt
Entscheider	Regelungs-Gen	Sympathikusnerv am Herz	Gehirnrinde
Verschlüsseler	Hormonproduzent	Präsynapse des Output-Neurons	Teil des Gehirns
Weiterleiter des Inputs	Rezeptorteil der Zellmembran	Rezeptorzelle des Sinnesorgans	äußeres Sinnesorgan
Interner Weiterleiter	Repressormolekül	Zelle des Herzmuskels	Rezeptorzelle, die auf den Blutzustand reagiert
Weiterleiter des Outputs	Präsynaptische Membran	Präsynapse des Output-Neurons	Kehlkopf

Gruppe	Organisation	Gesellschaft	Übernationales System (ÜS)
Funker mit Walkie-Talkie	Haustelefon	Nationales Telefonsystem	Internationale Postvereinigung
Übersetzer	Gruppe der Übersetzer	Fremdspracheninstitute	Übernationale Übersetzer & Fremdsprachengruppen
keine: verteilt auf Gruppenmitglieder	keine: verteilt auf Einzelpersonen	Schule	Übernationale Universität
Erwachsener in einer Familie	Archiv	Bibliothek	Bibliothek der UNO
Kopf der Familie	Direktorium	Regierung	Ministerrat der EG
Verfasser der Gruppenstatements	Redenschreiberabteilung	Pressesekretär	Pressebüro der UNO
Ausblick	Gruppe der Telefonisten	Ausländischer Nachrichtendienst	Nachrichtendienst der UNO
Mitglieder, die Gruppenstatus dem Entscheider berichten	Inspektionseinheit	Meinungsforschungsinstitut	Übernationale Inspektionsorganisation
Sprecher	Abteilung für Öffentlichkeitsarbeit	Büro des Regierungssprechers	Sprecher der Organisation des Warschauer Paktes

chen Anordnungen des DNS-Moleküls. Sie fixieren natürlich auch die Struktur aller anderen Moleküle. Speziell organische Moleküle wirken in biochemischen Reaktionen hauptsächlich mit Hilfe ihrer »räumlichen Konfiguration« oder ihrer »räumlichen Faltung«. Damit ist die räumliche Verteilung gemeint, in der sich die Atome oder gewisse Atomgruppen in jedem Molekül zueinander einstellen. Die Moleküle in den Genen enthalten oft sehr viele molekulare Untergruppen, die sich im Rahmen des Gesamtmoleküls wie die Gelenke der Finger einer Hand relativ zueinander drehen können. Je nach ihrer elektrostatischen Abstoßung stellen sie sich dabei in bestimmten Winkeln zueinander ein, bei der die Abstoßungskräfte minimal werden. Dabei entstehen, in einfachen Fällen, »Bäuche«, »Wölbungen« und »Höhlen« in Molekülen durch die Faltung, von denen die chemische Aktivität des Moleküls ausgeht. In einem Bauch kann etwa die molekulare Ausbuchtung eines anderen Moleküls hineingesogen werden – wie der Schlüssel ins Schloß. Die molekulare Struktur, etwa der DNS, »wird durch die Abstände und Winkel der (chemischen) Bindungen bestimmt, die selbst wiederum durch quantenmechanische Gesetze festgelegt sind, die die Natur der chemischen Bindung bestimmen. Unabhängig davon, ob Leben strikt mechanistisch ist oder nicht, muß diese physikalische Struktur, durch die das Funktionieren des Körpers kontrolliert wird, korrekt erfüllt sein, damit das Funktionieren gewährleistet ist. Dabei gehen wir davon aus, daß »vitalistische Kräfte« diese Funktionen nicht in physikübergreifender Weise korrigieren. Insgesamt brauchen wir also gar nicht alle Schritte in der Kette zu verstehen, mit denen die DNS-Moleküle und Enzyme biologische Strukturen und Funktionen kontrollieren, um festzustellen, daß die Molekülkonfigurationen anders wären, wenn die Gesetze der Physik anders wären.« (Kreuzer/Ellis).

In der Biologie ist es jedoch oft nicht so einfach, festzustellen, wie sehr sich im Einzelfall gewisse Eigenschaften einer Substanz oder die Reaktionsfähigkeit eines Moleküls verändern, wenn eine der Naturkonstanten abgeändert wird. »Die Natur« zeigt dabei eben gleich ein qualitativ anderes Verhalten – im Gegensatz etwa zum Aufbau eines Sternes, der sich kaum verändert, wenn man die Gravitationskonstante verstellt. Manche Eigenschaften verändern sich in biologischen Systemen sprungartig. Für einige wesentliche Punkte soll dies im Nachfolgenden trotzdem versucht werden – beim Wasser und bei den seltenen Elementen.

Die Existenz des Lebens hängt auf mehrere Arten vom Wasser und seinen Eigenschaften ab. Die Rolle des Wassers ist zentral – als Lösungsmittel, als Nahrungstransporteur und als chemischer Reaktionspartner. Wasser ist es, aus dem wir überwiegend bestehen: Der Mensch enthält es zu 60 Prozent, im Blut sind es 80 Prozent, das Gehirn ist mengenmäßig ein feuchter Schwamm mit 70 bis 75 Prozent Wasser, und sogar in den trockenen Knochen sind noch 20 Prozent von dem edlen Naß gespeichert. Manche Algen und Quallen enthalten sogar nur 2 Prozent festes Material. Wasser ist ein wesentlicher Bestandteil unserer Planetenoberfläche, wodurch es wahrscheinlich unentbehrlich für die Evolution des Lebens wurde. Das Leben stellte sich optimal auf die Eigenschaften des Wassers ein. (Alternative biologische Evolutionen in anderen Flüssigkeiten wurden bis jetzt nicht beobachtet.) Im Wasser liefen jedenfalls alle die chemischen Reaktionen ab, die zur Bildung der ersten primitiven Einzeller führten. Fast alle Reaktionen auch im Innern lebender Zellen laufen in wässriger Umgebung ab. Schließlich, so stellt ein Lehrbuch fest, gebe es »genügend Hinweise«, daß »Wasser ein aktiver Teilnehmer in vielen biochemischen Reaktionen ist und daß es viele der Eigenschaften von Makromolekülen, wie den Proteinen, wesentlich bestimmt«. Zweifellos ist Wasser – ähnlich wie Blut – »ein besonderer Saft«, ein fundamentaler Bestandteil in Pflanzen, Tieren und Menschen, wie des gesamten ökologischen Systems der Erdoberfläche.

Kein anderes Molekül hat eine so zentrale Rolle im irdischen Leben eingenommen wie H_2O; was nicht heißen soll, daß es unersetzbar sei: Auf anderen Planeten unter exotischen kosmischen Umweltbedingungen mögen sich andere Grundflüssigkeiten anbieten. Doch auf der Erde ist Wasser jedenfalls durch nichts zu ersetzen! Das liegt im Grunde an einigen recht simplen physikalischen und chemischen Eigenschaften des Wassermoleküls. Die zwei Wasserstoffatome (H) bilden mit dem Sauerstoffatom (O) ein dreieckiges Molekül (Winkel beim O-Atom: 104,5 Grad), dessen elektrische Ladung ungleich verteilt ist. Die O-Seite ist negativ, die gegenüberliegende Seite mit den zwei H-Atomen positiv aufgeladen; das macht das Molekül zu einem *elektrischen Dipol*, nicht unähnlich einem kleinen Stabmagneten mit zwei verschieden geladenen Enden. Wasser ist, wie man auch sagt, »polar«.

Dieser unscheinbare physikalische Umstand hat dramatische Folgen; er macht das Wasser so universell chemisch und biochemisch einsatzfähig:

- Elektrisch geladene Moleküle (Ionen) ziehen Wasserstoffmoleküle an, umhüllen sich gewissermaßen mit einem Wassermantel und werden dadurch löslich; auch Eiweißstoffe werden auf die gleiche Weise wasserlöslich (Solzustand) und können sich fast frei bewegen – sobald sie die Wasserhülle verlieren, werden sie wieder gallertartig gebunden. Osmose und Quellfähigkeit von Zellen hängen damit zusammen.
- Wasser transportiert Nährstoffe und Abfallstoffe in den Zellen der Pflanzen und Tiere.
- Wasser ist an der Photosynthese beteiligt. Kohlendioxid und Wasser werden unter Einwirkung von Licht zu energiereicheren Kohlenwasserstoffen umgesetzt – die chemische Speicherung der Sonnenenergie. Dabei spielt als erste Phase die Spaltung durch Lichteinwirkung, die »Photolyse«, eine Rolle. In der Photolyse wird das Wasser durch die Strahlungsenergie der Sonne in sogenannte Radikale gespalten.
- Wasser hat eine große Oberflächenspannung, die, ohne Spülmittel, das Geschirrspülen behindert. Sie unterstützt aber vorzüglich die Bildung von Zellmembranen und Eiweißschichten.
- Die Oberflächenspannung sorgt dafür, daß in Pflanzen und Bäumen Nahrungsstoffe durch meterlange Kanäle und Röhrensysteme bis in die Blätter geschafft werden.
- Wasser kann viel Wärme aufnehmen (es hat eine hohe »Wärmekapazität«); dadurch erwärmt sich eine wasserreiche Zelle nur geringfügig, auch wenn wärmeentwickelnde (exotherme) Reaktionen ablaufen.
- Um Wasser zu verdunsten oder zu verdampfen, wird relativ viel Wärme gebraucht: pro Liter 500 Kilokalorien. Dadurch können sich Biosysteme effektiv abkühlen, in dem sie große Verdunstungsflächen bereitstellen, etwa durch Poren in der Körperhaut.

Auch durch eine Reihe bizarrer physikalischer Verhaltensweisen fällt Wasser aus dem Rahmen – ebenfalls mit biologischen Konsequenzen. Wenn Wasser gefriert, vergrößert es sein Volumen. Deshalb schwimmt Eis auf dem Wasser und nicht am Grund der Seen und Meere, was der Fischwelt im Winter beim Überleben hilft. Die Bedeutung für Flora und Fauna ist offensichtlich. Bei 4 Grad Celsius wird Wasser am dichtesten und bei 46 Grad Celsius läßt es sich am schwersten zusammenpressen. Es schmilzt und verdampft bei Temperaturen, die für eine

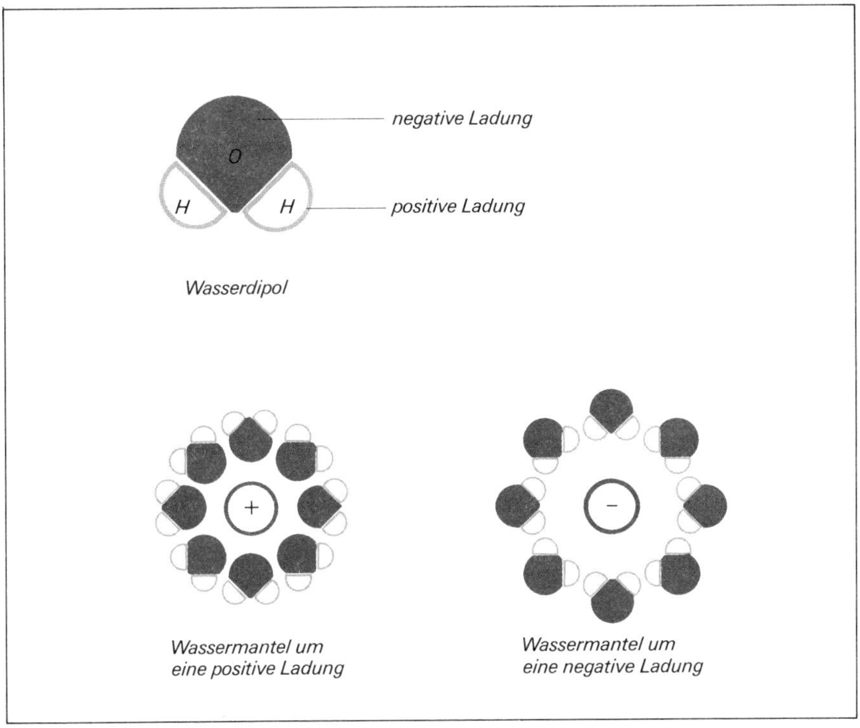

Wasser, das Grundelexier unserer Lebensform, hat eine besondere Eigenschaft. Seine Moleküle haben ein positiv und ein neativ geladenes Ende. Deshalb werden Ionen leicht wasserlöslich, indem sie sich mit einem »Wassermantel« umgeben.

nichtmetallische Substanz, zusammengesetzt aus leichten Atomen – wie eben Wasser –, ungewöhnlich hoch liegen. Wenig bekannt ist auch, daß Wasser »flüssiger« wird, wenn man es unter höheren Druck setzt. Einige dieser Eigenschaften findet man auch in anderen Substanzen. »Trotzdem ist es überraschend«, folgerte der Wasserforscher Frank H. Stillinger, »daß so viele Exzentrizitäten zusammen in einer einzigen Substanz auftreten.«

Die winkelige Form der Wassermoleküle wird hauptsächlich durch gegenseitige, elektrische Abstoßung der acht äußeren Elektronen des Sauerstoff- und der zwei Wasserstoffatome bestimmt. Diese bilden vier Elektronenpaare, zwei »frei« Paare und zwei an die Wasserstoffatome gebundene, die sich an vier Ecken eines Tetraeders anordnen. Hätte die elektrische Kraft, bzw. die elektromagnetische Feinstrukturkonstante, einen anderen Wert, so würde sich der Abstand der Atome im H_2O-Dreieck, aber auch die chemische Bindung, die Winkelanordnung und damit auch die räumliche Wirkung und die Polarität verändern. Obwohl es sehr schwierig ist, quantitative Angaben zu machen, so ist deutlich, daß sich die elektrische Kraft nur innerhalb bestimmter, vermutlich sehr enger Grenzen verändern dürfte, um nicht die vielfältigen Funktionen zu gefährden, die das Wasser im Aufbau des Lebens übernommen hat. Offen muß hier freilich auch bleiben, ob bei so veränderten Fundamentalkonstanten nicht andere Verbindungen an die Stelle von Wasser »nachrücken« könnten.

Ein Ersatz für Wasser?

Die Sonne hat für die Erde unter anderem die Funktion, daß sie über lange Zeiträume die Temperaturen irgendwo zwischen Null und 100 Grad Celsius stabilisiert, dem Bereich also, in dem Wasser flüssig ist. Weder auf dem Mars noch auf der sonst so erdähnlichen Venus gibt es nennenswerte Wassermengen in flüssiger Form. Die Evolution des Lebens hätte weder in den marsianischen Eiswüsten noch in der venusianischen Schwefelsäure-Dampfküche wesentlich über die präbiologische Phase hinausgelangen können. Wasser, unersetzlich zwar für das irdische Leben, könnte jedoch unter anderen Umständen, auf anderen Planeten, durch andere Flüssigkeiten ersetzt werden. Trotzdem ist es nicht so leicht, für Wasser eine Ersatzflüssigkeit zu finden. Schon *schweres* Wasser (D_2O), gebildet mit dem Wasserstoffisotop Deuterium, hat ein anderes Verhalten: Es gefriert schon bei +4 Grad Celsius; schweres Wasser ist, kosmisch gesehen, zehntausendmal seltener als normales Wasser. Andere in Frage kommenden Substanzen – wie Methan (CH_4), Schwefelwasserstoff (H_2S), Kohlendioxid (CO_2), Fluorwasserstoff (HF) oder Schwefeldioxid (SO_2) – schmelzen alle unterhalb minus 50 Grad Celsius und sind meist zehnmal weniger »polar« als Wasser.

Zwar nicht auf der Erde, aber auf anderen Planeten könnten möglicherweise andere Substanzen die Rolle des Wassers übernehmen. Zu denken wäre etwa an HF und SO_2. HF ist flüssig zwischen –83 und +20 Grad Celsius. Auf der Venus, deren Wolken Schwefelsäuredämpfe enthalten, ist es für Meere, gefüllt mit Schwefelsäure, mit 500 Grad Celsius zu heiß. Auf dem Mars würden die Temperaturen aber stimmen; dort findet sich jedoch Wasser nur in Eisform. (1980 lieferten Radarmessungen sogar Hinweise auf flüssige Wasserseen unterhalb der Marsoberfläche.)

Unter allen Alternativkandidaten schneidet noch am besten der Ammoniak ab. Obwohl Ammoniakmoleküle fünfmal weniger polarisierbar sind als die Moleküle des Wassers, ähnelt Ammoniak dem Wasser doch in einigen Punkten. Ammoniak, NH_3, der bei irdischen Zimmertemperaturen als Gas existieren würde, hat fast das gleiche Atomgewicht (17) wie Wasser (18); es wird aber – bei Atmosphärendruck – erst bei –33 Grad Celsius flüssig und gefriert bei –77,7 Grad Celsius. Ammoniak löst Fremdstoffe fast so gut wie Wasser und verbraucht zum Verdampfen ähnlich viel Wärme. Auf einem Planeten wie dem Jupiter wäre es trotzdem für Ammoniak zu kalt. Nur ein höherer Druck der Atmosphäre würde Schmelz- und Siedepunkt zu höheren Temperaturwerten verschieben. Doch auf der Venus, wie gesagt, ist es zu heiß, und Ammoniak gibt es dort leider auch nicht . . .

Könnten sich dennoch biologische Systeme in flüssigem Ammoniak entwickeln? Was die Evolution der Proteine in Jahrmilliarden im Wasser auf der Erde zuwege brachte, sollte anderswo, in Ammoniak, nicht prinzipiell undenkbar sein. Veränderte Fundamentalkonstanten könnten, soweit die kosmischen und materiellen Voraussetzungen erfüllt wären, andere planetare Bereiche, andere lebensfördernde Zonen favorisieren, und vielleicht auch andere Substanzen als dieses eigenartige, polare Lösungsmittel, das wir Wasser nennen. Proteine und Nukleinsäuren sind riesige Moleküle, »die eine fast unendliche Vielfalt an Strukturen zulassen und daher potentiell die Vielfältigkeit besitzen, die sie als Grundlage von beinahe unendlich variierenden Lebensformen benötigen«, schrieb 1963, noch recht optimistisch, der Science-Fiction-Autor und Biochemiker Isaac Asimov. Wir wissen heute, daß die Biomoleküle ihre spezifische Funktion im Netzwerk des genetischen Codes nur bei optimaler Raumanordnung auch optimal ausfüllen können. Experimente haben gezeigt, daß schon Abänderungen von scheinbar nebensächlichen Moleküleinheiten die Funktion des Gesamtmoleküls schwächen und damit auch die Überlebensfähigkeit der Lebensform, der sie dienen. Es sieht so aus, daß trotz großer Vielfalt die Molekularbiologie der Zelle mit der Präzision mikroskopischer Uhrwerke arbeitet, die schon durch geringe Veränderungen in der Struktur der Moleküle drastisch in seiner Wirkung gestört werden. Die »räumliche Spezifität« wollen wir noch etwas genauer im nächsten Abschnitt betrachten.

Verändert man die elektromagnetische Feinstrukturkonstante, so beeinflußt dieser Schritt in allen Molekülen, nicht nur beim Wasser

- den räumlichen Aufbau, die Winkelanordnung in Kettenmolekülen und
- die Stärke der chemischen Bindung.

In der chemischen Bindung der Atome aneinander spielt – neben den Kräften der elektrischen Ladungen – auch die Quantenmechanik eine wesentliche Rolle. Durch ihre mikrophysikalischen Gesetze erklärt sich die Ausdehnung der Atomkerne und der schalenartige Aufbau der Elektronenhülle, die den Atomkern umgibt. Sie fixiert natürlich auch das Verhalten der Elektronen, wenn diese, von verschiedenen Atomen stammend, im Molekülverbund miteinander in physikalische Beziehung treten. Der Angelpunkt der Quantenmechanik ist das Plancksche Wirkungsquantum ($\hbar$). Es tritt in der elektromagnetischen Feinstrukturkonstante Alpha-E zusammen mit der Lichtgeschwindigkeit auf: Alpha-E $= e^2/\hbar c = 1/137$ (*e* ist die elektrische Ladung eines Elektrons, *c* die Lichtgeschwindigkeit).

Am Wasserstoffatom läßt sich am besten demonstrieren, wie sein Aufbau durch Alpha-E kontrolliert wird. Jeder molekulare Aufbau würde in seiner Größe schrumpfen, wenn Alpha-E zunimmt; denn die Elektronen würden dann enger um den Atomkern kreisen. Dieses Verhalten gleicht dem der Planetenbahnen um die Sonne. Bei einer stärkeren Schwerkraft wären auch sie enger um die Sonne gezogen.

Bei den großen Biomolekülen, den Eiweißstoffen (Proteinen) und Biokatalysatoren (Enzymen), ist die chemische Wirkungsweise durch ihre »Faltungsstruktur« gegeben. Die Molekülketten (»Polypeptidketten«) der Proteine können sich in zueinander geknickten Ebenen anordnen, die wie ein zickzackförmig gefaltenes Blatt Papier aussehen. Eine andere Möglichkeit bietet die Form einer einfachen Wendeltreppe, die sogenannte Alpha-Helix. Dabei windet sich die Molekülkette in Form einer Spirale, die an bestimmten Punkten durch Wasserstoffatombrückenbindungen »querverstrebt« sind. In den meisten Proteinen winden sich mehrere gestreckte oder geschraubte Molekülketten umeinander – sie bilden die sogenannte »Tertiär«- und »Quartärstruktur« der Eiweiße. Durch die dreidimensionale Faltung entstehen aktive Zentren in molekularen Höhlungen und Wölbungen. Der Göttinger Biochemiker Manfred Eigen schildert die Verbindung von räumlichem

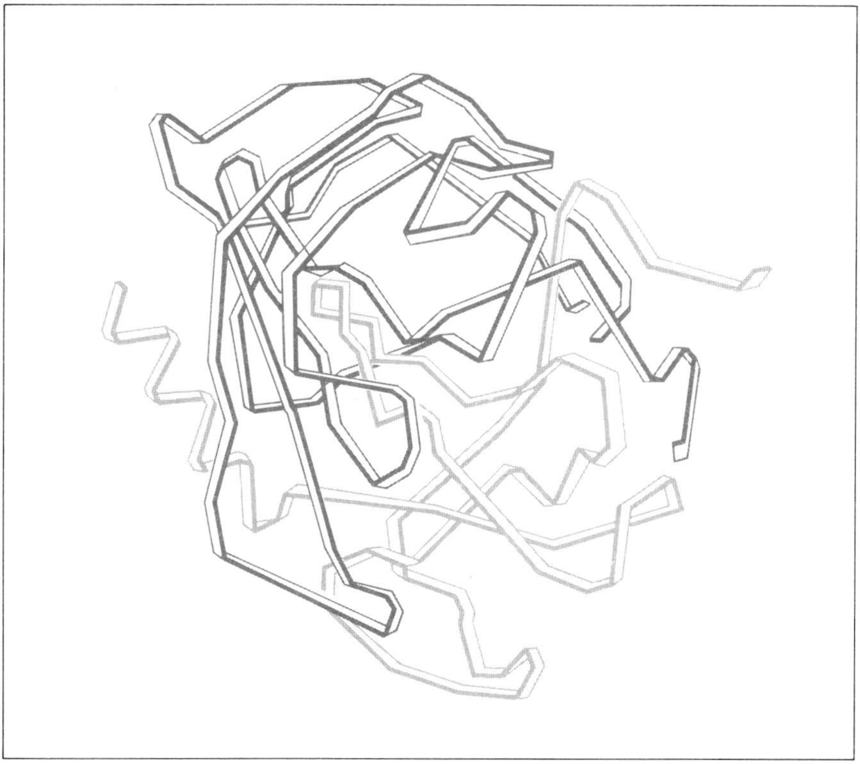

Die biochemische Wirkung der Enzyme (Biokatalysatoren) hängt von der räumlichen Faltung ihrer Molekülketten ab. Veränderte Fundamentalkonstanten würden diese Faltung und damit die Wirkung abwandeln. (Nach Eigen, 1971, S. 498.)

Aufbau und Wirkung: »Die Spezifizität der Substraterkennung, die durch die aktiven Zentren geleistet wird, folgt aus der Natur und exakten räumlichen Position der Seitenketten und ihrer Aminosäuren.« Eine Veränderung der Faltung zerstört auch die jeweilige Wirkung, denn »es scheint klar, daß diese molekularen Kontrollmechanismen kritisch von den strukturellen Details der katalytischen und regulatorischen Polypeptidketten abhängen ... Nicht nur die Qualität und Vielfalt, sondern auch das homöostatische Gleichgewicht des Zellmetabolismus wird durch die Aminosäuresequenzen seiner Proteinmoleküle bestimmt.«

Den räumlichen Aufbau der DNS schildert das *dtv-Lexikon für Biologie:* »Ein DNS-Molekül besteht aus zwei unverzweigten Polynukleotidsträngen, die als rechtsdrehende Doppelhelix um eine gemeinsame Achse laufen. Die (Molekularbausteine) Basen stehen rechtwinklig zur Achse nach innen, wobei sich stets komplementäre Moleküle gegenüberliegen und Wasserstoffbrücken bilden. Die beiden Stränge sind räumlich so gegeneinander versetzt, daß an der DNS-Oberfläche eine tiefe und eine flache Furche ausgebildet werden.«

Die physikalischen Gesetze liegen der jeweiligen Faltung der Biomoleküle zugrunde. Verändert die Konstante Alpha-E ihren Wert, dann ändern sich alle Winkel, und die chemischen Aktivitätszentren verlieren ihre Wirkung. Der Schlüssel paßt nicht mehr ins Schloß. Vielleicht entwickeln sich dann andere Zentren chemischer Aktivität, und der molekulare Aufbau ist flexibel genug, um auch dann analoge Strukturen zu entwickeln. Doch bleibt das eine reine Spekulation. Genauso könnte man erwarten, daß die Moleküle einfach chemisch wirkungslos werden.

Ohne Kupfer und Vanadium kein Leben

Seltene Elemente und schwere Atome spielen – als Spurenelemente – gleichfalls eine wichtige Rolle für das Leben; sie sind durch ihre ganz speziellen Eigenschaften gewissermaßen das »Gewürz« in der Suppe des Lebens. Neben den typischen Elementen der organischen Stoffe – Wasserstoff, Kohlenstoff, Stickstoff, Sauerstoff, Schwefel, Phosphor – benötigt der Organismus mineralische Elemente bzw. Mineralsalze. Im Gegensatz zu den organischen Stoffen werden sie im Organismus weder produziert noch verbraucht. Sie dienen etwa als Bausteine in lebenswichtigen Eiweißverbindungen. Beispiel Magnesium: Magnesiumatome sind Bauelemente von Enzymen, ohne die die Photosynthese nicht ablaufen könnte.

Zu den lebenswichtigen Elementen gehören:

- die Makroelemente Kalzium, Magnesium, Natrium, Kalium, Phosphor, Chlor und Schwefel; sie alle gelten als »wesentlich«;
- die Spurenelemente Mangan, Kobalt, Eisen, Molybdän, Kupfer, Zink sowie Selen, Jod, Chrom, Zinn, Fluor, Nickel, Vanadium und Silizium. Unter den Spurenelementen ist die Gruppe der ersten sechs wesentlich in Mikronährstoffen für Süßwasser-Ökosysteme.

Ändert man die chemischen Eigenschaften eines dieser Nährstoffe, so ist zu erwarten, daß die durch sie bewirkte Stoffwechselfunktion zusammenbricht oder zumindest gestört wird. »Stört« man das Ernährungssystem durch Veränderungen der Fundamentalkonstanten – am wirksamsten durch die elektromagnetische Feinstrukturkonstante Alpha-E – so wird graduell zunehmend das ganze System in Mitleidenschaft gezogen. Dies kann so weit gehen, daß eine bestimmte Änderung in den Naturkonstanten, die die chemische Funktion dieser Elemente abwandelt, die Entstehung und Entwicklung des Lebens verhindert oder drastisch abwandelt. Mit am empfindlichsten werden davon Kupfer, Nikkel und Vanadium betroffen. Eisen etwa ist wesentlicher Bestandteil des Hämoglobinmoleküls im Blut, Kupfer ist beteiligt an zwei Enzymen der chemischen Reaktionskette der Sauerstoffatmung.

Einige Eigenschaften der für das chemische Verhalten dieser Elemente verantwortlichen Elektronenhülle hängen direkt vom Alpha-E ab; und zwar sind es *relativistische* Einflüsse, die den Aufbau der äußeren Elektronenhülle, vor allem die Elektronen der äußersten Schale, mitbestimmen. Variationen in Alpha-E würden vermutlich die Chemie lebenswichtiger Spurenelemente verändern. Dann müßten andere Elemente deren Rolle übernehmen können, um die Gesamtfunktion aufrechtzuerhalten. Kreuzer und Ellis gelangen aufgrund dieser Überlegung zu dem bemerkenswerten Schluß, daß Effekte der »relativistischen Quantentheorie für die Lebensfähigkeit des Lebens notwendig sind«. Auch hier bleibt zu fragen, ob andere Elemente in den subtilen und so enorm komplexen Netzwerken biochemischer Reaktionen einspringen könnten, und ob andere derartige Systeme vergleichbare Leistungen erbringen würden, auf die eine intelligente Lebensform letztlich angewiesen ist.

Am Schluß dieses Buches wollen wir daher die Hypothese aufstellen, daß die Welt im wesentlichen so sein mußte, wie sie ist, um ein dem *homo sapiens* vergleichbares Lebewesen hervorzubringen. Die Diskussion um das anthropische Prinzip, so wie sie in den Kapiteln III bis VIII geführt wurde, hat erste Hinweise zur Stützung dieser These erbracht. Sie kann jedoch nur als *ein Anfang* einer Diskussion und als der Beginn für eine tiefergehende Analyse verstanden werden. Die strukturellen und evolutionären Vorbedingungen intelligenten Lebens sind uns erst in groben Zügen bekannt. Für einen seriösen »Beweis« der genannten Hypothese ist noch einiges zu tun. Zum Beispiel müssen wir fragen, ob wir zu diesem Ergebnis gelangen, weil wir zu wenig wissen, um uns sinnvolle, andere, vielleicht einfachere »sich erkennende Welten« vorstellen zu können. Im letzten Kapitel gehen wir dieser Frage nach.

IX
Der kosmische Lebensplan

Andere Universen

»Nehmen wir ein bestimmtes kosmologisches Modell als Grundlage einer Untersuchung, in der wir feststellen wollen was passiert, wenn die Naturkonstanten in ihrem Wert verändert werden. Auf diese Weise erzeugen wir nicht nur eine neue Vielfalt von Modellen unseres Universums, sondern eine Vielfalt von Universen entsprechend dem gegebenen Modelluniversum. Eine Menge von Universen, in denen die Naturkonstanten alle Werte durchlaufen, enthält offenbar nur eine sehr kleine Untermenge von Universen, in denen auch Sterne und Planetensysteme existieren. Das führt zu der Schlußfolgerung: Die Konstanten der Natur haben die Werte, die wir beobachten, weil unser Universum vielleicht das einzige Universum ist, in dem sie durch intelligentes Leben beobachtet werden können.«

Mit diesen Worten beginnt E. R. Harrison von der Universität von Massachusetts (Amherst/USA) die Diskussion verschiedener *Prinzipien*, die in der modernen Kosmologie als Hypothesen zugrunde gelegt werden, um aus der Fülle der Beobachtungen sinnvolle Interpretationen herauszufiltern. Es handelt sich natürlich um das anthropische Prinzip, das hier von Harrison – Dickes Idee aufgreifend – erstmals neben andere kosmologische Prinzipien gestellt wurde. Harrison nennt es noch das »Erkennbarkeitsprinzip«. Dabei war es auch Harrison klar, daß dieses Prinzip zur »biologischen Auswahl der Naturkonstanten« nicht selbst Grundlage einer wissenschaftlichen Theorie sein kann, da es metaphysikalisch ist und nicht physikalisch. Denn um wissenschaftlich zu sein, muß eine Hypothese, zu denen die »Prinzipien« zählen, widerlegbar sein. Doch wie kann je konkret geprüft und eventuell widerlegt werden, ob eine Vielfalt von Universen Realität oder nur ein Gespinst der Science-fiction ist? Im literarischen Sektor, in der Romanwelt der Science-fiction, hat sich die Vorstellung verschiedener, »paralleler« Universen schon längst breitgemacht. Schon lange bevor Physiker mit solchen Ideen spielten, ließ Olaf Stapledon (1886–1950) im Jahre 1937 in dem Roman *Star Maker* den Sternenmacher eine Vielzahl von Universen entwerfen und erschaffen. Jeder Kosmos ist von einer besonderen Form von Intelligenz bewohnt. Fünfunddreißig Jahre nach Stapledons *Sternenmacher*, 1972, griff Isaac Asimov das Thema in verwandelter Form auf. In *The God Themselves (Die Götter selbst)* entwirft er eine Kette von Universen, in denen die Entropie eine wichtige Rolle spielt. In jedem Universum wächst die Entropie als Summe aller in ihm ablaufenden Vorgänge, jedoch wächst die Entropie jeweils verschieden schnell an. Damit nun ein fortgeschrittener Kosmos nicht zu rasch seinem Entropie- oder Wärmetod entgegeneilt, zapft er Energie aus einem Nachbarkosmos ab.

Doch zurück zur Naturwissenschaft! Physikalische Prinzipien werden dafür eingesetzt, um die Struktur des Universums zu verstehen. Sie ergänzen damit jene andere Gruppe von kosmologischen Hypothesen, die »Symmetrien«. Darunter fallen »Homogenität« und »Isotropie«, die wir im Kapitel IV besprachen. »Symmetrie-Prinzipien verschaffen uns einen Rahmen zur Beschreibung, in dem die physikalischen Prinzipien die Erklärungen liefern« (Ellis/Harrison).

Obwohl wir natürlich keine »anderen Universen« konkret untersuchen oder ihre Existenz beweisen oder widerlegen können, läßt sich sehr wohl die Vielfalt von kosmologischen Modellen studieren, die wir durch Veränderung der Naturkonstanten konstruieren können. Ein Beispiel gibt der nächste Abschnitt.

Ein Beispiel für ein »alternatives« Universum

So kann man sich Gedanken darüber machen, ob das anthropische Prinzip einem »erklärt«, warum Gravitation so immens schwach ist. Es ist verblüffend, daß alle Körper, bei denen Gravitation eine Rolle spielt, eine Masse haben, die gleich der Protonenmasse mal einer Potenz von 1/Alpha-G ist (s. Kapitel VI). Wenn die Zusammenhänge scheinbar so einfach sind, ließe sich dann nicht ein hypothetisches Universum vorstellen, in dem alle mikrophysikalischen Gesetze unverändert, aber die Schwerkraft zum Beispiel eine Million mal stärker wäre? Wie sähe dieses Universum aus?

Es wäre ein für uns ungewohntes Universum; es hätte, wie Carr und Rees ausführten, etwa folgende Eigenschaften: Die Massen der Sterne und die der Planeten wären um eine Milliarde, ihr Durchmesser um den Faktor 1 000 kleiner (die Erde hätte einen Durchmesser von 13 Kilometern) und die Lebensdauer der Sonne würde von zehn Milliarden Jahre auf hundert Jahre schrumpfen. Diracs kosmische Koinzidenz würden hypothetische Beobachter auch in diesem beschleunigten Universum erfüllt vorfinden, und zwar bereits hundert Jahre nach dem Urknall, obwohl dieses Alternativuniversum tausend Milliarden mal weniger Teilchen enthielte als unseres. Dies liegt daran, daß der modifizierte Urknall wesentlich kürzer dauert und damit viel weniger Zeit für die Produktion von Teilchen zur Verfügung steht.

Doch würden Beobachter, intelligente Lebenswesen, auch wirklich auftauchen? Wäre dies wirklich ein »sich erkennendes Universum«? Es ist ja offenbar der extreme Unterschied zwischen den Naturkräften, der Evolution und damit die Entstehung von Strukturen ermöglicht. Der krasse Unterschied der Kräfte ist möglicherweise auch der Grund, daß Organismen zu einer gewissen Größe heranwachsen können, bevor die Schwerkraft die chemischen Kräfte dominiert. Ein Universum mit einer relativ kleinen Schwerkraft enthält viel mehr Teilchen, damit enthält es auch mehr Sterne und deshalb letztlich auch mehr Plätze, in denen eine biologische Evolution in Gang kommen könnte. Diese relativ vagen, qualitativen Argumente erlauben jedoch keine nähere numerische Festlegung der Stärke der Schwerkraft. Dafür könnte jedoch die Forderung herhalten, daß es sonnenähnliche Sterne geben muß.

Doch brauchen wir die Stärke der Schwerkraft gar nicht so drastisch um das Millionenfache heraufsetzen, um zu sehen, daß diese alternativen Universen nicht für die Evolution des Lebens geeignet wären. Schon das Zehnfache genügt! Gravitation ist 10^{40}mal schwächer als die elektomagnetische Kraft. Angenommen die Gravitation wäre nur zehnmal stärker (also nur 10^{39}mal schwächer als die elektromagnetische Kraft). Ein Stern wie die Sonne würde schon unter dieser Bedingung seine Lebensdauer drastisch verringern. Schon nach etwa einer Million Jahre wäre er verglüht – zu kurz für eine biologische Evolution auf der Erde.

Auch eine Gravitationskraft, die nur zehnmal schwächer wäre (10^{41}mal schwächer als die elektromagnetische Kraft) würde sich verbieten. Fraglich wäre dann nämlich, ob aus den intergalaktischen Staub- und Gaswolken noch so ohne weiteres Sterne und Planeten auskondensieren könnten; und selbst die wenigen, vielleicht doch noch

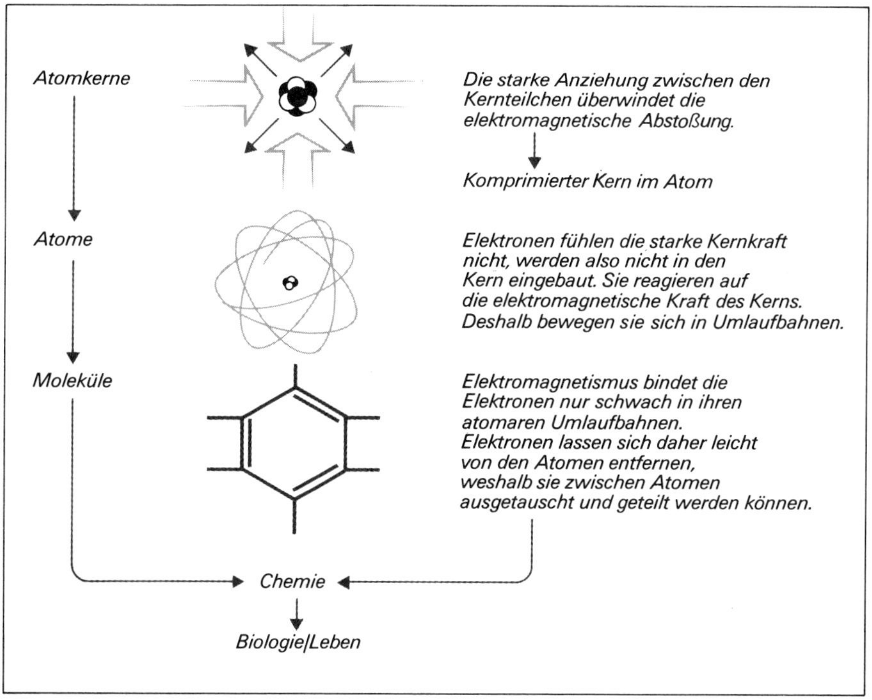

Leben kann nur existieren, weil die vier Grundkräfte der Natur verschieden stark sind.

entstehenden Planeten wären kaum in der Lage, eine Atmosphäre zu halten. Die Sterne würden ebenfalls »in Schwierigkeiten« geraten. Bei geringeren Schwerkräften würden die Sterne kleiner ausfallen, der Schwerkraftdruck in ihrem Innern würde die Temperaturen nicht genügend hoch treiben, um Kernverschmelzungsreaktionen in Gang zu setzen: Die Sonne könnte nicht scheinen. Zu große Schwerkräfte könnten dagegen das Zentrum der Sterne überhitzen. Als Folge würden sie explodieren oder unter der Übermacht der eigenen gravitierenden Masse zu einem Schwarzen Loch zusammenbrechen.

Daß die Sonne so ausdauernd und konstant ihre lebensspendenden Strahlen zur Erde sendet, liegt nicht zuletzt an einem stabilen Zusammenwirken aller vier Fundamentalkräfte. In Kapitel V diskutierten wir nur die Bedingungen, die Supernovae und teilweise konvektive Sterne (wie die Sonne) ermöglichten. Um den mildtätigen Sonnenschein zu ermöglichen, ist eine »konzertierte Aktion« aller Naturkräfte vonnöten!

In jedem »alternativen Universum«, in dem sonnenähnliche Sterne mit einer lange andauernden Wasserstoffbrenndauer existieren sollen – der Phase, in dem die Sonne jetzt ist –, müssen alle vier Naturkräfte auf bestimmte Weise zusammenwirken. Nur dann hat das Leben genügend Zeit, um sich zu entwickeln. Es ist so, wie Freeman Dyson formulierte, daß »die Energieflüsse auf der Erde in die Energieflüsse im Universum eingebettet sind. Ein delikates Gleichgewicht zwischen Kernreaktionen und Strahlung bewahrt die Energie davor, zu schnell zu fließen.« Warum scheint die Sonne nun so langsam und gleichmäßig?

Die Energie bei den Sternen wird freigesetzt, wenn Wasserstoff zu Helium nuklear verbrannt wird. Genauer: Je zwei Neutronen und zwei Protonen müssen miteinander verschmelzen, um einen Atomkern des Heliums zu bilden. Dazu muß aber erst die Hälfte aller Protonen in Neutronen umgewandelt werden – ein sehr langsamer Prozeß, da an ihm die schwache Wechselwirkung beteiligt wird. Der letzte Schritt, die Vereinigung von Proton-Neutron-Paaren (dem Deuterium) oder Kernen mit einem Proton und zwei Neutronen (Tritium) geht dann sehr schnell, denn dies leisten die starken Kernkräfte. In der Explosion einer Wasserstoffbombe wird genau nur dieser letzte Schritt nachvollzogen, indem als Rohstoff direkt Deuterium und Tritium verwendet wird. Gäbe es also nicht den langsamen Zwischenschritt zur Neutronenanreicherung – seine Geschwindigkeit ist durch die Stärke der schwachen Wechselwirkung bestimmt –, wäre die Sonne eine riesige Wasserstoffbombe und kein sanfter Dauerbrenner. »Die Besonderheit kosmischer Energiegewinnungsprozesse liegt in ihrer Langsamkeit«, bemerkte einmal ein Bonner Astronom.

Damit aber nicht genug. Die Erde muß noch vor den 10 Millionen Hitzegraden der langsam vor sich hinschmorenden Wasserstoff-Fusion im Sonnenzentrum geschützt werden. Die undurchsichtige Gashülle der Sonne ist dafür der geeignete »Deckmantel«. Statt frei ins Weltall und zu heiß zur Erde zu gelangen, muß die Strahlung sich langsam aus dem Innern zur Sonnenoberfläche emporarbeiten. Dazu der Astronom Michael P. Papagiannis: »Es ist, als hätte die Natur wie eine fürsorgliche Mutter ihren Kindern warme Schutzkleidung angezogen. Wenn die das heiße Zentrum umgebenden Schichten durchsichtig wären, würde die Sonne wie ein Körper mit 10 Millionen Grad strahlen anstatt bloß mit 6 000 Grad, der gegenwärtigen Temperatur ihrer glühenden Oberfläche.« Ansonsten würde »die Sonne all ihre Energie in weniger als einem Tag abstrahlen.«

Die Geschichte geht noch einen Schritt weiter. Es mag einem als Zufall erscheinen, daß die Sonnenenergie mit einer Temperatur von 6 000

Grad von der Sonnenoberfläche entweicht. Ein Körper, der 6 000 Grad heiß ist, strahlt jedoch gerade am meisten Energie bei der Wellenlänge von grünem Licht ab. Bei grünem Licht funktioniert aber die Photosynthese irdischer Pflanzen am effektivsten. Offensichtlich ist hier eine Abstimmung erfolgt, bei der den Pflanzen eine effektive Form der chemischen Speicherung von Sonnenenergie gelang. Wenn die elektrische Kraft, die die Elektronen an die Atomkerne bindet, andere Werte hätte, dann würde das Sonnenlicht zu schwach sein, um photochemische Reaktionen überhaupt in Gang zu setzen; oder sie wäre zu stark und würde damit den Molekülaufbau von Pflanzen zerstören bzw. ihre Evolution von vorneherein verhindert haben.

Alle vier Fundamentalkräfte wirken also mit, um uns mit Sonnenenergie zu versorgen. Protonen überwinden ihre gegenseitige elektrische Abstoßung nur, wenn sie sehr schnell, etwa in einem Gas, miteinander kollidieren; dann schmiedet sie die starke Kernkraft zusammen. Die schwache Wechselwirkung liefert die Neutronen, und die Gravitation erhitzt das Gas durch den Gravitationsdruck der Materie. Schließlich stoßen die Lichtteilchen aus der Kernfusion an die Atome der solaren Gashülle – ein elektromagnetischer Effekt –, so daß sie nur sehr langsam und bei niedrigerer Temperatur von der Sonnenoberfläche zur Erde gelangen, um dort die Photosynthese anzuregen.

Prinzipien im Wettstreit

Will man das anthropische Prinzip in die kosmologische Diskussion einbringen, so sollte auch klar werden, in welchem Verhältnis es zu anderen Prinzipien steht, mit denen in der Naturwissenschaft nach Erklärungen gesucht wird. Wichtigster Angelpunkt der *kosmologischen* Prinzipien ist es, die Interpretation astronomischer Beobachtungen von der Erdgebundenheit der Menschheit zu befreien; also von der Möglichkeit, daß gewisse Phänomene nur für die spezielle Position in Raum und Zeit gültig sein könnten. Prinzipien wie das anthropische Prinzip wollen dagegen gerade die *besondere* Rolle der Menschheit strategisch ausnützen. Dies ist eine Denkweise, die implizit zwar für Biologen, Anthropologen und Paläontologen selbstverständlich sein mag; in der Physik stellt dies jedoch einen neuen Ansatzpunkt dar, der erst von den geistigen Vätern des anthropischen Prinzips eingebracht wurde.

»Physiker und Astronomen beschäftigt sich hauptsächlich mit dem physikalischen Universum, von Atomen bis zu Galaxien, und ignorieren gewöhnlich die Existenz des Menschen. Philosophen und Theologen befassen sich vor allem mit Mensch und Gott und zeigen wenig Interesse am materiellen Kosmos. Der Mensch ist aber ein integraler Bestandteil des physikalischen Universums, deshalb müssen wir bei dem Versuch, die gesamte Schöpfung zu begreifen, aufhören, Mensch und Natur als zwei getrennte, fast beziehungslose Objekte zu betrachten und nach dem wahren Platz des Menschen im Rahmen des physikalischen Universums suchen«, fordert Papagiannis.

Wie das anthropische Prinzip erkenntnisbringend eingesetzt werden kann, war das Thema der vorherigen Kapitel. Die »biologische Auswahl der Naturkonstanten« braucht dabei nicht nur ein theoretisches Spiel mit einer Vielfalt kosmologischer Modelle zu sein. Ein konkretes Beispiel dafür läßt sich auch im Rahmen der pulsierenden Kosmologie denken. Wie in Kapitel IV erwähnt, könnten ja in aufeinanderfolgenden Zyklen des Kosmos die Fundamentalkonstanten verschiedene Werte haben – mit der Folge, daß es in einigen Zyklen Leben, in anderen kein Leben geben mag. Vielleicht begann einer der »frühen« Zyklen – oder der erste Zyklus überhaupt – »mit einer relativ starken Gravitationskonstante G als eine Quantenschwankung der Nullpunktenergie« des freien Gravitationsfeldes, wie Robert H. Dicke und Jim Peebles, Kollegen in Princeton, spekulieren. Bei jedem der zyklisch auftretenden Kollapse des oszillierenden Universums könnte in der kosmischen Suppe etwas mehr Materie erzeugt werden, wozu der Gravitation Energie entzogen würde. Das könnte eine allmähliche Abschwächung der Gravitation in aufeinanderfolgenden Zyklen zur Folge haben. Die biologische Auswahl kann wirksam werden, wenn die Naturkräfte in einem bestimmten Zyklus einmal »zufällig« so harmonieren, daß die Lebensentstehung eine Chance hat: »Schließlich ist die Schwerkraft schwach genug, um eine Sternentwicklung zuzulassen, die langsam genug verläuft, um eine günstige Umwelt lange genug bereitzustellen, die eine biologische Evolution zuläßt.«

Außer dem noch unkonventionellen anthropischen Prinzip bedienen sich die Kosmologen noch folgender Prinzipien:

- des Positionsprinzips: Die Wahrscheinlichkeit für einen Beobachter, eine spezielle oder bevorzugte Position (oder einen besonderen Zeitpunkt) im Universum einzunehmen, ist verschwindend gering;
- des Prinzips von der Uniformität der Naturgesetze;
- des Schwerkraftprinzips;
- des Prinzips Diraes;

– des Chaosprinzip; und
– des Münchhausenprinzips.

Sehen wir sie uns der Reihe nach an, zuerst das Positionsprinzip. Obwohl es natürlich in unserem Kosmos besondere Positionen gibt, können wir nicht davon ausgehen, daß wir selbst zufällig an so einer Stelle sitzen. Wenn es Besonderheiten an unserer Position geben sollte, so muß dies erst bewiesen werden, um vom Positionsprinzip abweichen zu können. (Beispiel: Die Erde sitzt im Innern einer Galaxie: diese Galaxie ist Mitglied eines Galaxienhaufens.) Mit dem anthropischen Prinzip läßt sich dem Positionsprinzip in seiner zeitlichen Dimension widersprechen; zeitlich betrachtet leben wir in einer besonderen kosmischen Epoche (s. Kap. IV).

Aus dem Positionsprinzip folgt zwar, daß das Universum, wird es von anderer Stelle aus betrachtet, genauso erscheint wie von der Erde aus. Es läßt aber die Möglichkeit offen, daß die Naturgesetze von Ort zu Ort variieren oder von der Zeit abhängen. Hier greift die zweite Hypothese ein, das Uniformitätsprinzip. Was also ist die Basis für das Uniformitätsprinzip? Es sind dies die Beobachtungen von dem Typ, wie sie an Quasaren zur Universalität der elektrischen Feinstrukturkonstanten gemacht wurden (s. Kap. VI): Phänomene in einer bestimmten Raumrichtung gehorchen offenbar den gleichen Gesetzen wie ähnliche Phänomene in einer anderen Richtung, die mit der ersten kausal nicht in Beziehung steht. Da nach dem Positionsprinzip nicht zufällig die spezielle Lage der Erde schuld sein soll, liegt nahe, daß die Naturgesetze aller Wahrscheinlichkeit nach woanders die gleichen sind wie auf der Erde. Uniformität der Naturgesetze läßt sich also erst behaupten, wenn Beobachtungen mit dem Positionsprinzip kombiniert werden.

Unmittelbar folgt aus dem Uniformitätsprinzip auch, daß die Naturgesetze vom kosmischen Anfang an unverändert gültig waren. Das vereinfacht zwar erheblich den mathematischen Umgang mit dem Urknall und seiner unphysikalischen »Singularität« im Anfang der Zeit; für einige Kosmologen blieb damit das Problem, wie es denn kam, daß das physikalische Universum von Anfang an nach bestimmten physikalischen Gesetzen zu existieren begann.

Die dritte Hypothese, das Schwerkraftprinzip, ist wohl am wenigsten bekannt, denn es enthält eine Hypothese, die gewöhnlich als selbstverständlich angenommen wird. Fast alle bekannten Phänomene, die in dem Größenbereich zwischen Atom und Galaxie liegen, werden durch elektromagnetische und gravitative Kräfte bestimmt. Obwohl die elektromagnetische Kraft die stärkere der beiden ist, wird sie schon über kurze Entfernungen abgeschirmt; deshalb ist Materie in der Regel auch elektrisch neutral. So überwiegt schon bei Planeten und Sternen die an sich sehr schwache Schwerkraft die Kräfte der Mikrophysik. Außerhalb des genannten Bereichs treten andere Kräfte hinzu. Einmal sind es in subatomaren Dimensionen die Kernkräfte. Zum anderen glaubt man, daß im Supergalaktischen, über Entfernungen von Haufen von Galaxien und – noch größer – Haufen von Galaxienhaufen auch hier, anders als in der Mikrowelt, keine zusätzlichen Kräfte wirksam werden und daß weiterhin nur die Schwerkraft das Wechselspiel der Objekte kontrolliert. Ist es denn denkbar, daß in den allergrößten kosmischen Dimensionen andere Kräfte hinzutreten? Harrison bemerkte, daß »es nicht unvorstellbar« sei, »daß in der Zukunft unsere Ideen über die Natur von Raum, Zeit und Schwerkraft in kosmischen Dimensionen sich völlig von heutigen Ideen unterscheiden werden.«

Diracs Prinzip kam bereits in Kap. IV ausführlich zur Sprache. Dirac suchte damit eine physikalische Erklärung für die kosmischen Zufälle der großen Zahlen, und zwar durch die Annahme einer zeitlich abklingenden Schwerkraft. Wir haben diese Versuche ausführlich in früheren Kapiteln besprochen. Dirac versucht – im Gegensatz zum anthropischen Prinzip – eine *physikalische* Begründung für die großen Zahlen zu geben. Eine solche Erklärung für eine anthropische Beziehung zu finden, sollte weiterhin das Bestreben der Physiker sein. Ähnliches gilt für das Chaos als Prinzip für die Ursituation im Beginn des Kosmos. Unbegreiflich oder unwahrscheinlich kommt vielen die Tatsache vor, daß der Kosmos schon sehr früh äußerst homogen und isotrop war (s. Kap. IV). Rettung versprach man sich vom »Urchaos«. Aus einem fast beliebigen, eben »chaotischen» Anfangszustand sollte sich sehr rasch das geordnete »symmetrische« Universum entwickelt haben – ein Endzustand, der relativ unabhängig von den Bedingungen im Anfang sein sollte. Die auf dieser Hypothese fußende chaotische Kosmologie konnte bis jetzt nicht die gewünschte Erklärung für die kosmischen Symmetrien liefern. So bleibt auch hier nur die Forderung und Folgerung aus dem anthropischen Prinzip: Der Anfang des Kosmos mußte so regulär sein, damit Leben entstehen konnte; ein weniger geordneter Urknall hätte die Existenz intelligenter Beobachter verhindert.

Wie Münchhausen sich einst an den eigenen Haaren aus dem Sumpfe zog, so erscheint uns ein anderes kosmologisches Prinzip, das hier einmal – an Stelle des englischen »bootstrap«, Fußangel – nach dem Freiherrn von Münchhausen benannt sei. Das Münchhausenprinzip ist eine Fortentwicklung des Prinzips von Ernst Mach, das wiederum auf Berkeley zurückgeht. Nach dem Machschen Prinzip soll die Trägheit eines Körpers durch die Verteilung der Materie (Galaxien usw.) im Kosmos festgelegt sein. Im Münchhausenprinzip des amerikanischen Physikers Geoffrey F. Chew wird diese Hypothese zu einem »Supermachschen« Prinzip erweitert: »Die Eigenschaften jedes Dings sind nicht beliebig, sondern hängen eng von den Eigenschaften aller anderen Dinge ab.« (Harrison).

Das Beispiel Teilchenphysik soll diese eigenartige These illustrieren. Bei genügend hohen Energien in Zusammenstößen von Teilchen sind die Endprodukte ja schon komplizierter als die Ausgangsprodukte. Wenn, wie von der vereinheitlichten Theorie vorhergesagt, sich Quarks in Leptonen und umgekehrt umwandeln können, dann werden Umwandlungsketten zwischen allen existierenden Teilchen möglich. So wäre die gesamte Teilchenwelt miteinander verkettet, so wie es das Münchhausenprinzip in noch allgemeinerer Form fordert. Auf die gesamte Natur erweitert und zum Extrem geführt, gelangt Chew zu der Aussage, daß »die Natur so ist, wie sie ist, weil sie die einzige Natur ist, die mit sich selbst in Übereinstimmung (konsistent) ist.« In seiner allgemeinen Form hält Harrison das Münchhausenprinzip »für ein atemberaubendes Konzept, das Machs rudimentäre, mechanistische Ideen einschließt und überschreitet.« Andererseits gelang es noch nicht, das Münchhausenprinzip in eine konkrete Theorie einzubauen.

Münchhausenprinzip und anthropisches Prinzip liefern verschiedene Erklärungsversuche der Natur. Ein anderes Beispiel für das erste Prinzip: Warum sind alle Elektronen physikalisch gleich? Nach dem Münchhausenprinzip würde diese Tatsache als (entsprechend zu präzisierender) Ausdruck der Eigenschaften des gesamten Universums dargestellt. Spezifisch lautet die Antwort nach dem anthropischen Prinzip: Nur Elementarteilchen mit gleicher physikalischer Identität und halbzahligem Spin – wie die Elektronen – sind von dem Pauli-Verbot betroffen, das letztlich die Elektronen der Atomhüllen schalenweise anordnet. Genau dieser Effekt bewirkt die besonderen chemischen Eigenschaften der Elemente, wie sie für belebte und unbelebte Materie essentiell sind.

Wer die Überlegungen zum anthropischen Prinzip mit Neugier verfolgt hat, könnte versucht sein, ein alternatives Universum zu entwerfen, das auf einfachere Weise ebenfalls intelligente Beobachter hervorbringt. Könnte man eine Art kosmischen Lebensplan entwerfen, in dem die gleichen Ziele im Rahmen eines Universums erreicht werden, das mit weniger »Zutaten« auskommt? Das uns umgebende Universum setzt sich bereits aus bemerkenswert wenigen Elementarteilchen und Feldern zusammen. Es sind dies die vier Teilchen der »1. Generation« (s. Kap. III) – Proton, Neutron, Elektron und Neutrino – sowie die vier Fundamentalkräfte – Gravitation, elektromagnetische Wechselwirkung, schwache und starke Kernkraft.

Die einfachste Idee wäre sicherlich, auf einige der Kräfte und Teilchen zu verzichten. Stellen wir uns vor, wir behielten nur die Gravitation und die Neutronen. Ein derartig vereinfachter Kosmos wäre zweifellos kurios. Ein Atom, in dem zwei Neutronen nur durch Schwerkraft aneinander gebunden wären, hätte die Ausdehnung von rund einer Million Lichtjahren. Dem ließe sich abhelfen durch eine stärkere Schwerkraft. Wäre sie 10^{40}mal stärker, und damit vergleichbar der elektromagnetischen Kraft, dann wären die Atome aus zwei Neutronen ebenso groß wie normale Atome. Das hätte aber eine andere, drastische Konsequenz. Sterne würden sofort instabil werden, kollabieren und sich durch so vehemente Schwerkräfte augenblicklich in ein Schwarzes Loch verwandeln. Selbst kleine Materiestücke würden das Schicksal des Gravitationskollaps erleiden.

Man könnte sich auch daran stoßen – zweite Möglichkeit der Vereinfachung –, daß es zwei große Gruppen von Elementarteilchen gibt, nämlich die Quarks (als Bestandteile aller Hadronen) und die Leptonen. Im Idealfall könnte man sich nur eine einzige Teilchenfamilie wünschen, verbunden nur durch eine einzige Kraft. In den schrittweisen Synthesen verschiedener Theorien wird dieses Ziel angestrebt. Innerhalb der vereinheitlichten Theorie ist zwar die Gravitation bis jetzt nicht mit einbezogen – sie ist vielleicht fundamental anders – , aber die anderen drei Kräfte werden sich im Rahmen der Synthese immer ähnlicher. »Schwache, starke und elektromagnetische Kräfte konnten alle durch Theorien derselben Art beschrieben werden«, stellte kürzlich der Teilchenphysiker Howard Georgi fest. Die Natur wird hier in der Tat in gewissem Sinn einfacher – nicht durch Weglassen einzelner Wechselwirkungen, sondern durch die Erkenntnis, daß die Kräfte ähnlich funktionieren. »Die drei Kräfte bleiben unterschieden, aber man konnte erkennen, daß sie durch denselben Mechanismus operieren. Die neue Theorie faßt Leptonen und Quarks in einer Familie zusammen (den »Generationen«) und sorgt dafür, daß jede Teilchenart in die andere umgewandelt werden kann. Gleichzeitig werden die schwachen, starken und elektromagnetischen Kräfte als Aspekte einer einzigen zugrundeliegenden Kraft verstanden« (Georgi). Der Punkt dabei ist, daß so gänzlich verschieden geartete Kräfte und Teilchen trotz ihrer Gegensätze unter einer Dachtheorie miteinander in Beziehung geraten. Georgi: »Die vereinheitlichte Theorie verbirgt nicht die Unterschiede, behauptet aber, daß diese nicht fundamental sind. Die Unterschiede sind nur so auffällig, weil das Universum jetzt so kalt ist, so daß Teilchen im allgemeinen niedrige Energien haben. Wenn Experimente bei extrem hoher Energie gemacht werden könnten, dann würde die Vereinheitlichung in all ihrer Einfachheit offensichtlich. Leptonen und Quarks würden frei ineinander umgewandelt und die drei Kräfte hätten die gleiche Stärke.«

Die rapide Abkühlung des Universums brachte also erst zutage, daß sich die Kräfte bei kleiner Energie so drastisch unterscheiden. Erst dadurch konnten sich in einem anfänglich homogenen Brei kosmischer Strahlung Quark- und Leptonen-Strukturen aufbauen, *erst in einem kalten Kosmos konnte Evolution in Gang kommen.*

Ein wesentlicher Zug der Evolution ist, daß in jeder neuen und höheren Stufe lebender Systeme neue Organisationsformen auftreten (s. Kap.VIII). Dies wird ermöglicht durch Versuch und Irrtum in jeder Stufe der Entwicklung; in der jeweils aus einer Vielfalt von Varianten sich die am besten Angepaßten optimal vermehren konnten. Ein Stern, der für Milliarden Jahre konstante Bedingungen schafft, ist dabei unerläßliche Voraussetzung.

Obwohl Evolution natürlich selbst nicht auf ein vorgegebenes Ziel zustrebt, bewegt sie sich doch de facto in einer bestimmten Richtung höherer Komplexität und größerer Strukturvielfalt. Ein Element der »Freiheit« ist dabei stets anwesend: »Die Bildung neuer Substanzen aus einer Mischung chemischer Bestandteile ist nicht immer die gleiche, sondern variiert mit der Temperatur und Dichte der Mediums, den vorhandenen Katalysatoren und den verfügbaren Energiequellen. Deshalb erhalten wir eine Vielfalt von Lösungen für ein scheinbar eindeutig bestimmtes Problem. Mutationen (im genetischen Code) reichern das biologische Königreich mit neuen Arten an und waren deshalb die treibende Kraft in der Evolution auf der Erde«, schreibt Papagiannis.

Das Zusammenspiel von genau vier (oder fünf) Kräften scheint daher schon eine recht sparsame Weise gewesen zu sein, um Evolution durch Vielfalt und Selektion in Gang zu halten. Die äußeren Bedingungen in einem Planetensystem sind gleichfalls das Produkt eines subtilen Zusammenspiels dieser vier Kräfte. Diese »Einheit der Natur«, in der fast jede lokale Bedingung (z. B. auf der Erde) eng mit dem gesamten kosmischen Geschehen verknüpft ist und von ihm abhängt, mag einmalig sein. Sowohl die naturgesetzliche Struktur des Kosmos als auch der besondere Evolutionsablauf wirkten innerhalb des Netzwerkes relativer Kräfteverhältnisse in fast einmaliger Weise zusammen, um eine intelligente Zivilisation hervorzubringen. Ob es andere, gleichermaßen aufeinander abgestimmte Werte der Fundamentalkonstanten geben könnte, entzieht sich unserer Kenntnis. Doch gerade die subtile Mischung aus Einfachheit und Komplexität, aus kosmischen, anthropischen Zufällen und evolutionären Zwangsläufigkeiten, macht es reichlich unwahrscheinlich. Da wir aber noch nicht einmal alle Voraussetzungen für das irdische Leben genau kennen, muß diese Frage natürlich offen bleiben.

So erscheint die Natur, deren integraler Bestandteil der Mensch ist, als die einfachste und vielleicht auch die einzig mögliche Natur, die sich vom Urknall zum intelligenten Leben entwickeln kann. Es war natürlich nicht das Ziel (oder gar der Zweck) dieses Universums, Beobachter hervorzubringen, die es »erkennen« können. Doch können wir uns fragen, welche Rolle der Mensch in diesem Kosmos zu spielen gedenkt. Es ist denkbar, daß der Mensch in der Zukunft reichere Energiequellen anzapfen und sich stärkerer Naturkräfte bemächtigen wird; daß er aus der passiven Position des Betrachters heraustritt, um aktiver am kosmischen Geschehen teilzunehmen. Ebenso kann er sich aber auch sehr rasch selber aus diesem Universum herauskatapultieren. Es ist wohl in der »Freiheit« menschlicher Evolution enthalten, daß er Ansätze für beide Möglichkeiten zeigt, und es ist ungewiß, welchen Weg er beschreiten wird. Freeman J. Dyson sagte einmal: »Es wäre nicht überraschend, wenn es sich herausstellte, daß der Ursprung und das Schicksal der Energie im Universum nicht isoliert von den Phänomenen des Lebens und des Bewußtseins vollständig verstanden werden könnte.«

Gottfried Wilhelm Leibniz hat in seiner »Theodizee« die Welt als die beste aller möglichen Welten und Gott als ihren Schöpfer gepriesen. Wenn die Welt zudem die *einzige* aller möglichen sein sollte, dann ist sie natürlich gleichzeitig auch die schlechteste aller möglichen. Ob nun

die Welt das Werk blinden Zufalls oder das Produkt einer göttlichen Schöpfung, ob nun die schlechteste oder die beste aller denkbaren alternativen Welten ist: In der möglicherweise einzigen von Intelligenzen beobachteten Welt wird es noch mehr die Zukunftsaufgabe für uns sein, die untrennbare Verbindung zwischen dem Leben und der physikalischen Welt im Sinne des anthropischen Prinzips zu erkennen, und uns – als Erkennende dieses Kosmos – auch am Leben zu erhalten.

Anhang

	Formel	
Proton		
Protonenradius	$\hbar/m_pc$	$\sim 10^{-13}$ Zentimeter
Protonenzeit	$\hbar/m_pc^2$	$\sim 10^{-23}$ Sekunden
Elektron		
Elektronenradius (klassisch)	e^2/m_ec^2	$\sim 10^{-13}$ Zentimeter
Elektronenradius (Comptonwellenlänge)	$\hbar/m_ec$	$\sim 10^{-10}$ Zentimeter
Elektronenzeit (klassisch)	e^2/m_ec^3	$\sim 10^{-23}$ Sekunden
Elektronenzeit (Compton-Zeit)	$\hbar/m_ec^2$	$\sim 10^{-20}$ Sekunden
Pion		
Pionenradius	$\hbar/m_\pi c$	$\sim 10^{-13}$ Zentimeter
Pionenzeit	$\hbar/m_\pi c^2$	$\sim 10^{-23}$ Sekunden

Elementare Längen und Zeiten

Energie des Photons	$E =$	(Plancksches Wirkungsquantum) x (Frequenz ς) = $\hbar\varsigma$
Neutrinomasse	$m_\nu =$	(5 ± 4) Elektronenvolt/c^2 (ungesichert, Stand 1981)
Elektronenmasse	$m_e =$	$9{,}1 \times 10^{-28}$ Gramm
Protonenmasse	$m_p =$	$1{,}6725 \times 10^{-24}$ Gramm
Neutronenmasse	$m_n =$	$1{,}6748 \times 10^{-24}$ Gramm
Pionenmasse	$m_\pi =$	$0{,}238 \times 10^{-24}$ Gramm

Relationen zwischen Massen

(Elektronenmasse)/(Protonenmasse) = 1/1 837

(Pionmasse)/(Protonenmasse) = 1/7

$$\frac{\text{(Neutronenmasse)} - \text{(Protonenmasse)}}{\text{(Neutronenmasse)}} = \frac{1}{730}$$

Die Massen einiger Elementarteilchen

Hubble-Konstante (Wert von Sandage, 1971)	$H_o = 1{,}6 \times 10^{-18}\ \mathrm{sec}^{-1}$ $= 50\ \mathrm{km/(sec\ Megaparsec)}$
wobei 1 Megaparsec $= 3 \times 10^{24}$ cm	
Alter des Universums ($\approx 1/H_o$)	$T_o = 2 \times 10^{10}$ Jahre $= 0{,}6 \times 10^{18}$ sec
Mittlere Materiedichte im Universum	$\varrho = 10^{-30}\ \mathrm{g/cm^3}$
Anzahl der Baryonen im Universum	$N = 10^{80}$
»Ausdehnung“ des Universums	$R_o = cT_o \approx 10^{28}$ cm
»Masse« des Universums	$M \approx \varrho R_o^{\ 3} \approx 10^{53}$ g

Elementarteilchenmassen und Kosmos

Pionmasse	$m_\pi \sim (\hbar^2 H_o/Gc)^{1/3} \sim 10^{-24}$ g
Elektronenmasse	$m_e \sim (e^4 H_o/Gc^3)^{1/3} \sim 10^{-27}$ g

Elementarteilchenmasse =

$$= \frac{\text{(Planck-Masse)}}{\text{(Teilchenzahl im Universum)}^{1/4}} = \frac{10^{-4}\,\mathrm{g}}{(10^{80})^{1/4}} \approx 10^{-24}\ \mathrm{g}$$

Kosmische Fundamentalparameter und einige kosmische-mikrophysikalische Beziehungen

Lichtgeschwindigkeit	$c = 3 \times 10^{10}$ cm/sec
Plancksches Wirkungsquantum	$\hbar = 1{,}05 \times 10^{-27}$ erg sec
Ladung des Elektrons	$e = 4{,}8 \times 10^{-10}$ (erg cm)$^{1/2}$
Gravitationskonstante	$G = 6{,}7 \times 10^{-8}$ erg cm g$^{-1/2}$
Konstante der schwachen Wechselwirkung	$g_f = 1{,}4 \times 10^{-49}$ erg cm^3
Konstante der starken Wechselwirkung	$f = 3{,}9$
(Bohr) Radius des Wasserstoffatoms	$a_o = 10^{-8}$ cm
Planck-Masse	$m_p = (\hbar c/G)^{1/2} = 2{,}2 \times 10^{-5}$ g
Planck-Zeit	$t_p = (\hbar G/c^5)^{1/2} = 5{,}3 \times 10^{-44}$ sec
Planck-Länge	$L_p = (\hbar G/c^3)^{1/2} = 1{,}6 \times 10^{-33}$ cm

Fundamentalkonstanten der Natur

Gravitative Feinstrukturkonstante (»Alpha-G«)	$\alpha_g = \left(\frac{m_p^2}{hc}\right) \cdot G = 0{,}5 \times 10^{-40}$
Feinstrukturkonstante der schwachen Wechselwirkung (»Alpha-W«)	$\alpha_w = \left(\frac{m_e^2 c}{\hbar^3}\right) \cdot g_f = 10^{-11}$
Elektromagnetische Feinstrukturkonstante (»Alpha-E«)	$\alpha_e = \left(\frac{1}{\hbar c}\right) e^2 = 0{,}0073$
Feinstrukturkonstante der starken Wechselwirkung (»Alpha-E«)	$\alpha_f = f = 3{,}9$

Physikalische Feinstrukturkonstanten

Gruppe	Beispiele	Innen-aufbau	Ruhemasse (MeV)	Spin
Photonen	Photon	—	0	1
Leptonen	Neutrino	keiner	> 0,000001	
	Elektron	keiner	0,511	½
	Müon	keiner	105,66	½
	Tan	keiner		
Mesonen	Pionen	Quarks	135	0
	Kaonen	Quarks	497,7	0
Baryonen	Proton	Quarks	938,3	½
	Neutronen	Quarks	939,6	½
	Hyperonen	Quarks	1 200–1 700	½

Die wichtigsten Elementarteilchen

	Elektron	Müon	Tau
Massenenergie (MeV)	0,51	105,7	1 785
Lebensdauer	stabil	$2{,}2 \times 10^{-6}$ sec	$< 3 \times 10^{-12}$ sec
zugehöriges Neutrino	Elektron-Neutrino	Müon-Neutrino	Tau-Neutrino
Masse des zugehörigen Neutrinos	einige eV (?)	< 0,57 MeV	< 250 MeV
Verhältnis der Leptonenmasse zur Masse des Elektrons	1	207	3 510
Generation	I	II	III
entdeckt	1890er	1930er	1978

Eine Familie elementarer Bausteine der Materie: Die Leptonen

Die Leptonen gehören neben den Quarks zu den Teilchen, die nicht aus weiteren kleinen Unterteilchen zusammengesetzt sind. (Ob sich Ideen über Unter-Quarks bestätigen, muß die Zukunft zeigen.) Jedenfalls hat kein Experiment, wo Leptonen mit anderen hochenergetischen Teilchen beschossen wurden, bisher einen Hinweis auf eine »innere Struktur« der Leptonen gegeben.

Wichtigste Eigenschaft der Leptonen: Die starke Kernkraft wirkt nicht auf sie. Leptonen reagieren auf elektromagnetische, schwache und natürlich auch auf gravitative Kräfte. Was alle Leptonen noch verbindet: Ihre elektrische Ladung ist gleich groß, obwohl ihre Masse sehr unterschiedlich ausfällt.

Hadron	Quark-Aufbau	Mane (GeV)	Spin	Lebensdauer (sec)	elektrische Ladung e
Proton	uud	0,938	½	stabil	+1
Neutron	udd	0,940	½	10^{3}	0
Lambda	uds	1,116	½	10^{-10}	0
Geladenes Lambda	udc	2,260	½	?	0
Pi-Plus	$u\bar{d}$	0,140	0	10^{-8}	+1
Pi-Null	$n\bar{u} + d\bar{d}$	0,135	0	10^{-16}	0
Pi-Minus	$d\bar{u}$	0,140	0	10^{-8}	—1
K-Plus	$u\bar{s}$	0,494	0	10^{-8}	+1
K-Minus	$s\bar{u}$	0,494	0	10^{-8}	—1
Phi	$s\bar{s}$	1,020	1	10^{-22}	0
Psi-Familie	$c\bar{c}$	3,1—3,7	1	10^{-20}	0
D-Null	$c\bar{u}$	1,863	0	?	0
D-Plus	$c\bar{d}$	1,868	0	?	+1
F-Plus	$c\bar{s}$	?	0	?	+1
Ypsilon-Familie	$b\bar{b}$	9,4—10,5	0	10^{-8}—10^{-11}	0
B-Meson	b+ (?)	5,2			0

Hadronen sind aus Quarks aufgebaut

Die schwersten Teilchen in der Natur, die Hadronen, treten in zwei Gruppen auf, den Baryonen und den Mesonen. Alle Hadronen sind aus drei, die Mesonen aus je zwei Quarks aufgebaut. Nur fünf der sechs Quarks treten auf: up, down, strangeness, charm und bottom. Je ein Quark und ein Anti-Quark – gekennzeichnet durch einen Querstrich – bauen ein Meson auf. Das erste Hadron, das auf die Existenz von »Charm« hinwies, war das Psi-Meson, dessen »Charm« aber »verborgen« ist, da die Charm-Summe von Charm plus Anti-Charm gleich Null ist. Dagegen tragen die D- und F-Mesonen »nackten« Charm.

Literaturhinweise

Die Literatur ist nach den Kapiteln geordnet, in denen sie verwendet wurde. Da Zitate in der Regel namentlich gekennzeichnet sind, lassen sich die jeweiligen Quellen mit der alphabetischen Anordnung für jedes Kapitel leicht identifizieren. Quellen, die übergreifende Themen behandeln, werden daher mehrfach zitiert.

Kapitel I

Breuer, R. — *Kontakt mit den Sternen*, Umschau Verlag, Frankfurt 1978.

Carr, B. J., Rees, M. J. — »The anthropic principle and the structure of the physical world«, *Nature 278,* S. 605 (1979).

Carter, B. — »Large Number Coincidences and the Anthropic Principle in Cosmology«, in: M. S. Longair (Hrsg.), *Confrontation of Cosmological Theories with Observational Data,* IAU-Symposium, S. 291 (1974).

Eigen, M. — »Selforganization of Matter and the Evolution of Biological Macromolecules«, *Die Naturwissenschaften 33a,* S. 465 (1971).

Harrison, E. R. — »Cosmological Principles II. Physical Principles«, *Comments in Astrophysics and Space Science 6,* S. 29 (1974).

Rees, M., Ruffini, R., Wheeler, J. A. — »Black Holes, Gravitational Waves and Cosmology«, Gordon & Breach Sci. Publ. (New York, London, Paris, 1974), Kap. 18.

Sciama, D. W. — *The Unity of the Universe,* Doubleday, Garden City 1969.

Kapitel II

Bondi, H. — *Cosmology*, Cambridge University Press, London 1961.

Dicke, R. H. — »Dirac's Cosmology and Mach's Principle«, *Nature (Letters) 192,* S. 440 (1961).

Dirac, P. A. M.	»Cosmological model and the Large Number Hypothesis«. *Proceedings of the Royal Society A 338,* S. 439 (1974); Diracs erster Artikel zu diesem Thema erschien ibido, *A 165,* S. 199 (1938).
Kreuzer, J., Ellis, G. F. R.	»Physical Laws and the existence of intelligent beings«, *unpubliziert,* Universität Kapstadt (1979).
Lévy-Leblond, J.-M.	»On the Conceptual Nature of the Physical Constants«, *Rivista del Nuovo Cimento 7,* S. 187 (1977).
Harrison, E. R.	»The cosmic numbers«, *Physics Today,* December, S. 30 (1972).
Whittaker, E.	*From Euclid to Eddington,* Cambridge University Press, London 1958, Kap. V.

Kapitel III

Bekenstein, J.	»Astronomical Consequences and Tests of Relativistic Theories of Variable Rest Masses«, *Comments on Astrophysics, 8,* S. 89 (1979).
Breuer, R.	*Kontakt mit den Sternen,* Umschau Verlag, Frankfurt 1978.
Chargaff, E.	*Unbegreifliches Geheimnis,* Klett/Cotta, Stuttgart 1980.
Close, F.	»Particles play the generation game«, *New Scientist,* 29. November, S. 70 (1979).
Dodd, J.	»Colouring the quark theory«, *New Scientist,* 1. März, S. 664 (1979).
Dodd, J.	»Universal supersymmetry«, *New Scientist,* 23. August, S. 597 (1979).
Drell, S. D.	»When is a particle?«, *Physics Today,* Juni, S. 23 (1978).
Dyson, F. J.	»Ground-State energy of a finite system of charged particles«, *Journal of Mathematical Physics 8,* S. 1 538 (1967).
Espagnat, B.	»The Quantum Theory and Reality«, *Scientific American,* November, S. 128 (1979).
Freedman, D. Z., Nieuwenheuzen, P. V.	»Supergravity and the Unification of the Laws of Physics«, *Scientific American,* February, S. 126 (1978).
Fritzsch, H.	»Flavourdynamics of Quarks and Leptons«, *Physics Reports* (1981), in Druck; *Quarks – Urstoff unserer Welt,* Piper Verlag, München - Wien 1981.
Georgi, H.	»A Unified Theory of Elementary Particles and Forces«, *Scientific American,* April, S. 40 (1981).
Georgi, H., Glashow, S. L.	»Unified theory of elementary particle forces«, *Physics Today,* September, S. 30 (1980).
Glashow, S. L.	»Grand Unification: tomorrow's physics«, *New Scientist,* 18. September, S. 869 (1980).
Heisenberg, W.	»The nature of elementary particles«, *Physics Today 29,* S. 32 (1976).

Heisenberg, W. »Schritte über Grenzen«, Piper-Verlag, München - Zürich 1971.

Hooft, G. »Gauge Theories of the Forces between Elementary Particles«, *Scientific American 242,* Nr. 6, S. 104 (1980).

Jeans, J. H. *The Mathematical Theory of Electricity and Magnetism,* Cambridge University Press, Cambridge 1915, 3. Aufl., S. 168.

Joseph, Tim Abdruck seines Gedichts »Unified Field Theory« mit freundlicher Genehmigung des Verfassers und des Übersetzers G. Haaf (1981).

Lawrence, J. K., Szamosi, G. »Statistical physics, particle masses and the cosmological coincidences«, *Nature 252,* S. 538 (1974).

Lederman, L. M. »The Ypsilon Particle«, *Scientific American,* S. 60 (1978).

Lieb, E. H. »The stability of matter«, *Reviews of Modern Physics 48,* S. 553 (1976).

Ludwig, G. *Einführung in die Grundlagen der Theoretischen Physik,* Bd. 1, *Raum, Zeit, Mechanik,* Bertelsmann Universitätsverlag, Düsseldorf 1974.

Malvey, J. »The new frontier of particle physics«, *Nature 278,* S. 403.

Perl, M. L., Kirk, W. T. »Heavy Leptons«, *Scientific American,* April, S. 50 (1978).

Perl, M. L. »Leptons – what are they?«, *New Scientist,* 22. Februar, S. 564 (1979).

Rein, D. W. »Neutrinos und charmante Quarks«, *Umschau aus Wissenschaft und Technik, 76,* S. 669 (1976).

Reines, F., Sobel, H. W. »Test of the Pauli Exclusion Principle for Atomic Electrons«, *Physical Review Letters 32,* S. 954 (1974).

Robinson, A. L. »Cornell Evidence for Fifth Quark«, *Science 209,* S. 1105 (1980); s. auch *New Scientist,* 11. September, S. 776 (1980); *Physical Review Letters 45,* S. 219 und 222 (1980).

Salam, A. »Gauge Unification of fundamental forces«, *Reviews of Modern Physics 52,* S. 525 (1980).

Saller, H. »Ertrinkt die Elementarteilchenphysik in den Quarks?«, Süddeutsche Zeitung 17. August (1978).

Schwitters, R. F. »Fundamental Particles with Charm«, *Scientific American,* November, S. 56 (1977).

Sutton, C. »The glue in the atom«, *New Scientist,* 11. September, S. 786 (1980).

Thirring, W. »Erfolge und Mißerfolge in der mathematischen Physik«, *Physikalische Blätter 33,* S. 542 (1977).

Waloschek, P. »Die Jagd nach dem Ypsilon«, *Die Zeit,* 19. Mai, S. 62 (1978).

Weinberg, S. *Gravitation and Cosmology,* J. Wiley & Sons, New York etc. 1972, S. 619–620.

Weizsäcker, C. F. v. — *Die Einheit der Natur,* Wissenschaftliche Reihe Nr. 4155, dtv, München 1974, S. 207 ff.

Weisskopf, V. F. — »Schranken der Wissenschaft«, in: *Rückblick in die Zukunft,* Severin & Siedler, Berlin 1981.

Wheeler, J. A. — »Frontiers of Time«, in: N. Toraldo die Franca, B. van Fraassen (Hrsg.), *Problems in the Foundation of Physics,* North-Holland, Amsterdam 1979.

Kapitel IV

Abell, G. O. — »Cosmology – The Origin and Evolution of the Universe«, *Mercury,* May/June, S. 45 (1978).

Alpher, R.A., Gamov, G. — »A possible relation between cosmological quantities and the characteristics of elementary particles«, *Proc. Nat. Ac. Scis., 61,* S. 363 (1968).

Barrow, J. D., Silk, J. — »The Structure of the Early Universe«, *Scientific American,* April, S. 98 (1980).

Barrow, J. D. — »A cosmological limit on the possible variation of G«, *Monthly Notices of the Royal Astronomical Society 184,* S. 677 (1978).

Bekenstein, J. D. — »Astronomical Consequences and Tests of Relativistic Theories of Variable Rest Masses«, *Comments on Astrophysics 8,* S. 89 (1979).

Bishop, N. T. — »Time-varying gravity and the abundance of helium«, *Monthly Notices of the Royal Astronomical Society 188,* S. 839 (1979).

Breuer, R. — »Löst die Neutrino-Masse das Problem der fehlenden Materie?«, *Bild der Wissenschaft 10* (1980).

Brown, I. M. — »The idea of the neutrino«, *Physics Today,* September, S. 23 (1978).

Canuto, V. M., Hsieh, S.-H., Owen, J. R. — »Varying G«, *Monthly Notices of the Royal Astronomical Society 188,* S. 829 (1979).

Carr, B. J., Rees, M. J. — »The anthropic principle and the structure of the physical world«, *Nature 278,* S. 605 (1979).

Collins, C. B., Hawking, S. W. — »Why is the Universe isotropic?«, *The Astrophysical Journal 180,* S. 317 (1973).

Comes-Bottaro, F. — »Les recontres de galaxies«, *La Recherche,* Februar, S. 164 (1980).

Dirac, P. A. M. — »Cosmological Models and the Large Numbers Hypothesis«, *Proceedings of the Royal Astronomical Society London A 165,* S. 199 (1938); *A 333,* S. 403 (1973), und *A 338,* S. 439 (1977).

Dyson, F. J. — »The Fundamental Constants and Their Time Variation«, in: A. Salam, P. Wigner (Hrsg.), *Aspects of Quantum Theory,* Cambridge University Press, Cambridge 1972.

Eichendorf, R.M., Reinhardt, M. — »How Constant are the Physical Quantities?«, *Zeitschrift für Naturforschung 32a,* S. 532 (1977).

Ellis, G. F. R. — »The World's Environment: The Universe«, *South African Journal of Science* (1981), in Druck.

Ellis, G. F. R., Harrison, E. R. — »Cosmological Principles I. Symmetry Principles«, *Comments in Astronomy and Space Physics 6,* S. 23 (1974).

Gamov, G. — »Electricity, Gravity and Cosmology«, *Physical Review Letters 19,* S. 759 (1967).

Harrison, E. R. — »The Paradox of the Dark Night Sky«, *Mercury,* July/August, S. 83 (1980).

Hawking, S. W. — »The Anisotropy of the Universe at Large Times«, in M. S. Longair (Hrsg.), *Confrontation of Cosmological Theories with Observational Data,* IAU-Symposium, S. 283 (1974).

Heller, M., Reinhardt, M. — »Meaningless Questions in Cosmology and Relativistic Astrophysics«, *Zeitschrift für Naturforschung 31a,* S. 1271 (1976).

Hönl, H. — »Kosmologische Nichtstandardmodelle und der Ursprung der Materie im Universum«, *Neue Zürcher Zeitung,* 17. Mai, S. 35 (1978).

Hoyle, F., Narlika, J. V. — »On the Nature of Mass«, *Nature 233,* S. 41 (1971).

Jantsch, E. — *Die Selbstorganisation des Universums – Vom Urknall zum menschlichen Geist,* Hanser Verlag, München - Wien 1979, S. 142.

Jones, B. J. T. — »The Origin of Galaxis«, *Reviews of Modern Physics 48,* S. 107 (1976).

Jordan, P. — *Schwerkraft und Weltall,* Vieweg Verlag, Braunschweig 1955.

Kafka, P. — »Eintagsfliege im All«, *Natur 6,* S. 80 (1981).

Kaufmann, W. — »Primordial Black Holes«, *Mercury,* January/February, S. 1 (1980).

Larson, R. B. — »The Formation of Galaxies«, *Mercury,* May/June, S. 53 (1979).

Lawrence, J. K. — »The Future History of the Universe«, *Mercury,* November/December, S. 132 (1978).

Lindley, D. — »Primordial black holes and the deuterium abundance«, *Monthly Notices of the Royal Astronomical Society 193,* S. 593 (1980).

Meier, D. L., Sunyaev, R. A. — *»Primeveal Galaxies«, Scientific American,* November, S. 106 (1979).

Rees, M. J. — »Cosmological Significance of e^2/Gm^2 and Related ›Large Numbers‹«, *Comments on Astrophysics 4,* S. 179 (1972).

Rees, M. J. — »The Collapse of the Universe«, *The Observatory 89,* S. 193 (1969).

Rees, M. J., Ruffini, R., Wheeler, J. A. — *Black Holes, Gravitational Waves and Cosmology,* Gordon & Breach, New York, London, Paris 1974.

Reinhardt, M. »Mach's Principle – A Critical Review«, *Zeitschrift für Naturforschung 28a,* S. 529 (1979).

Rujula, A. D., Glashow, S. L. »Neutrino weight watching«, *Nature 286,* S. 755 (1980).

o. Verf. »Whatever happened to neutrino mass?«, *Nature 287,* S. 481 (1980).

Schmid-Burgk, J., Scholz, M. »Der Urknall«, *Umschau aus Wissenschaft und Technik 9,* S. 276 (1979).

Silk, J. *The Big Bang,* W. H. Freeman & Co., San Francisco 1980, S. 66/67.

Symbalisty, E. M. D., Yang, J., Schramm, D. N. »Neutrinos and the Age of the Universe«, *Nature 288,* S. 143 (1980).

Teller, E. *Physical Review 73,* S. 801 (1948).

Turner, M. S., Schramm, D. N. »The Origin of Baryons in the Universe«, *Nature 279,* S. 303 (1979).

Turner, M. S. »Neutrinos: The Ultimate Astrophysical Probe«, *Mercury,* January/February, S. 9 (1978).

Van Flandern, T. »A Determination of the Rate of Change of G«, *Monthly Notices of the Royal Astronomical Society 170,* S. 333 (1975).

Weinberg, S. *Die ersten drei Minuten,* R. Piper & Co. Verlag, München 1977.

Wesson, P. S. »Does gravitiy change with time?«, *Physics Today,* July, S. 32 (1980).

Whittaker, E. *Von Euklid zu Eddington,* Humboldt Verlag, Wien, Stuttgart 1952, Kap. V.

Kapitel V

Breuer, R. »Quasare«, *Bild der Wissenschaft 7,* S. 86 (1978); »Der erste Doppelquasar«, *Bild der Wissenschaft 1,* S. 118 (1980).

Glashow, S. L., Nanopoulos, D. W. »An Estimate of the Fine Structure Constant«, *Nature 281,* S. 464 (1979).

Gribbin, J. »Link between quasars with different red shifts gains weight«, *New Scientist,* 16. Oktober, S. 157 (1980).

Lawrence, J. K. »Gravitational Lenses and the Double Quasar«, *Mercury,* May/June, S. 66 (1980).

Morrison, N. D., Morrison, D. »Are the Laws of Physics the Same Everywhere?«, *Mercury,* July/August, S. 99 (1980).

Rees, M. J. »Galactic nuclei and quasars: supermassive black holes?«, *New Scientist,* 19. October, S. 88 (1978).

Savedoff, M. P. »Physical Constants in Extra-Galactic Nebulae«, *Nature 178,* S. 688 (1956).

Smith, H. E. »Quasi-Stellar Objects«, *Mercury,* March/April, S. 27 (1978).

Teller, E. — »On the Change of Physical Constants«, *Physical Review 73,* S. 801 (1948).

Tubbs, A. D., Wolfe, A. M. — »Evidence for Large-Scale Uniformity of Physical Laws«, *Astrophysical Journal Letters 236,* S. 105 (1980).

Wolfe, A. M., Brown, R. L., Roberts, M. S. — »Limits on the Variation of Fundamental Atomic Quantities over Cosmic Time Scales«, *Physical Review Letters 37,* S. 179 (1976).

Kapitel VI

Arnett, W. D. — »The Physics of Gravitational Collapse«, Texas Symposium on Relativistic Astrophysics, *Annals of the N.Y. Academy of Science,* S. 366 (1979).

Brecher, K., Lieber, E., Lieber, A. E. — »A Near-Eastern sighting of the supernova explosion of 1054«, *Nature 273,* S. 728 (1978).

Breuer, R. — *Bild der Wissenschaft,* Sept. (1981), in Druck.

Fonkal, P. — »Does the Sun's Luminosity Vary?«, *Sky & Telescope 2,* S. 111 (1980).

Gamov, G. — »Electricity, Gravity and Cosmology«, *Physical Review Letters 19,* S. 759 (1967).

Herbst, W., Assousa, G. E. — »Supernovas and Star Formation«, *Scientific American,* August, S. 122 (1979).

Hillebrandt, W. — »Sternenentwicklung und Elementsynthese I & II«, *Physikalische Blätter 35,* S.13, S. 65 (1979).

Kippenhahn, R. — *Hundert Milliarden Sonnen – Geburt, Leben und Tod der Sterne,* Piper Verlag, München 1980.

Mansfield, V. N. — »Pulsar spin down and cosmologies with varying gravity«, *Nature 261,* S. 560 (1976).

Morrison, N. D., Morrison, D. — »Supernova-induced Formation of Stars and Planetary Systems«, *Mercury,* März/April, S. 40 (1978).

Murphy, C. T., Dicke, R. H. — *Proceedings of the American Philosophical Society 108,* S. 224 (1964).

Pochoda, P., Schwarzschild, M. — »Variation of the Gravitational Constant and the Evolution of the Sun«, *Astrophysical Journal 139,* S. 587 (1964).

Schramm, D. N. — »Neutrino Astronomy«, Texas Symposium on Relativistik Astrophysics, *Annals of the N. Y. Academy of Sciences,* S. 380 (1979).

Silk, J. — *The Big Bang,* Freeman & Co., San Francisco 1980.

Kapitel VII

Canuto, V. M. — »The Earth's radius and the G variation«, *Nature 290,* S. 739 (1981).

Cark, D., Hunt, G., McCrea, W. — »Celestial chaos and terrestrial catastrophes«, *New Scientist,* 14. December, S. 861–863 (1978).

Dicke, R. H. — »Principle of Equivalence and the Weak Interactions«, *Reviews of Modern Physics 29,* S. 355–362 (1957).

Gribbin, J. (Hrsg.) — *Climatic Change,* Cambridge University Press, Cambridge 1978.

Hart, M. — »The Evolution of the Atmosphere on Earth«, *Icarus 33,* S. 23 (1978).

Lambeck, K. — „The Earth's Variable Rotation«, *New Scientist,* 13. November, S. 426–429 (1980).

McCrea, W. H. — »A philosophy for Big-Bang Cosmology, *Nature 228«,* S. 21 (1970).

O'Nions, R. K., Hamilton, P. J., Evemon, N. M. — »The Chemical Evolution of the Earth's Mantle«, *Scientific American 242,* Nr. 5, S. 120 (1980).

Pollack, H. N. — »The cooling Earth«, *Nature 286,* S. 655 (1980).

Sprague, D., Pollack, H. N. — »Heat flow in the Mesozoic and Cenozoic«, *Nature 285,* S. 393 (1980).

Taylor, F., Webb, G. — »Where does radiation come from?«, *New Scientist,* 21./28. December, S. 922 (1978).

Tucker, W. — »Supernovas, Dinosaurs and Us«, *Mercury* (July/August), S. 95 (1980).

Wesson, P. S. — *Cosmology and Geophysics,* A. Hilger, Bristol UK 1978.
Gravity, Particles and Astrophysics, D. Reidel, Dordrecht 1980.

Wolfendale, A. — »Cosmic rays and ancient catastrophes«, *New Scientist,* 31. August, S. 634 (1978).

Wood, R. M. — »Is the Earth getting bigger?«, *New Scientist,* 8. Februar, S. 387 (1981).

Kapitel VIII

Applewhite, P. B. — *Molecular gods – How Moleculs Determine Our Behaviour,* Prentice-Hall, Inc., Englewood Cliffs, N. J. 1981.

Asimov, I. — »Not as We Know it – The Chemistry of Life«, *Cosmic Search 3* (1), S. 5 (1981).

Dose, K., Ruchfuss, H. — *Chemische Evolution und der Ursprung lebender Systeme,* Wiss. Verlagsges. mbH, Stuttgart 1975.

Eigen, M. — »Selforganization of Matter and the Evolution of Biological Macromolecules«, *Die Naturwissenschaften 58,* S. 465 (1971).

Eigen, M., Schuster, P. — *The Hypercycle,* Springer-Verlag, Heidelberg, Berlin, New York 1980.

Eigen, M., Winkler-Oswatitsch, R., Winkler, H. — »The Game of Evolution«, *Interdisciplinary Science Reviews 1,* S. 19 (1976).

Ellis, G. R. F., Kreuzer, J. — »Physical Laws and the existence of intelligent beings«, *unpubliziert,* Universität von Kapstadt (1979).

Gierer, A. — »Physik der biologischen Gestaltbildung«, *Die Naturwissenschaften 68,* S. 245 (1981).

Hubel, D. H. — »The Brain«, *Scientific American 241,* S. 39 (1979).

Miller, J. G. — *Living Systems,* Mc Graw-Hill Book Co., New York 1978.

Pauling, L. — *The Nature of the Chemical Bond,* Cornell University Press, 3. Auflage, Ithaca, N.Y., 1960.

Simpson, G. G. — *The Meaning of Evolution,* Yale University Press, 1976.

Slytyer, R. O. — *Plant-Water Relationships,* Academic Press, London and New York 1967.

Stevens, C. F. — »The Neutron«, *Scientific American 241,* S. 49 (1979).

Tosteton, D. C. — »Lithium and Mania«, *Scientific American,* April, S. 130 (1981).

Stillinger, F. H. — »Water Revisited«, *Science 209,* S. 415 (1980).

Vogel, G., Angermann, H. — *dtv-Atlas zur Biologie I & II,* dtv-Verlag, München 1967.

Winfree, A. — »Chemical Clocks: a clue to biological rhythms«, *New Scientist,* 5. Oktober, S. 10 (1978).

Kapitel IX

Asimov, I. — *The Gods Themselves,* 1973.

Budecki, F. — »Johannes Kepler – Die Ganzheit von Mensch, Natur und Gott«, *Physikalische Blätter 11,* S. 323 (1980).

Carr, B. J., Rees, M. J., — s. Kap. I.

Chargaff, E. — »Die Patentierbarkeit des Menschen«, Transatlantik *4,* S. 36 (1081)

Chew, G. F. — »›Botstrap‹ – A Scientific Idea?«, *Science 161,* S. 762 (1968).

Dicke, R. H., Peebles, P. J. E. — »The Big Bang Cosmology – Enigmas and Nostrums«, in: *Hawking, Israel, W. (Hrsg.), Einstein Centenary Colume,* S. 517 (1980).

Dyson, F. J. — »Energy in the Universe«, *Scientific American 9,* S. 51 (1971).

Ellis, G. F. R., Harrison, E. R. — »Cosmological Principles I. Symmetry Principles«, *Comments in Astrophysics and Space Science 6,* S. 23 (1974).

Harrison, E. R. — »Cosmological Principles II. Physical Principles«, *ibido,* S. 29 (1974).

Kreuzer, J., Ellis, G. F. R. — »Physical laws and the existence of intelligent beings«, *unpubliziert,* Universität Kapstadt (1979).

McCrea, W. H. — »A Philosophy for Big Bang Cosmology«, *Nature 228,* S. 21 (1970).

Papagiannis, M. D. — »Could You Build A Better Universe?«, *Griffith Observer,* August, S. 3 (1974).

Scholes, R., Rabkin E. S. — *Science Fiction – History, Science, Vision,* Oxford University Press, London etc. 1977.

Stapledon, O. — *Star Maker,* Penguin Book Ltd., Harmondsworth 1975; Orig. Methuen, 1937.